高职高专"十三五"规划教材

电机与拖动技术

主　编　徐荣丽　　张卫华

副主编　陆苗霞　　张　晶

主　审　刘永华

U0229287

北京航空航天大学出版社

内 容 简 介

本书以"模块＋专题(项目)"的形式讲解了电机与拖动技术。全书共 12 个模块,每个模块由相应的专题或项目组成。模块 1 为电磁基本理论知识。模块 2 介绍变压器的结构、工作原理以及三相变压器和仪用变压器。模块 3 和模块 4 为直流电动机,介绍直流电动机的结构和工作原理、工作特性和电力拖动等方面的知识。模块 5 和模块 6 为三相异步电动机,介绍三相异步电动机的结构、工作原理、工作特性和电力拖动等方面的知识。模块 7～模块 11 分别介绍单相异步电动机、同步电机、步进电动机、伺服电动机以及特种电机。模块 12 介绍电动机的选用。

本书可作为高职高专院校机电类,电气自动化类、机械电子工程类专业的教材,也可作为从事机电、自动化技术工作者和工程技术人员的参考用书,或作为职业技术培训教材等。

本书配有课件供任课教师参考,有需要者请发邮件至 goodtextbook@126.com 申请索取,若需要其他帮助,请致电 010 - 82317037 联系我们。

图书在版编目(CIP)数据

电机与拖动技术 / 徐荣丽,张卫华主编. -- 北京 :
北京航空航天大学出版社,2019.2
ISBN 978 - 7 - 5124 - 2936 - 9

Ⅰ.①电… Ⅱ.①徐… ②张… Ⅲ.①电机－高等职业教育－教材②电力传动－高等职业教育－教材 Ⅳ.
①TM3②TM921

中国版本图书馆 CIP 数据核字(2019)第 019363 号

电机与拖动技术

主　编　徐荣丽　张卫华
副主编　陆苗霞　张　晶
主　审　刘永华
责任编辑　董　瑞　周世婷
*
北京航空航天大学出版社出版发行

北京市海淀区学院路 37 号(邮编 100191)　http://www.BUAApress.com.cn
发行部电话:(010)82317024　传真:(010)82328026
读者信箱: goodtextbook@126.com　邮购电话:(010)82316936
北京时代华都印刷有限公司印装　各地书店经销
*
开本:787×1 092　1/16　印张:16.5　字数:422 千字
2019 年 2 月第 1 版　2023 年 10 月第 3 次印刷　印数:4 001～5 000 册
ISBN 978 - 7 - 5124 - 2936 - 9　定价:45.00 元

若本书有倒页、脱页、缺页等印装质量问题,请与本社发行部联系调换。联系电话:(010)82317024

前　言

为适应高等职业院校机电类专业人才培养目标,本书将"电机学"和"电力拖动"两门课程的主要内容有机地融为一体,结合专业教育教学改革与实践经验,本着"工学结合、'教学做'一体化"的原则而编写。

本书以模块为单元,采用专题(项目)的形式,将知识贯穿于各模块中。内容安排上,与传统教材相比,在兼顾常用直流电机和交流电机等普通电机知识的基础上,还介绍了开关磁阻电动机、力矩电动机、永磁无刷直流电动机、交直流两用电动机以及盘式电机等新型电机。本节内容由浅入深,层次分明,通俗易懂,便于自学。本书参考学时为50～80课时。

全书共12个模块,每个模块由相应的专题或项目组成。模块1为电磁基本理论知识。模块2为变压器,介绍了变压器的结构、工作原理以及三相变压器和仪用变压器。模块3和模块4为直流电动机,介绍了直流电动机的结构和工作原理、工作特性和电力拖动等方面的知识。模块5和模块6为三相异步电动机,介绍了三相异步电动机的结构、工作原理、工作特性和电力拖动等方面的知识。模块7～模块11分别介绍了单相异步电动机、同步电机、步进动电机、伺服电动机以及特种电机。模块12介绍电动机的选用。

本书由徐荣丽、张卫华担任主编。书中模块1、模块4、模块8由陆苗霞编写,模块2、模块5、模块6、模块11中的专题11.6～专题11.10和模块12由徐荣丽编写,模块9由彭爱梅编写,模块3、模块7和模块11中的专题11.3～专题11.5由张卫华编写,模块10及模块11中的专题11.1和专题11.2由张晶编写,全书由徐荣丽负责统稿。刘永华老师认真审阅了全书并提出了许多宝贵意见,在此表示感谢。

本书在编写过程中参考了相关文献资料,在此对参考文献的作者表示衷心感谢。

由于编者水平有限,错误和疏漏之处恳请读者批评指正。

编　者

2018 年 10 月

目　　录

模块1 电机理论的基本电磁定律

本模块主要讲述电机常用的基本知识,简单介绍一些磁场方面的物理概念,包括磁场的几个物理量、电机理论中常用的基本电磁定律、电机所用材料和铁磁材料的特性。

专题1.1 有关磁场的几个物理量

教学目标:
1)了解磁场的概念;
2)掌握磁感应强度、磁通量和磁场强度的概念及三者之间的关系;
3)了解磁导率及磁动势的概念。

1.1.1 磁场和磁感应强度

磁场是由电流产生的,是存在于运动电荷周围空间除电场外的一种特殊物质,对位于其中的运动电荷有力的作用。表征磁场的物理量有磁感应强度 B,又称磁通密度,是描述磁场强弱及方向的物理量。通常用磁感线来形象地描绘磁场,即用磁感线的疏密程度表示磁感应强度 B 的大小,磁感线在某点的切线方向就是该点磁感应强度 B 的方向。磁感线是人为地画出来的,并非磁场中真的有这种线存在。图1-1所示为几种载流导线周围的磁感线。

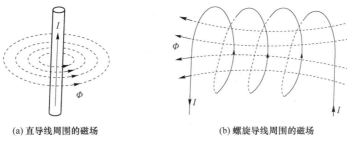

(a) 直导线周围的磁场　　　　　　(b) 螺旋导线周围的磁场

图1-1 电流磁场中的磁感线

由几种典型的载流导线磁感线的图形可以看出,磁场与产生它的电流的方向之间满足右手螺旋定则。

1.1.2 磁通量

磁通量简称磁通,用 Φ 表示,指穿过某一截面 S 的磁感应强度 B 的通量,通常用穿过某截面 S 的磁感线的数目来表示磁通的大小。磁通量 Φ 与磁感应强度 B 之间的关系可表示为

$$\Phi = \int_S \vec{B} \cdot \vec{dS} \tag{1-1}$$

当磁场均匀,且磁场与截面互相垂直时,式(1-1)可简化为

$$\Phi = B \cdot S \tag{1-2}$$

在国际单位制中,B 的单位是特斯拉(T),S 的单位是平方米(m^2),Φ 的单位是韦伯(Wb),有

$$1 \text{ Wb} = 1 \text{ T} \times 1 \text{ m}^2$$

1.1.3 磁场强度

磁场强度 H 是描述磁场的一个辅助量,是为建立电流与由其产生的磁场之间的数量关系而引入的物理量,其方向与 B 相同,大小关系满足

$$B = \mu H \tag{1-3}$$

式中,μ 为磁导率,它是反映导磁介质导磁性能的物理量。磁导率 μ 越大的介质,其导磁性能越好。磁导率的单位为亨利/米(H/m)。

真空中的磁导率为

$$\mu_0 = 4\pi \times 10^{-7} \text{ H/m}$$

其他导磁介质的磁导率通常用 μ_0 的倍数来表示,即

$$\mu = \mu_r \mu_0 \tag{1-4}$$

式中,$\mu_r = \dfrac{\mu}{\mu_0}$ 为导磁介质的相对磁导率。

在国际单位制中,磁场强度的单位为安培每米(A/m)。

1.1.4 磁动势

在磁场中,沿任一闭合路径磁场强度矢量的线积分,等于穿过该闭合路径所有电流的代数和,这就是安培环路定律,即有如下关系:

$$\oint \vec{H} \cdot \mathrm{d}\vec{l} = \sum i \tag{1-5}$$

在电机中,当一个 N 匝的线圈流过电流 I 时,这一定律可写成

$$\sum_{k=1}^{N} H_k l_k = \sum I = NI = F \tag{1-6}$$

式中,F 为磁动势,即 $F = NI$,单位为安匝。

磁通大小与磁通通过的路径的关系为

$$\Phi = \frac{F}{R_m}, \qquad R_m = \frac{l}{\mu S} \tag{1-7}$$

式中,R_m 为磁路的磁阻;l 为磁路的长度;μ 为磁路的导磁率;S 为磁路的截面面积。

专题1.2 电机理论中常用的基本电磁定律

教学目标:

1)掌握磁路定律、电磁感应定律和电磁力定律;

2)掌握电路定律和磁路定律之间的关系。

1.2.1 电路定律

1. 基尔霍夫电流定律(KCL)

在电路中,流入、流出节点的电流之和等于零。其数学表达式为

$$\sum I = 0 \tag{1-8}$$

2. 基尔霍夫电压定律

在电路中,任一闭合回路的电压升等于电压降。其数学表达式为

$$\sum E = \sum U \quad 或 \quad \sum U = 0 \tag{1-9}$$

3. 欧姆定律

在同一电路中,导体中的电流大小与导体两端的电压大小成正比,与导体的电阻阻值成反比,这就是欧姆定律。其数学表达式为

$$U = \pm IR \tag{1-10}$$

其中,"±"与电流电压的方向有关。

1.2.2　磁路定律

磁路是用强磁材料构成并在其中产生一定强度的磁场的闭合回路,一般由通电电流激励磁场的线圈(有些场合也可用永磁铁作为磁场的激励源)、软磁材料制成的铁芯,以及适当的空气间隙组成。

1. 磁路的基尔霍夫第一定律

磁路中的任一闭合面内,在任一瞬间,穿过该闭合面的各分支磁路磁通的代数和等于零,即

$$\sum \Phi = 0 \tag{1-11}$$

2. 安培环路定律

在磁场中,沿任意一个闭合磁回路的磁场强度矢量的线积分,等于穿过该闭合路径的所有电流的代数和,这就是安培环路定律。也称为磁路基尔霍夫第二定律,有如下关系

$$\oint \vec{H} \cdot \mathrm{d}\vec{l} = \sum i \tag{1-12}$$

在电机中,当一个 N 匝的线圈流过电流 I 时,这一定律可写成

$$\sum Hl = \sum I \tag{1-13}$$

即沿着闭合磁路中,各段平均磁场强度与磁路平均长度的乘积 Hl(称为磁压降)之和等于它所包围的全部电流 $\sum I$。

如图 1-2 所示,应用安培环路定律可写成

$$\oint_l \vec{H} \cdot \mathrm{d}\vec{l} = I_1 + I_2 - I_3 \tag{1-14}$$

如图 1-3 所示,可写成

$$\sum Hl = \sum IN \tag{1-15}$$

式中,N 为线圈匝数;Hl 称为磁压降;IN 称为磁动势。对于磁路中的任一闭合路径,在任一瞬间,沿该闭合路径的磁压降的代数和等于该路径的所有磁动势的代数和。

当 H 与闭合路径 l 的循行方向一致时,Hl 取正;当电流方向与上述选定的 l 循行方向符合右手螺旋定则时,IN 取正。

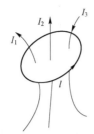

图 1-2 闭合线圈的全电流定律的应用

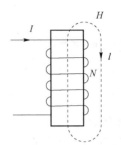

图 1-3 螺线管的全电流定律的应用

3. 磁路欧姆定律

由安培环路定律可得

$$F = IN = Hl = \frac{lB}{\mu} = \frac{l\Phi}{\mu S} = R_m \Phi$$

式中，$R_m = \dfrac{l}{\mu S}$，R_m 称为磁路的磁阻。则

$$\Phi = \frac{F}{R_m} = \frac{IN}{R_m} \tag{1-16}$$

1.2.3 电磁感应定律

变化的磁场会产生电场，使导体中产生感应电动势，这就是电磁感应现象。在电机中电磁感应现象主要表现在两个方面：

① 当线圈中的磁通变化时，线圈内产生感应电动势。

② 当导体与磁场有相对运动，导体切割磁感线时，导体内产生感应电动势，称为切割电动势。

1. 感应电动势

一个匝数为 N 匝的线圈，若与线圈交链的磁通 Φ 随时间发生变化，则在线圈内会产生感应电动势，如图 1-4 所示。

感应电动势的正方向与磁通的正方向符合右手螺旋关系，即右手的大拇指表示磁通的正方向，其余 4 个手指表示电动势的正方向，则感应电动势可表示为

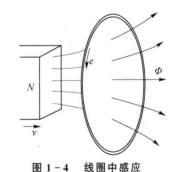

图 1-4 线圈中感应电动势的产生

$$e = -N \frac{d\Phi}{dt} = -\frac{d\Psi}{dt} \tag{1-17}$$

式中，Ψ 为磁链；Φ 为磁通；N 为线圈匝数。

式(1-17)表明，由电磁感应产生的电动势大小与线圈所交链的磁链变化率成正比，或者说，与线圈的匝数和磁通的变化率成正比。

2. 切割电动势

导体与磁场有相对运动，导体切割磁感线，在导体中会产生感应电动势。在均匀磁场中，若直导体的有效长度为 l，磁感应强度为 B，导体相对切割速度为 v，则其感应电动势为

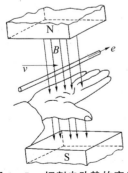

图 1-5 切割电动势的产生

$$e = Blv \tag{1-18}$$

切割电动势的方向可以用右手定则来确定，如图 1-5 所示。

展开右手,使拇指与其余 4 指垂直,让磁感线穿过手心,大拇指指向导体切割磁场的方向,则 4 指所指的方向即为切割电动势的方向。

发电机就是按此原理工作的。

1.2.4　电磁力定律

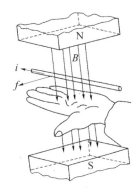

图 1-6　载流导体电磁力的产生

载流导体在磁场中会受到力的作用。由于这种力是磁场和电流相互作用产生的,所以称为电磁力。若磁场与载流导体相互垂直,导体的有效长度为 l,磁感应强度为 B,导体中的电流为 i,则作用在导体上的电磁力为

$$f = Bli \qquad (1-19)$$

电磁力的方向可以用左手定则来确定,如图 1-6 所示。展开左手,大拇指与其余 4 指垂直,让磁感线穿过手心,4 指指向电流的方向,则大拇指所指方向就是电磁力的方向。

电动机就是按此原理工作的。

专题 1.3　电机所用材料和铁磁材料的特性

教学目标:

1) 了解电机中所用的主要材料;

2) 了解铁磁材料的磁特性。

1.3.1　电机中所用的材料

通常将电机所用的材料分为 4 大类。第 1 类是导电材料,用于构成电路,常用铝或铜制成。第 2 类是导磁材料,用于构成磁路,常用 0.35 mm 或 0.5 mm 厚的两面涂有绝缘漆的硅钢片叠成。第 3 类为绝缘材料,用其把带电部分分隔开来,用云母、瓷等材料制成。第 4 类为机械支撑材料,用钢铁或铝合金制成。

1.3.2　铁磁材料的磁化特性

在各种磁介质中最重要的是以铁为代表的一类磁性很强的物质,称为铁磁质。电机是利用电磁感应作用实现能量转换的,所以在电机里有引导磁通的磁路和引导电流的电路。为了在一定的励磁电流下产生较强的磁场,电机中使用了大量的铁磁材料。铁磁材料具有导磁性,具有磁饱和现象及剩磁特征,铁芯还有损耗。

1. 导磁性

铁磁材料包括铁、钴、镍及它们的合金。所有的非铁磁材料的导磁系数都接近于真空的导磁系数 $\mu_0 = 4\pi \times 10^{-7}$ H/m,而铁磁材料的导磁系数 μ_{Fe} 比真空导磁系数大几千倍。因此,在同样大小的电流下,铁芯线圈产生的磁通比空心线圈的磁通大很多。

同时,铁芯也能起到引导磁场的作用,在电机中铁磁材料都制作成一定的形状,以使磁场按设计好的路径通过,并达到分布的要求。

2. 磁饱和现象及剩磁

铁磁材料的磁化曲线如图 1-7 所示。铁磁材料之所以有高导磁性能,是由于铁磁材料内部存在着很多很小的强烈磁化的自发磁化区域,相当于一块块小磁铁,称为磁畴。磁化前,这

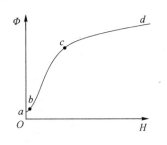

图 1-7　铁磁材料的磁化曲线

些磁畴杂乱地排列着,磁场互相抵消,所以对外界不显示磁性。但在外界磁场的作用下,这些磁畴沿着外界磁场的方向做有规则的排列,顺着外磁场方向的磁畴扩大了,逆着外磁场方向的磁畴缩小了,结果磁畴之间的磁场不能互相抵消,从而形成一个附加磁场,叠加在外磁场上,使总磁场增强。随着外磁场的不断增强,有更多的磁畴顺着外磁场的方向排列,总磁场不断增强,如图 1-7 曲线 bc 段。当外磁场增强到一定的程度后,所有的磁畴都转到与外磁场一致的方向,这时它们所产生的附加磁场达最大值,总磁场的增强程度减缓,这就出现磁饱和现象,如图 1-7 曲线 cd 段所示。

由于磁畴靠得非常紧,彼此间存在摩擦,当外界磁场消失后磁畴不能完全恢复到磁化前状态,磁畴与外磁场方向一致的排列被部分保留下来,这时的铁磁材料对外呈磁性,这就是剩磁现象,见图 1-7 中 a 点。

3. 铁芯损耗

(1) 磁滞损耗

铁磁材料置于交变磁场中,材料被反复交变磁化,磁畴相互不停地摩擦而消耗能量,并以产生热量的形式表现出来,造成的损耗称为磁滞损耗。

(2) 涡流损耗

当通过铁芯的磁通随时间变化时,根据电磁感应定律,铁磁材料内将产生感应电动势并产生感应电流。这些电流在铁芯内部围绕磁通呈漩涡状流动,称为涡流。涡流在铁芯中引起的损耗(i^2r)称为涡流损耗。

(3) 铁芯损耗

磁滞损耗与涡流损耗之和,称为铁芯损耗,用 p_{Fe} 表示。

习题与思考题

1-1　磁场是如何产生的?如何根据电流的情况判断磁场的分布?

1-2　什么是铁磁材料?在电机中为什么大量使用铁磁材料?

1-3　什么是铁磁材料的磁滞损耗和涡流损耗?引起铁磁材料磁滞损耗和涡流损耗的原因是什么?铁损的大小与哪些因素有关?

1-4　铁磁材料的磁饱和及剩磁是怎么回事?

1-5　导线中可通过哪些方式产生感应电动势?如何计算电动势的大小?如何判断电动势的方向?

1-6　什么是电磁力定律?如何计算电磁力的大小?如何判断电磁力的方向?

模块 2　变压器

本模块主要讲述在电力系统中作输、配电用的电力变压器,对特殊用途的变压器作简单介绍。变压器是利用电磁感应原理,把一种等级的电压、电流的交流电能,变为同频率的另一种等级电压、电流的交流电能的静止设备。在电力系统中,利用升压变压器将电能经济地输送到用电地区,再用降压变压器把电压降低,以供用户使用。此外,变压器在电能的测试、控制和特殊用电设备中应用很广。

专题 2.1　变压器的结构和工作原理

教学目标:

1) 了解变压器的作用和分类;
2) 掌握变压器的结构及工作原理;
3) 掌握变压器的铭牌意义。

2.1.1　变压器的作用和分类

变压器也可以称为一种静止的电机(电磁装置),它利用电磁感应原理将一种电压、电流的交流电转化为同频率的另一种或两种以上电压、电流的交流电。换句话说,变压器是一种实现电能在不同等级之间转换的装置。

1. 变压器的作用

变压器用途极为广泛,在电力系统中,变压器是电能输配的主要电气设备,如满足远距离高压输电的升压变压器,为满足负载用电要求的降压变压器。另外,在电子线路中,变压器还用来耦合、传递信号,并进行阻抗匹配。变压器一般只用于交流电路,它的作用是传递电能,而不能产生电能。

2. 变压器的分类

根据用途不同可分为:

① 电力变压器。供输配电系统中升压或降压用的变压器,这种变压器在工矿企业中用得最多,是常见而又十分重要的电气设备,有单相和三相之分。

② 特殊电源用变压器。如电炉变压器、电焊变压器和整流变压器。

③ 仪用互感器。供测量和继电保护用的变压器,如电压互感器和电流互感器。

④ 试验用变压器。供电气设备作耐压试验用的变压器,如做高压试验的高压变压器。

⑤ 调压器。能均匀调节输出电压的变压器。

⑥ 控制用变压器。用于自动控制系统中的小功率变压器。

2.1.2　变压器的基本结构

一般的电力变压器由铁芯、绕组及其附件组成。其中三相油浸式电力变压器的结构和外形如图 2-1 所示。

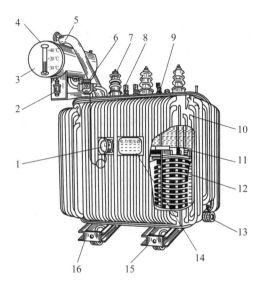

1—信号式温度计;2—吸湿器;3—储油柜;4—油标;5—安全气道;
6—气体继电器;7—高压套管;8—低压套管;9—分接开关;10—油箱;
11—铁芯;12—线圈;13—放油阀门;14—铭牌;15—接地板;16—小车

图 2-1　油浸式电力变压器外形图

在分析变压器的结构时,常把它画成结构简图,如单相变压器结构示意图如图 2-2 所示,其中图 2-2(a)为单相双绕组变压器的结构示意图,图 2-2(b)为其切面示意图。

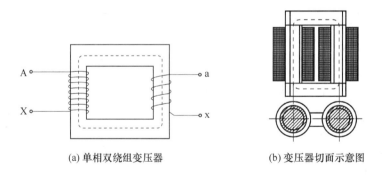

(a)单相双绕组变压器　　　　　(b)变压器切面示意图

图 2-2　单相变压器的结构示意图

1. 铁　芯

铁芯构成了变压器的磁路,同时又是套装绕组的骨架。铁芯由铁芯柱和铁轭两部分构成。铁芯柱上套绕组,铁轭将铁芯柱连接起来形成闭合磁路。

为了提高磁路的导磁性能,减少交变磁通引起的磁滞损耗和涡流损耗,铁芯一般用高磁导率的铁磁性材料——硅钢片叠成。其厚度为 $0.35\sim0.5$ mm,两面涂以厚 $0.02\sim0.23$ mm 的绝缘漆,使片与片之间绝缘。

根据绕组与铁芯配置方式的不同,变压器铁芯的结构通常分为芯式和壳式两种。芯式变压器的绕组包围着铁芯,如图 2-3(a)所示。壳式变压器的铁芯围绕着绕组,如图 2-3(b)所示。芯式变压器的结构简单,大多电力变压器采用芯式结构。

图 2-3 中,铁芯上套装绕组的部分叫做铁芯柱,连接铁芯柱构成磁路的部分叫做铁轭。变压器铁芯一般都采用交叠式叠装,相交叠至规定的厚度,然后用穿过铁芯的螺栓夹紧。这种方法装配和拆卸、检修较费时间,但因接缝相互错开,气隙很小,磁阻较小,可减小空载励磁电流,因而被广泛采用。

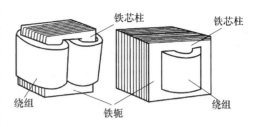

（a）芯式变压器　　（b）壳式变压器

图 2-3　单相变压器的结构

小容量变压器的铁芯柱截面一般为矩形,如图 2-4(a)所示,容量较大的变压器铁芯截面做成内接圆的阶梯形,如图 2-4(b)所示。容量越大,阶梯数越多,这样可以充分利用绕组内的圆形空间,增大铁芯柱的有效截面。铁轭的截面一般为矩形,较大容量变压器做成极数较少的阶梯形。

(a) 小容量变压器铁芯截面　(b) 较大容量变压器铁芯截面　(c) 大容量变压器铁芯截面

图 2-4　铁芯柱的截面

2. 绕　组

绕组是变压器的电气部分,一般用绝缘铜或铝导线绕制而成。绕组的作用是作为电气的载体,产生磁通和感应电动势。接高压电网的称为高压绕组,接低压电网的称为低压绕组。从高、低压绕组的相对位置来看,变压器的绕组又可分为同芯式和交叠式两种。

同芯式绕组布置方式如图 2-5(a)所示,低压与高压绕组在同一铁芯柱上同心排列,一般低压绕组在内,高压绕组在外。绕组与绕组、绕组与铁芯间用电木纸或钢纸板做成的圆筒绝缘。交叠式绕组布置方式如图 2-5(b)所示,把高低压绕组分成几部分,使高压绕组和低压绕组沿铁芯柱高度交错地套装在铁芯柱上。这种布置方式结构比较牢固,但绝缘比较复杂,所以只适用于电炉变压器。我国电力变压器一般都采用同芯式绕组。

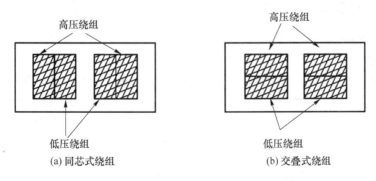

(a) 同芯式绕组　　　　　　　　　　(b) 交叠式绕组

图 2-5　高低压绕组在铁芯柱上的布置方式

2.1.3 变压器的工作原理

变压器是传递交流电能的一种电气设备,它通过磁路的耦合作用将交流电从原边送到副边,利用原边和副边绕组匝数的不同,使副边输出的电压和电流等级与原边不一样。

单相变压器的原理图如图 2-6 所示,它由一个铁芯和两个独立绕组组成。铁芯构成变压器的磁路部分,绕组构成变压器的电路部分。接交流电源的绕组称为原绕组,输入电能;接负载的另一绕组称为副绕组,输出电能。原绕组的电压、电流、阻抗和功率等量,叫做原边量,常用下角标 1 表示,副绕组的各量叫副边量,用下角标 2 表示。因此,原边又称为一次侧,副边称为二次侧。

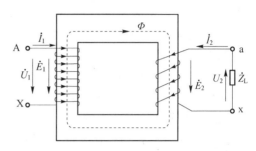

图 2-6 单相变压器的工作原理示意图

在变压器原边加上交流电压 $\dot{U}_1$,原边绕组中产生交流电流 $\dot{I}_1$,这个电流在铁芯中建立交变磁通 Φ,该交变磁通与一、二次绕组交链,在两绕组中感应出交变的感应电动势,二次绕组有了感应电动势,如果接上负载,便可以向负载供电,传输电能,从而实现能量从一次侧到二次侧的传递。其中,两绕组感应电动势的大小分别为

$$\dot{E}_1 = -N_1 \frac{\mathrm{d}\Phi}{\mathrm{d}t} \tag{2-1}$$

$$\dot{E}_2 = -N_2 \frac{\mathrm{d}\Phi}{\mathrm{d}t} \tag{2-2}$$

式中,N_1,N_2 分别为原、副绕组的匝数。

忽略变压器绕组内部压降不计,原、副边电压之比为

$$\frac{U_1}{U_2} \approx \frac{E_1}{E_2} = \frac{N_1}{N_2} \tag{2-3}$$

由上可知,变压器原、副边电压之比等于绕组的匝数比。调节原、副绕组的匝数,就可以把原边交流系统转变为不同电压的副边交流系统。

2.1.4 变压器的铭牌

变压器的箱体表面都镶嵌有铭牌,主要包含变压器型号和铭牌数据两方面的内容。

1. 变压器型号

按照国家规定,变压器的型号由汉语拼音字母和数字组成,表明变压器的系列和规格。表示方法如图 2-7 所示。

图 2-7 变压器型号表示方法

例如,某变压器型号为 SWL - 1000/10。其中,S 表示三相;W 表示水冷却;L 表示铅线;1000 表示额定容量为 1 000 kV·A;10 表示高压边额定电压为 10 kV。

2. 变压器的铭牌数据

(1) 额定容量 S_N

额定容量 S_N 是指额定工作状态下输出的视在功率,单位为 V·A 或 kV·A。对于双绕组电力变压器,原绕组与副绕组的容量应该相等。三相变压器的额定容量是指三相总视在功率。

(2) 额定电压 U_{1N}/U_{2N}

额定电压 U_{1N} 是指变压器绕组外加电压最大值。额定电压 U_{2N} 是指原绕组加上额定电压时副绕组的空载电压,单位为 V 或 kV。对于三相变压器,额定电压指线电压。

(3) 额定电流 I_{1N}/I_{2N}

额定电流指变压器原、副绕组长期工作允许通过的最大电流值,单位为 A。对于三相变压器,额定电流指线电流值。

额定容量、额定电压、额定电流三者的关系满足式(2-4)或式(2-5)。

对于单相变压器:

$$S_N = U_{1N} I_{1N} = U_{2N} I_{2N} \tag{2-4}$$

对于三相变压器:

$$S_N = \sqrt{3} U_{1N} I_{1N} = \sqrt{3} U_{2N} I_{2N} \tag{2-5}$$

(4) 额定频率 f_N

我国规定标准工业用电的频率为 50 Hz。

除上述额定值外,铭牌上还标明了温升、连接组、阻抗电压等。

【例 2-1】 有一台 D-50/10 单相变压器,$S_N = 50$ kV·A,$U_{1N}/U_{2N} = 10\ 500$ V/230 V,试求变压器原、副线圈的额定电流。

解:原线圈的额定电流:　　　$I_{1N} = \dfrac{S_N}{U_{1N}} = \dfrac{50 \times 10^3 \text{ V·A}}{10\ 500 \text{ V}} = 4.76$ A

副线圈的额定电流:　　　$I_{2N} = \dfrac{S_N}{U_{2N}} = \dfrac{50 \times 10^3 \text{ V·A}}{230 \text{ V}} = 217.39$ A

项目 2.2　单相变压器的空载运行及其参数测定

教学目标:

1) 了解单相变压器空载运行的定义及运行原理;

2) 掌握单相变压器空载运行时的电磁关系;

3) 掌握单相变压器空载运行时的参数测定方法。

2.2.1　项目简介

z_m, r_m, x_m, I_0, p_0 等是单相变压器的重要参数,这些参数体现了变压器的性能。通过测试参数可以发现磁路的局部或整体缺陷,以及绕组匝间、层间绝缘是否良好,可检查铁芯硅钢片间绝缘状况和装配质量等,对变压器的经济运行具有积极作用。

2.2.2 项目相关知识

单相变压器的空载运行,是指变压器原边加额定电压,副边开路时的运行状态。空载运行是负载运行的一种特殊情况,它的运行理论是负载运行理论的基础。由于副边电流为零,对原边没有影响,所以原边实际上是一个有铁芯的电感电路。

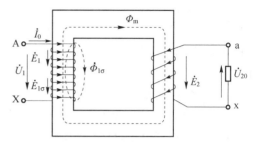

图 2-8 单相变压器的空载运行

在变压器原边加上交变电压,绕组中产生交变电流,铁芯中有交变的磁场,磁场又在原、副绕组中产生感应电动势,各电磁量均标注于图 2-8 中。

1. 空载运行时的磁场

如图 2-8 所示,变压器的原绕组匝数为 N_1,副绕组匝数为 N_2。当原边接上电源电压 $\dot{U}_1$,副边开路时,原绕组中便有空载电流 $\dot{I}_0$ 流过,$\dot{I}_0$ 建立空载磁动势 $\dot{F}_0 = \dot{I}_0 N_1$。在空载磁动势的作用下,磁路中产生交变磁通,因此空载磁动势又叫做励磁磁势,空载电流又叫励磁电流。产生的交变磁通分为两部分:一部分同时交链着原绕组和副绕组,称为主磁通,用 $\dot{\Phi}_m$ 表示;另一部分经由原绕组周围的空气或变压器油只与原绕组交链的磁通,称为原绕组的漏磁通,用 $\dot{\Phi}_{1\sigma}$ 表示。主磁通通过的路径称为主磁路,铁芯就是变压器的主磁路。漏磁通通过的路径称为漏磁路,主要由铁芯和变压器油(或空气)构成。与主磁路的磁阻相比较,漏磁路磁阻数值要大得多。所以在同一励磁磁势作用下,空载运行时主磁通 $\dot{\Phi}_m$ 的数值大大超过原绕组漏磁通 $\dot{\Phi}_{1\sigma}$,一般 $\dot{\Phi}_{1\sigma}$ 只有 $\dot{\Phi}_m$ 的千分之几。

2. 空载运行时的电磁关系

电源电压 $\dot{U}_1$ 是频率为 50 Hz 的正弦交流电压,因此励磁电流 $\dot{I}_0$、主磁通 $\dot{\Phi}_m$ 及原绕组漏磁通 $\dot{\Phi}_{1\sigma}$ 都是频率为 50 Hz 的正弦交流量。根据电磁感应定律可知,主磁通 $\dot{\Phi}_m$ 在原绕组中的感应电势为 $\dot{E}_1$,在副绕组中感应电势为 $\dot{E}_2$;原绕组漏磁通 $\dot{\Phi}_{1\sigma}$ 在原绕组中感应电势为 $\dot{E}_{1\sigma}$,副绕组的端电压为 $\dot{U}_{20}$,各电磁量的参考方向如图 2-8 所示。此外,空载电流还在原边绕组电阻 r_1 上形成很小的电压降 $\dot{I}_0 r_1$。

(1)空载电流

空载电流的大小与铁芯的材料、要求额定磁通的大小有关。由于变压器的铁芯采用高磁化能力、低损耗的硅钢片叠压而成,因此空载电流很小,一般只占原边额定电流的 $4\% \sim 10\%$,甚至更低。交变磁通在铁芯中产生涡流,同时又使铁磁材料中的磁畴随磁场方向的交变而运动,致使铁芯发热,将消耗一部分能量。通常,我们把这两种电能损耗分别称为涡流损耗和磁滞损耗,统称为空载损耗或铁芯损耗(简称铁耗)。

由此可见,空载电流 $\dot{I}_0$ 的作用有两个:一是产生交变磁通,使铁芯磁化,这一部分电流分量称为磁化电流分量,用 $\dot{I}_{om}$ 表示,它是空载电流的无功分量,与 $\dot{\Phi}_m$ 的相位相同,滞后 $\dot{U}_1$ 的角度为 $90°$;另一个作用是产生铁芯损耗,使铁芯发热,这一部分电流分量称为铁耗电流分量,用 $\dot{I}_{oy}$ 表示,它是空载电流的有功分量,与 $\dot{U}_1$(或 $-\dot{E}_1$)同相。空载电流相量如图 2-9 所示。

所以电流的相量关系为

$$\dot{I}_0 = \dot{I}_{\text{oy}} + \dot{I}_{\text{om}} \tag{2-6}$$

一般来讲,磁化电流分量 $\dot{I}_{\text{om}}$ 比铁耗电流分量 $\dot{I}_{\text{oy}}$ 大 10 倍左右,$\varphi_0 \approx 90°$,这就说明变压器空载时功率因数很低。因此,空载的变压器使电力系统的功率因数大大降低。

如果忽略铁芯损耗,则 $\varphi_0 = 90°$,$\dot{I}_0$ 与 $\dot{\Phi}_{\text{m}}$ 同相,此种变压器称为理想变压器。

（2）感应电动势

设主磁通 $\dot{\Phi}_{\text{m}} = \dot{\Phi}_{\text{m}} \sin \omega t$,根据电磁感应定律 $e = -N \dfrac{\mathrm{d}\dot{\Phi}_{\text{m}}}{\mathrm{d}t}$,

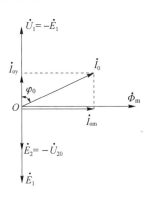

图 2-9　空载电流相量图

可得原、副边绕组中的感应电动势分别为

$$e_1 = -N_1 \frac{\mathrm{d}\dot{\Phi}_{\text{m}}}{\mathrm{d}t} = -N_1 \frac{\mathrm{d}(\Phi_{\text{m}} \sin \omega t)}{\mathrm{d}t} = -N_1 \omega \Phi_{\text{m}} \cos \omega t =$$

$$N_1 \omega \Phi_{\text{m}} \sin(\omega t - 90°) = E_{1\text{m}} \sin(\omega t - 90°)$$

$$e_2 = N_2 \omega \Phi_{\text{m}} \sin(\omega t - 90°) = E_{2\text{m}} \sin(\omega t - 90°)$$

式中,$E_{1\text{m}}$,$E_{2\text{m}}$ 分别为原、副绕组电动势的最大值,其有效值分别为

$$E_1 = \frac{N_1 \omega \Phi_{\text{m}}}{\sqrt{2}} = \frac{2\pi}{\sqrt{2}} f N_1 \Phi_{\text{m}} = 4.44 f N_1 \Phi_{\text{m}} \tag{2-7}$$

$$E_2 = \frac{N_2 \omega \Phi_{\text{m}}}{\sqrt{2}} = \frac{2\pi}{\sqrt{2}} f N_2 \Phi_{\text{m}} = 4.44 f N_2 \Phi_{\text{m}} \tag{2-8}$$

可以看出,变压器绕组中感应电动势的大小与电源的频率、绕组匝数和主磁通最大值三者乘积成正比,相位滞后主磁通 90°,用复数表示为

$$\dot{E}_1 = -\mathrm{j}4.44 f N_1 \dot{\Phi}_{\text{m}} \tag{2-9}$$

$$\dot{E}_2 = -\mathrm{j}4.44 f N_2 \dot{\Phi}_{\text{m}} \tag{2-10}$$

同理可得漏磁感应电动势

$$\dot{E}_{1\sigma} = -\mathrm{j}\frac{1}{\sqrt{2}} N_1 \omega \Phi_{1\sigma\text{m}} = -\mathrm{j}N_1 \omega L_{1\sigma} \frac{\dot{I}_{0\text{m}}}{\sqrt{2}} = -\mathrm{j}x_1 \dot{I}_0 \tag{2-11}$$

式中,$L_{1\sigma}$ 为原绕组的漏电感;$x_1 = N_1 \omega L_{1\sigma}$ 为原绕组的漏电抗。

由于漏磁磁路主要由非磁性介质组成,可近似看成是线性磁路,其磁阻及漏电感 $L_{1\sigma}$ 和漏电抗 x_1 也可以近似认为是常数。因此,漏磁感应电动势 $\dot{E}_{1\sigma}$ 可以看成是漏电抗上的压降。

3. 空载时电动势平衡方程式

变压器空载运行时,电路上原绕组和副绕组分别构成两个回路,可列出两个回路方程。根据基尔霍夫第二定律,可得原绕组电动势平衡方程式

$$\dot{U}_1 = -\dot{E}_1 - \dot{E}_{1\sigma} + \dot{I}_0 r_1 = -\dot{E}_1 + \dot{I}_0 r_1 + \mathrm{j}\dot{I}_0 x_1 = -\dot{E}_1 + \dot{I}_0 Z_1 \tag{2-12}$$

$$Z_1 = r_1 + \mathrm{j}x_1 \tag{2-13}$$

式中,Z_1 为原绕组漏阻抗,为一常数。

由此可见,电源电压由两部分平衡,一部分是阻抗为 Z_1 的空心绕组两端的电压 $\dot{I}_0 Z_1$,反映变压器原绕组电阻和漏磁通作用的空心绕组,它的阻抗由变压器一次漏阻抗 Z_1 决定。另一部分是 $-\dot{E}_1$,可表示铁芯电感绕组两端的电压,反映主磁通作用的铁芯绕组,其阻抗为励磁阻抗 Z_m,即

$$-\dot{E}_1 = \dot{I}_0 Z_m \qquad (2-14)$$

式中,$Z_m = r_m + jx_m$,称为励磁阻抗。其中,x_m 是对应主磁通的电抗,r_m 是反映铁芯损耗的等效电阻,通常情况下,$x_m \gg r_m$。x_m 与铁芯饱和程度有关,但变压器的外加电压通常是一定的,在正常的工作范围内,主磁通基本不变,铁芯的饱和程度也基本不变,在这个条件下,x_m 可以看做是一个常量。

由于副边没有电流,则副绕组电动势平衡方程式为

$$\dot{U}_{20} = \dot{E}_2 \qquad (2-15)$$

4. 空载时的等效电路

由上述分析可知,变压器空载运行时可等效成一个简单的交流电路,如图 2-10 所示。

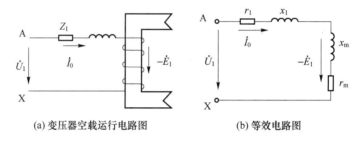

(a) 变压器空载运行电路图 (b) 等效电路图

图 2-10　空载变压器的等效电路图

2.2.3　项目的实现

由上可知,单相变压器空载运行时可产生一系列物理现象,引起相关物理量的变化,变压器等效电路中的 z_m,r_m,x_m 等,称为变压器的参数。只有知道变压器的各阻抗参数,才可绘出等效电路,运用等效电路进行分析和计算变压器的运行特性。这些参数可以通过空载试验测得。

空载试验的电路图如图 2-11 所示。一般地,为方便测量仪表的选用,并确保试验安全,空载试验常在低压侧进行。即将高压侧开路,在低压侧施加额定电压,同时,为了避免流经电压表和功率表电压线圈的电流读入电流表内,影响相对数值较小的空载电流的准确度,所以应将电流表紧靠被测绕组连接。

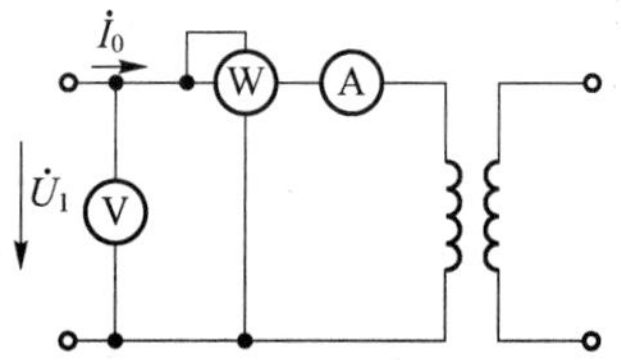

图 2-11　单相变压器的空载试验连接图

由电流表、电压表和功率表分别可测得一组互相对应的空载电流 I_0,外施电压 U_1 和空载损耗 p_0。在电力变压器中,通常由于 $r_m \gg r_1$,$x_m \gg x_{1\sigma}$,故可近似地认为空载时的总阻抗 $Z_0 = Z_m = r_m + jx_m$,于是,便可计算出励磁回路的参数为

$$z_m = \frac{U_1}{I_0}, \quad r_m = \frac{p_0}{I_0^2}, \quad x_m = \sqrt{z_m^2 - r_m^2} \qquad (2-16)$$

应当指出:

① 由于 x_m,r_m 与磁路的饱和程度有关,故不同电压下测出的 x_m,r_m 数值不同,为了测量额定运行时的励磁阻抗,需使 $U_1 = U_{1N}$。

② 对于三相变压器,I_0、U_1 和 p_0 均应以每相值来计算。

③ 由于空载试验是在低压侧进行的,故测量的励磁参数是低压侧的数值。若要得到高压侧的数值,还需将数据进行一次折算。关于折算的内容,有兴趣的同学可自行查阅相关参考文献。

项目 2.3 单相变压器的负载运行及其参数的测定

教学目标:

1)了解单相变压器负载运行的定义及运行原理;

2)掌握单相变压器负载运行时的电磁关系;

3)掌握单相变压器负载运行时的参数测定方法。

2.3.1 项目简介

单相变压器的短路损耗 p_k 和短路电压 U_k 是反映变压器负载运行时的重要参数,这些参数可以通过变压器的短路试验来测量。通过短路试验,可以计算变压器的使用效率和变压器的短路电流;计算变压器二次侧的电压波动,确定该变压器能否与其他变压器并联运行,同时还能够发现变压器在结构和制造上的缺陷。

2.3.2 项目相关知识

单相变压器一次侧接额定功率、额定电压的交流电源,二次侧接负载。二次侧有电流流过的运行状态,称为变压器的负载运行。

1. 负载运行时的磁场

变压器空载运行时,二次侧电流为零,铁芯中的主磁通由空载电流流过一次侧绕组形成的磁动势 $\dot{F}_0 = \dot{I}_0 N_1$ 所建立,根据磁路欧姆定律 $\dot{F}_0 = \dot{\Phi}_m R_m$,空载时的磁动势平衡式为 $\dot{I}_0 N_1 = \dot{\Phi}_m R_m$。

当二次侧接上负载时,二次侧便有电流流过,设为 $\dot{I}_2$,建立二次侧磁动势 $\dot{F}_2 = \dot{I}_2 N_2$。这个磁动势也作用在铁芯的主磁路上,根据楞次定律,$\dot{F}_2$ 对主磁场有去磁作用,企图改变主磁通 $\dot{\Phi}_m$。由于外加电源电压 $\dot{U}_1$ 不变,主磁通 $\dot{\Phi}_m$ 近似保持不变,所以当二次侧磁动势 $\dot{F}_2$ 出现时,一次侧电流必须由 $\dot{I}_0$ 变为 $\dot{I}_1$,一次侧磁动势即从 $\dot{F}_0$ 变为 $\dot{F}_1 = \dot{I}_1 N_1$,其中所增加的那部分磁动势,用来平衡二次侧的作用,以维持主磁通不变,此时变压器处于负载运行时新的电磁平衡状态。图 2-12 所示为变压器负载运行的原理图。

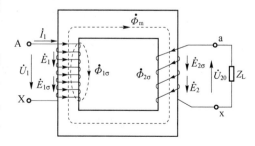

图 2-12 变压器负载运行原理图

2. 负载运行时的电磁关系

前已讨论,空载时变压器磁势为 $\dot{F}_0 = \dot{I}_0 N_1$。负载时,变压器的磁势是一、二次绕组电流所产生磁势共同建立的。只要外加电源大小和频率不变,主磁通基本不变。因此,变压器负载运行时的磁势应与空载运行磁势相等,即 $\dot{F}_0 = \dot{F}_1 + \dot{F}_2$。于是有

$$\dot{I}_0 N_1 = \dot{I}_1 N_1 + \dot{I}_2 N_2 \qquad (2-17)$$

由式(2-17)得

$$\dot{I}_1 = \dot{I}_0 + \left(-\dot{I}_2 \frac{N_2}{N_1}\right) = \dot{I}_0 + \dot{I}_{1L} \qquad (2-18)$$

式中,$\dot{I}_{1L} = -\dot{I}_2 \dfrac{N_2}{N_1}$。由此可见,变压器负载运行时,一次绕组的电流由两部分组成。其中 $\dot{I}_0$ 用来产生主磁通,称为励磁分量。而 $\dot{I}_{1L}$ 用来补偿二次电流 $\dot{I}_2$ 对磁场的影响,称为负载分量。在外加电压不变的情况下,空载电流 $\dot{I}_0$ 不变,而负载分量 $\dot{I}_{1L}$ 随负载电流 $\dot{I}_2$ 成正比变化。因此变压器二次绕组电流的变化,必将引起一次绕组电流的变化,当二次绕组电流增大时,一次绕组电流也会相应增大。

当负载为额定值时,$\dot{I}_0$ 与 $\dot{I}_{1L}$ 相比,可忽略 $\dot{I}_0$ 不计,此时,

$$\dot{I}_1 \approx -\frac{N_2}{N_1}\dot{I}_2 = -\frac{1}{k}\dot{I}_2$$

即

$$\frac{I_1}{I_2} \approx \frac{N_2}{N_1} = \frac{1}{k} \qquad (2-19)$$

此处 k 为变压器变比,数值上等于 N_1/N_2,可以看出,变压器原、副边电流大小之比近似等于匝数的反比。

3. 电动势平衡方程式

变压器负载运行时一次侧电压方程式与空载时基本相同,只是绕组电流不再是空载电流 $\dot{I}_0$ 而是 $\dot{I}_1$,因此只要把空载时一次侧电压方程式中的 $\dot{I}_0$ 换成 $\dot{I}_1$,便可得到负载时的电压平衡方程式,即

$$\dot{U}_1 = -\dot{E}_1 + j\dot{I}_1 x_1 + \dot{I}_1 r_1 = -\dot{E}_1 + \dot{I}_1 Z_1 \qquad (2-20)$$

同理,加在变压器一次侧的电源电压 $\dot{U}_1$ 包含两个分量,一是平衡一次绕组电动势 $\dot{E}_1$ 的分量 $-\dot{E}_1$,另一个是一次绕组漏阻抗压降 $\dot{I}_1 Z_1$。通常电力变压器的漏阻抗压降对端电压 $\dot{U}_1$ 来说是很小的,可以忽略,所以在正常工作情况下,仍然可以认为 $\dot{U}_1 \approx -\dot{E}_1$。二次侧电路接上负载时,在电动势 $\dot{E}_2$ 的作用下,产生电流 $\dot{I}_2$,$\dot{I}_2$ 的正方向应与 $\dot{E}_2$ 的正方向相同,如图 2-12 所示。

二次电流 $\dot{I}_2$ 所产生的磁通 Φ,也有一少部分不穿过一次绕组,只穿过二次绕组经过变压器油及空气闭合,叫做二次漏磁通,用 $\dot{\Phi}_{2\sigma}$ 表示。由 $\dot{\Phi}_{2\sigma}$ 产生的二次漏感电动势 $\dot{E}_{2\sigma}$ 和一次侧的 $\dot{E}_{1\sigma}$ 一样,可用漏抗压降表示,即 $\dot{E}_{2\sigma} = -j\dot{I}_2 x_2$。

除此之外,电流通过二次绕组还产生电阻压降 $\dot{I}_2 r_2$,根据基尔霍夫第二定律,可写出二次电路的电压方程,即

$$\dot{U}_2=\dot{E}_2+\dot{E}_{2\sigma}-\dot{U}_{r2}=\dot{E}_2-\mathrm{j}\dot{I}_2x_2-\dot{I}_2r_2=\dot{E}_2-\dot{I}_2Z_2 \qquad (2-21)$$

式中,$Z_2=r_2+\mathrm{j}x_2$,称为二次漏阻抗。变压器负载运行时的二次电压,等于二次绕组的感应电动势减去二次绕组漏抗压降。

4. 负载运行时的等效电路

单相变压器负载运行时,励磁电流 $I_0 \ll I_{1N}$,通常只占 I_{1N} 的 2%～10%,可忽略 I_0,即去掉励磁支路而得到一个更为简单的阻抗串联电路,称为变压器的简化等效电路,如图 2-13 所示。

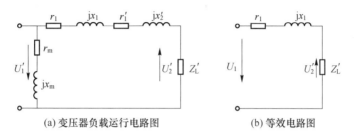

(a) 变压器负载运行电路图　　　　(b) 等效电路图

图 2-13　变压器的简化等效电路图

2.3.3　项目的实现

变压器的短路电阻 r_k、短路电抗 x_k 和短路阻抗 Z_k 决定着变压器短路电流的大小和变压器运行时内部电压降的大小,是变压器的重要参数,可以通过短路试验测得。

短路试验方法基本上与空载试验相似,不同之处是空载试验施加的是额定电压,短路试验施加的是达到额定电流的电压。

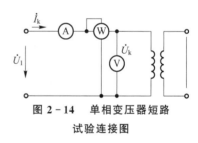

图 2-14　单相变压器短路试验连接图

短路试验的电路如图 2-14 所示,为便于测量,负载试验一般将变压器高压侧经调压器接入试验电源,低压侧短路。由简化等效电路可知,当变压器低压侧短路时,仅有很小的短路阻抗在限制短路电流,为了避免试验电流过大,外加试验电压必须降低,一般应降低到使试验电流为额定电流或小于额定电流。当 $I_1=I_{1N}$ 时,测出短路电压 U_k、短路电流 I_k、短路损耗 P_k。

根据二次侧短路时的简化等效电路,可计算出短路阻抗为

$$Z_k=\frac{U_k}{I_k} \qquad (2-22)$$

$$r_k=\frac{P_k}{I_k^2} \qquad (2-23)$$

$$x_k=\sqrt{Z_k^2-r_k^2} \qquad (2-24)$$

式中,U_k,I_k 分别为相电压、相电流;P_k 为每相输入功率,亦为短路损耗 p_k,这是因为变压器短路试验中,无功率输出,输入功率全部变成功率损耗,称为短路损耗。短路损耗包括铜损耗和铁损耗,但进行短路试验时,外加试验电压很低,主磁通大大低于正常运行的数值,铁损耗很小,可以忽略不计,因而认为短路损耗就是铜损耗。

注意:

① 由于电阻与温度有关,按国家标准,应将试验温度下的 r_k 和 Z_k 换算到 75 ℃时的值,换算关系及相关公式此处不做要求,故略去。

② 此为一相的短路损耗,三相总的短路损耗需乘以 3。

【例 2-2】 一台单相变压器,$S_N = 20\,000$ kV·A,$U_{1N}/U_{2N} = \dfrac{220}{\sqrt{3}}/11$,$f_N = 50$ Hz,线圈为铜线。空载试验时测得(低压侧):$U_0 = 11$ kV、$I_0 = 45.4$ A、$P_0 = 47$ W;短路试验时测得(高压侧):$U_k = 9.24$ kV、$I_k = 157.5$ A、$P_k = 129$ W。试求两试验的参数和变压器的变比(忽略试验温度的影响)。

解:低压侧励磁阻抗 $z_m = \dfrac{U_0}{I_0} = \dfrac{11 \times 10^3}{45.4}$ Ω $= 242.29$ Ω;

低压侧励磁电阻 $r_m = \dfrac{p_0}{I_0^2} = \dfrac{47 \times 10^3}{45.4^2}$ Ω $= 22.8$ Ω;

低压侧励磁电抗 $x_m = \sqrt{z_m^2 - r_m^2} = \sqrt{242.29^2 - 22.8^2}$ Ω $= 241.21$ Ω;

高压侧短路阻抗 $z_k = \dfrac{U_k}{I_k} = \dfrac{9.24 \times 10^3}{157.5}$ Ω $= 58.67$ Ω;

高压侧短路电阻 $r_k = \dfrac{P_k}{I_k^2} = \dfrac{129 \times 10^3}{157.5^2}$ Ω $= 5.2$ Ω;

高压侧短路电抗 $x_k = \sqrt{z_k^2 - r_k^2} = \sqrt{58.67^2 - 5.2^2}$ Ω $= 58.44$ Ω;

变比 $k = \dfrac{U_{1N}}{U_{2N}} = \dfrac{\frac{220}{\sqrt{3}}}{11} = 11.547$。

专题 2.4 变压器的运行特性

教学目标:

1)了解变压器电压外特性及功率关系;

2)掌握变压器电压变化率的表示方法;

3)掌握变压器的效率运算公式。

变压器的运行特性是指变压器带负载运行时输出电压等各物理量随负载变化而变化的规律。

2.4.1 外特性

变压器带负载运行时,变压器就是负载的电源,由于其内部存在电阻和漏电抗,负载电流流过时内部将产生漏阻抗压降,使变压器的输出电压随负载大小的变化而发生变化。当变压器的输出电压及负载功率因数一定时,副边端电压随副边电流变化而变化的曲线 $U_2 = f(I_2)$ 称为变压器的外特性,如图 2-15 所示,外特性直观反映了变压器输出电压随负载电流变化的趋势。由图可见,变压器带电容性负载运行时,U_2 随 I_2 的增大而增大(容性负载减小了无功电流分量);带电阻性和电感性负载运行时,U_2 随 I_2 的增大而减小。U_2 随 I_2 变化而变化程度的大小可以用电压变化率来表示。

当变压器原边接额定电压,副边开路时,副边的端电压 U_{20} 就是副边的额定电压 U_{2N},带上负载以后,副边电压 U_2 与空载时电压 U_{2N} 存在一个差值,这一差值与额定电压 U_{2N} 的比值称为电压变化率或电压调整率,用 ΔU 表示,即

$$\Delta U = \frac{U_{20} - U_2}{U_{2N}} \times 100\% = \frac{U_{2N} - U_2}{U_{2N}} \times 100\% \quad （2-25）$$

一般情况下,当 $\cos \varphi_2 \approx 0.8$ 时,额定负载的电压变化率 ΔU 为 5% 左右。

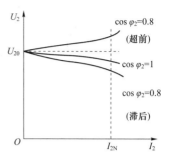

图 2 - 15　变压器的外特性

2.4.2　效率特性

1. 功率关系

变压器是传递电能的设备,在能量传递过程中,变压器本身存在损耗。根据能量守恒定律,变压器副边输出的有功功率 P_2 等于原边输入的有功功率 P_1 减去总的有功功率损耗 ΔP,即 $P_2 = P_1 - \Delta P$。此外,功率损耗 ΔP 里包括铁损耗和铜损耗。

（1）铁损耗

铁芯中的磁滞损耗和涡流损耗统称为铁损耗。在空载和负载运行时铁芯中的主磁通基本不变,因此,变压器负载运行时的铁损耗等于空载时的铁芯损耗,即 $\Delta p_{Fe} = P_0 = I_0^2 r_m$。

（2）铜损耗

变压器负载运行时原、副绕组中都有电流流过,因此,绕组导线上将产生损耗,这一损耗称为铜损耗 Δp_{Cu}。原、副绕组上均存在铜损耗,即 $\Delta p_{Cu} = \Delta p_{Cu1} + \Delta p_{Cu2}$。

变压器额定负载运行时的铜损耗 Δp_{Cu} 近似等于短路损耗 P_k,而任意负载下的铜损耗为

$$\Delta p_{Cu} = I_1^2 r_k = \frac{I_1^2}{I_{1N}^2} I_{1N}^2 r_k = \beta^2 P_k$$

式中,$\beta = I_1/I_{1N} = I_2/I_{2N}$,为负载系数。

可以看出,变压器从电源吸收的有功功率 P_1,扣除铁损耗及铜损耗的剩余部分就是变压器输出的有功功率,这一有功功率也就是负载上消耗的功率 P_2。所以变压器的能量传递可以用图 2 - 16 来形象描述。

2. 效　率

变压器的效率等于输出有功功率与输入有功功率比值的百分数,即

$$\eta = \frac{P_2}{P_1} \times 100\% \quad （2-26）$$

将各量代入,可得

$$\eta = 1 - \frac{P_0 + \beta^2 P_k}{\beta S_N \cos \varphi_2 + P_0 + \beta^2 P_k} \quad （2-27）$$

式（2-27）表明,变压器的效率 η 随负载系数 β 变化而变化,又由于 $\beta = \dfrac{I_2}{I_{2N}}$,因此,变压器效率 η 亦随负载电流 $I_2 = \beta I_{2N}$ 变化而变化,其变化曲线 $\eta = f(\beta)$ 称为变压器的效率特性,如图 2 - 17 所示。从效率特性看出,负载较小时,效率以较大的速度随负载的增加而增加;负载

过大时,效率随负载的增加而减小。由于负载较小时,输出功率小,损耗占的比例大,故效率低;随着输出功率的增大,损耗占的比例相对减小,效率提高;但当负载过大时,由于铜损耗是随电流的平方增大的,因此铜损耗急剧增大,使效率开始下降。效率有一个最大值,常用 $\eta_{\max}$ 表示。一般当 $\beta=0.5\sim0.7$ 时,效率达到最大值。

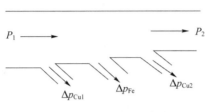

图 2-16　变压器能量传递图

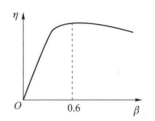

图 2-17　变压器的效率特性

项目 2.5　三相变压器

教学目标:

1) 了解三相变压器的磁路系统;
2) 掌握三相变压器的连接方法;
3) 掌握三相变压器的连接组别。

2.5.1　项目简介

三相变压器可以用三个单相变压器组成,这种三相变压器称为三相变压器组。从运行原理来看,三相变压器在对称负载下运行时,各相电压、电流大小相等,相位上彼此相差120°,就其一相来说,和单相变压器没有区别。因此单相变压器的基本方程式及运行特性的分析方法与结论完全适用于三相变压器。三相变压器用途非常广泛,它的连接方式和极性判断就显得尤为重要,本项目着重分析三相变压器的连接方法和连接组别的判定。

2.5.2　项目相关知识

1. 三相变压器的磁路系统

三相变压器可由三个相同的单相变压器通过一定方式连接组成,如图2-18所示,也可将三相绕组一同装在一个铁芯上,组成三相芯式变压器,如图2-19所示。

因为三相变压器组是由三个同样的单相变压器组合而成的,它的磁路特点是三相磁通各有自己单独的磁路。

当外加电压为三相对称电压时,则三相铁芯磁通也一定是对称的,如图2-18所示。如果3个铁芯的材料和尺寸完全一样,即三相磁路的磁阻相等,那么按照磁路的欧姆定律,三相磁势或建立该磁势的三相空载电流也是对称的。

这里我们重点分析三相芯式变压器的磁路,它是由三相变压器组演变而来的。把组成变压器组的3个单相变压器的铁芯按图2-19(a)所示的位置靠拢在一起,通过中间铁芯柱的磁通为三相磁通的合成,即 $\dot\Phi_A+\dot\Phi_B+\dot\Phi_C$。在对称的情况下,$\dot\Phi_A+\dot\Phi_B+\dot\Phi_C=0$,即中间芯柱在任何瞬间的磁通等于零,可以省掉这个芯柱,如图 2-19(b)所示,再缩短 B 相磁轭的长度,将 B 相往里收缩;然后将 A 相和 C 相的铁芯间角度由 120°变为 180°,使 3 个铁芯柱排列在同一个平面上,如图 2-19(c)所示。

　　目前用得较多的是三相芯式变压器,因它具有消耗材料少,效率高,占地面积小,维护简单等优点。但在大容量的巨型变压器中,以及运输条件受限制的地方,为了便于运输及减小备用容量,往往采用三相组式变压器。

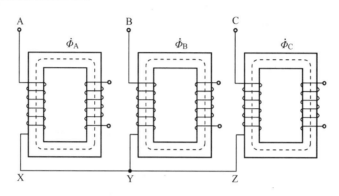

图 2-18　三相变压器组

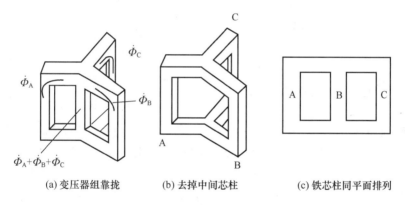

(a) 变压器组靠拢　　　　(b) 去掉中间芯柱　　　　(c) 铁芯柱同平面排列

图 2-19　三相芯式变压器的磁路

　　由图 2-19(c)可知,三相芯式变压器的磁路是连在一起的,其特点是各相磁通都以另外两相的磁路作为自己的回路。因为中间 B 相磁路比两边 A 相和 C 相短,即 B 相磁阻较小,由磁路欧姆定律可知,B 相磁势就比其他两相小,而三相绕组匝数一样多,所以 B 相的空载电流 I_{OB} 就比其他两相的小。但由于空载电流 I_0 只占额定电流的百分之几(中小型约为 5% 左右,大型约在 3% 以下),所以空载电流的不对称对变压器运行的影响很小,可以不考虑。在工程上取三相空载电流的平均值作为空载电流值,即

$$I_0 = \frac{I_{OA} + I_{OB} + I_{OC}}{3}$$
(2-28)

2. 变压器的连接方式和连接组别

(1) 变压器绕组的标记和极性

变压器绕组的首端常用 A、B、C、a、b、c 标记,而其末端则用 X、Y、Z、x、y、z 标记,其中大写

字母用于高压绕组,小写字母用于低压绕组。当三相绕组接成星形具有中线连接时,高压和低压方面的中点分别用 N 和 n 表示。

由于单相变压器的原、副绕组是绕在同一个铁芯柱上的,它们被同一主磁通 $\dot{\Phi}_\mathrm{m}$ 所交链。当主磁通 $\dot{\Phi}_\mathrm{m}$ 交变时,在原、副绕组中感应的电势有一定的极性关系。即任一瞬间,一个绕组的某一端点的电位为正时,另一绕组必有一个端点的电位也为正。这两个对应的同极性的端点称为同极性端,也称为同名端,在对应的两个端点旁边加一黑点"·"来表示。同极性端可能在绕组的相同端,也可能在绕组的不同端。

(2)单相变压器的连接组别

所谓变压器的连接组别,就是把高、低压侧绕组的连接法及高、低压侧电压(电动势)之间的相位关系,用符号表示出来。首先研究单相变压器的连接组别,因为它是三相变压器连接组别的基础。

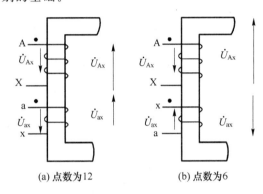

(a)点数为12　　(b)点数为6

图 2 - 20　单相变压器原、副边电动势关系

单相变压器绕组的首端与末端有两种不同的标法,随着标法的不同,所得原、副绕组电压之间的相位差也不同。一种是将原、副绕组的同极性端(即同名端)都标为首端(或末端),这时原、副绕组电压 $\dot{U}_\mathrm{A}$ 与 $\dot{U}_\mathrm{a}$ 同相位(必须注意,电压的正方向均规定从首端到末端),用 I,I12(或 I/I - 12)表示,其中 I,I(或 I/I)表示原、副边都是单相绕组,12 表示连线的组别。其含义如图 2 - 20(a)所示,若将 $\dot{U}_\mathrm{A}$ 与 $\dot{U}_\mathrm{a}$ 分别看作时钟的分针与时针,则相量图中所表示的点数为 12 点整。另一种标法是把原、副绕组的不同极性端点标为首端(或末端),这时 $\dot{U}_\mathrm{A}$ 与 $\dot{U}_\mathrm{a}$ 方向相差 180°,用 I,I6(或 I/I - 6)表示,也就是说其连接组的组别为 6。如图 2 - 20(b)所示,相量图中 $\dot{U}_\mathrm{A}$ 与 $\dot{U}_\mathrm{a}$ 表示的点数为 6 点。

(3)三相绕组的连接方式

三相绕组常用的连接方式有两种。

① 星形(Y)连接法。它的绕组连接和相电压的相量如图 2 - 21(a)所示。图中以 $\overrightarrow{AX}$ 表示 $\dot{U}_\mathrm{A}$ 的正方向,同理,$\overrightarrow{BY}$,$\overrightarrow{CZ}$ 分别表示相电压 $\dot{U}_\mathrm{B}$,$\dot{U}_\mathrm{C}$ 的正方向。

② 三角形(D)连接法。这种接法又可分为两种:一是按 AX—CZ—BY 的顺序连接,如图 3 - 21(b)所示;另一种按 AX—BY—CZ 的顺序连接,如图 3 - 21(c)所示。

(4)三相变压器的连接组别

三相变压器的连接组别不仅与线圈的绕法和绕组同名端有关,还与三相绕组的连接方式有关。由于三相变压器的三个绕组可采用不同的连接方式,使得原、副绕组中的线电压具有不同的相位差。因此按原、副边线电压的相位关系,把三相变压器绕组的连接分成各种不同的连接组别。对于三相绕组,无论采用哪种连接方式,原、副边线电压的相位差总是 30° 的倍数。因此,采用时钟表面上的 12 个数字来表示这种相位差。这种表示法称为时针法,即把高压边线电压的相量作为钟表上的长针,始终指着 12,而以低压边线电压的相量作为短针,它所指的数字即表示三相变压器的连接组别。

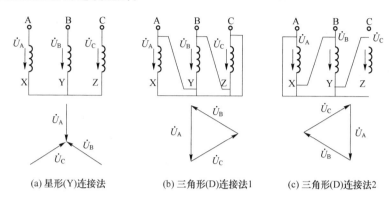

(a) 星形(Y)连接法　　　(b) 三角形(D)连接法1　　　(c) 三角形(D)连接法2

图 2 - 21　三相变压器的连接方式

① Y,y 连接组

＊Y,y12。如图 2 - 22 所示为 Y,y 连接的三相变压器,原、副绕组的同极性端为首端,这时与单相变压器一样,原、副绕组对应各相的相电压同相位,因而原绕组线电压 $\dot{U}_{AB}$ 和副绕组线电压 $\dot{U}_{ab}$ 也同相位,如果把 $\dot{U}_{AB}$ 指向 12 点,则 $\dot{U}_{ab}$ 也指向 12 点,所以用 Y,y12(或 Y/Y -12)表示其连接组别。

＊Y,y6。如图 2 - 23 所示,原边和副边是以不同极性端作为首端,相电压 $\dot{U}_a$ 与 $\dot{U}_A$ 方向相反,因此副边电压相量图正好与原边电压相量图相反,对应的线电压 $\dot{U}_{AB}$ 和 $\dot{U}_{ab}$ 也相差 180°,因此这种接法是 Y,y6(或 Y/Y -6)连接组。

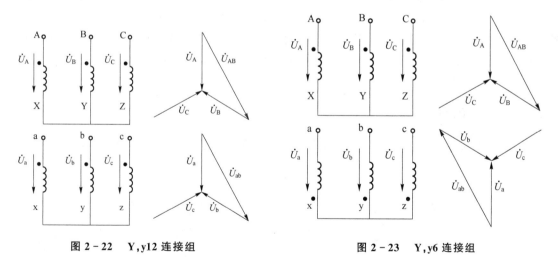

图 2 - 22　Y,y12 连接组　　　　　**图 2 - 23　Y,y6 连接组**

＊Y,y4。图 2 - 24 所示为 Y,y4 连接的三相变压器,副边三相绕组相序改变。用同样的方法画出相量图,可以看出这种情况下的线电压 $\dot{U}_{ab}$ 和 $\dot{U}_{AB}$ 有 120°的相位差,这种接法是 Y,y4(或 Y/Y -4)连接组。

② Y,d 连接组

以 Y,d11 为例。如图 2 - 25 所示为 Y,d11 连接的三相变压器,其中原、副绕组同极性端标为首端,副绕组三角形连接次序为 AX—CZ—BY。由于原、副绕组首端为同极性端,它们对应相的相电压同相位,但副绕组线电压 $\dot{U}_{ab}$ 等于相电压 $-\dot{U}_b$,因此,原绕组线电压 $\dot{U}_{AB}$ 与副绕组线电压 $\dot{U}_{ab}$ 的相位差为 $330°=30°\times11$。$\dot{U}_{AB}$ 指向 12 点,则 $\dot{U}_{ab}$ 指向 11 点,这种连接组别为 Y,d11(或 Y/△-11)。

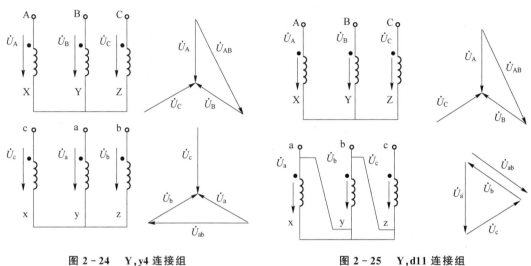

图 2-24　Y,y4 连接组　　　　　图 2-25　Y,d11 连接组

综合以上分析可以看出,通过改变绕组极性及连接方式可以得到不同的连接组。实际上,连接组可多达上百种。但从原、副边线电压之间相位差的关系来看,只有 12 种。Y,y 连接可以得到时钟表面上偶数的连接组别,Y,d 连接则得到奇数的连接组别。此外,D,d 连接可以得到与 Y,y 连接同样的相位关系,D,y 连接则得到与 Y,d 连接相同的相位移。

目前,在电力变压器中大都采用国际标准所规定的几种连接组别,即 Y,yn0;YN,y0;Y,y0;Y,d11;YN,d11。而在同步变压器中则采用 Y,y2;Y,y4;Y,y6;Y,y8;Y,y10;Y,y0;D,y1;D,y3;D,y5;D,y7;D,y9;D,y11。

2.5.3　项目的实现

对应于上述理论,在实验室中,可以测定三相变压器的极性,连接并判定 Y,y12,Y,y6,Y,d11 的连接组。

1. 测定相间极性

被试变压器选用 DT41 三相芯式变压器,用其中高压和低压两组线圈,额定容量 $S_N=150/150$ W,$U_N=220/55$ V,$I_N=0.394/1.576$ A,Y,y 接法。用万用表的电阻挡测出高、低压线圈 12 个出线端之间哪两个相通,并观察其阻值。阻值大的为高压线圈,用 A、B、C、X、Y、Z 标出首末端,低压线圈标记用 a、b、c、x、y、z。按照图 2-26 接线,将 Y、Z 两端点用导线相连,在 A 相施加约 $50\%U_{1N}$ 的电压,测出电压 U_{BY}、U_{CZ},若 $U_{BC}=|U_{BY}-U_{CZ}|$,则首末端标记正确。若 $U_{BC}=|U_{BY}+U_{CZ}|$,则标记不对。须将 B、C 两相任一相线圈的首末端标记对调。然后用同样方法,将 B,C 两相中的任一相施加电压,另外两相末端相连,定出 A 相首、末端正确的标记。

2. 测定原、副边极性

暂时标出三相低压线圈的标记 a、b、c、x、y、z,然后按照图 2-27 接线,原、副边中点用导线相连,高压三相线圈施加约 50% 的额定电压,测出电压 U_{AX}、U_{BY}、U_{CZ}、U_{ax}、U_{by}、U_{cz}、U_{Aa}、U_{Bb}、U_{Cc}。若 $U_{Aa}=U_{AX}-U_{ax}$,则 A 相高、低压线圈同柱,并且首端 A 与 a 点为同极性;若 $U_{Aa}=U_{AX}+U_{ax}$,则 A 与 a 端点为异极性。用同样的方法判别出 B、C 两相原、副边的极性。高低压三相线圈的极性确定后,根据要求连接出不同的连接组。

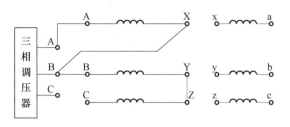 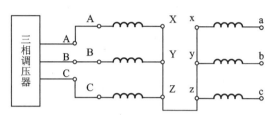

图 2-26 测定相间极性接线图　　　　　图 2-27 测定原、副边极性接线图

3. 检验连接组

(1) Y,y12 连接组

按照图 2-28 接线。A、a 两端点用导线连接,在高压侧施加三相对称的额定电压,测出 U_{AB}、U_{ab}、U_{Bb}、U_{Cc} 及 U_{Bc},将数字记录于表 2-1 中。

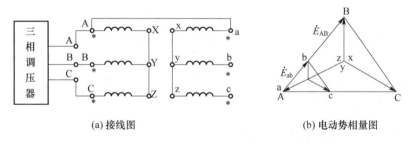

(a) 接线图　　　　　　　　　(b) 电动势相量图

图 2-28　Y,y12 连接组

表 2-1　电压记录表

实验数据					计算数据			
U_{AB}/V	U_{ab}/V	U_{Bb}/V	U_{Cc}/V	U_{Bc}/V	K_L	U_{Bb}/V	U_{Cc}/V	U_{Bc}/V

根据 Y,y12 连接组的电动势相量图可知

$$U_{Bb}=U_{Cc}=(K_L-1)U_{ab}, \qquad U_{Bc}=U_{ab}\sqrt{K_L^2-K_L+1}$$

式中,$K_L=\dfrac{U_{AB}}{U_{ab}}$ 为线电压之比。

若用上两式计算出的电压 U_{Bb}、U_{Cc}、U_{Bc} 的数值与实验测得的值相同,则表示线图连接正确,属 Y,y12 连接组。

(2) Y,y6 连接组

将 Y,y6 连接组的副边线圈首、末端标记对调,A、a 两点用导线相连,如图 2-29 所示。

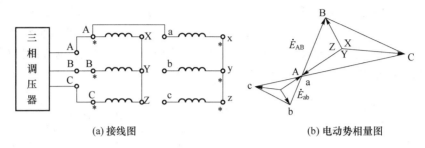

(a) 接线图　　　　　　　　　(b) 电动势相量图

图 2 - 29　Y,y6 连接组

在高压侧施加三相对称的额定电压,测出电压 U_{AB}、U_{ab}、U_{Bb}、U_{Cc} 及 U_{Bc},将数据记录于表 2 - 2 中。

表 2 - 2　电压记录表

实验数据					计算数据			
U_{AB}/V	U_{ab}/V	U_{Bb}/V	U_{Cc}/V	U_{Bc}/V	K_L	U_{Bb}/V	U_{Cc}/V	U_{Bc}/V

根据 Y,y6 连接组的电动势相量图可知

$$U_{Bb}=U_{Cc}=(K_L+1)U_{ab}, \qquad U_{Bc}=U_{ab}\sqrt{K_L^2+K_L+1}$$

若由上两式计算出电压 U_{Bb}、U_{Cc}、U_{Bc} 的数值与实测值相同,则线圈连接正确,属于 Y,y6。

(3) Y,d11 连接组

按图 2 - 30 接线。A、a 两端点用导线相连,高压侧施加对称额定电压,测出 U_{AB}、U_{ab}、U_{Bb}、U_{Cc} 及 U_{Bc},将数据记录于表 2 - 3 中。

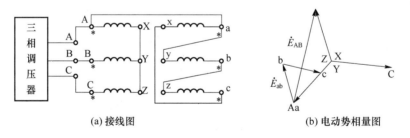

(a) 接线图　　　　　　　　　(b) 电动势相量图

图 2 - 30　Y,d11 连接组

表 2 - 3　电压记录表

实验数据					计算数据			
U_{AB}/V	U_{ab}/V	U_{Bb}/V	U_{Cc}/V	U_{Bc}/V	K_L	U_{Bb}/V	U_{Cc}/V	U_{Bc}/V

根据 Y,d11 连接组的电动势相量可知

$$U_{Bb}=U_{Cc}=U_{Bc}=U_{ab}\sqrt{K_L^2-\sqrt{3}K_L+1}$$

若由上式计算出的电压 U_{Bb}、U_{Cc}、U_{Bc} 的数值与实测值相同,则线圈连接正确,属 Y,d11 连接组。

项目 2.6　变压器的并联运行

教学目标：
1）了解变压器并联运行的优点；
2）掌握变压器并联运行的条件。

2.6.1　项目简介

现代电力系统、发电厂和变电站的容量越来越大，一台变压器往往不能担负起全部容量的传输或配电任务，为此电力系统中常采用两台或多台变压器并联运行的方式。变压器并联运行，就是将变压器的原、副绕组相同标号的出线端连在一起，分别接到公共的电源母线和负载母线上，共同向负载供电。

变压器并联运行具有以下优点：

① 提高供电的可靠性。并联运行的变压器，如果其中一台发生故障或检修，另外的变压器仍正常供电。

② 提高运行效率。并联运行变压器可根据负载的大小调整投入并联的台数，从而减少能量损耗。

③ 减小备用容量，并可随用电量的增加，分批安装变压器，减少初次投资。

当然，并联的台数过多也是不经济的，因为一台大容量变压器的造价要比总容量相同的几台小变压器的造价低，占地面积也小。

可见，变压器并联运行对于电力系统具有重要的意义。本项目主要学习三相变压器投入并联运行的方法及阻抗电压对负载分配的影响。

2.6.2　项目的相关知识

三相变压器并联运行时连接如图 2-31 所示。

1. 并联运行变压器的理想运行情况

① 空载时每一台变压器副边电流都为零，与单独空载运行时一样，各台变压器间无环流。

② 负载运行时各台变压器分担的负载电流应与它们的容量成正比。

2. 并联运行的变压器应满足的条件

① 原、副边额定电压相同，变比相等。

② 连接组别相同。

③ 短路电压（或短路阻抗值）相等。

实际上并联运行的变压器必须满足的是第二个条件，其他两个条件允许稍有出入。

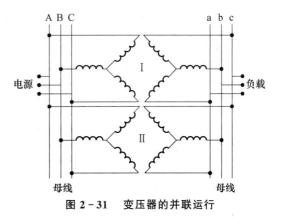

图 2-31　变压器的并联运行

在实验室中，可以利用两台 DT41 三相芯式变压器观察变压器的并联运行情况及阻抗电压对负载分配的影响。

2.6.3 项目的实现

实验线路如图 2－32 所示。

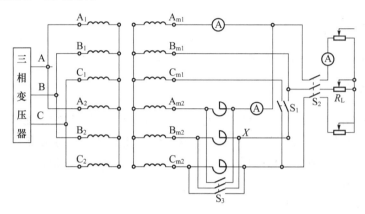

图 2－32　三相变压器并联连接图

图 2－32 中的两台三相变压器的低压线圈不用,首先测得原副边极性后,根据变压器的铭牌接成 Y/Y 接法,将两台变压器的高压线圈并连接电源,中压线圈经开关 S_1 并联后,再由 S_2 接负载电阻 R_L,R_L 选用 DT20。为了可以改变变压器 Ⅱ 的阻抗电压,在变压器 Ⅱ 的副边串入电抗 X,X 选用 DT22,要注意选用 R_L 和 X 的允许电流应大于实验时实际流过的电流。电压和电流表选用 DT01。

1. 两台三相变压器空载投入并联运行的步骤

（1）检查变比和连接组

接通电源前先打开 S_1、S_2,合上 S_3,然后接通电源,调节变压器输入电压至额定电压,测出变压器副边电压。若电压相等,则变比相同,测出副边对应相的两端点间的电压均为零,则连接组相同。

（2）投入并联运行

在满足变比相等和连接组相同的条件后,合上开关 S_1,即投入并联运行。

2. 阻抗电压相等的两台三相变压器并联运行

投入并联后,合上负载开关 S_2,在保持 $U_1 = U_{1N}$ 不变的条件下,逐次增大负载电流,直至其中一台输出电流达到额定值为止,测取 I、I_1、I_2,共取 5～6 组数据,记录于表 2－4 中。

除此之外,还存在变比不相等,连接组别不相同,阻抗电压不相等时的并联运行情况,有兴趣的同学可以自行研究。

表 2－4　电流记录表

I/A	I_1/A	I_2/A

专题 2.7　电力变压器的故障诊断和维护

教学目标:

1）了解电力变压器日常维护要点;

2）掌握一般电力变压器故障检测方法。

电力变压器是电力系统中应用的重要设备,它的正常运行对系统供电的可靠性具有重要的影响。因此,电力变压器应有专人看护,并定期进行保养和维护工作。

2.7.1　电力变压器的维护

电力变压器维护和保养的日常工作主要有以下几个方面:

① 监视变压器是否额定运行,超差值是否在允许的范围之内;

② 注意变压器的运行声音是否有变化;

③ 观察储油柜的油位,其油色高度不能低于油面线;

④ 观察油温是否超标,其油色是否有变化;

⑤ 检查油箱有无渗油、漏油等现象;

⑥ 检查绝缘套管有无裂痕和放电迹象及其他的异常现象;

⑦ 观察接地线及其附属设备的状况是否正常。

2.7.2　电力变压器的常见故障及检修

1. 电力变压器的常见故障与保护

(1) 电力变压器的常见故障

① 绕组故障:绕组绝缘受潮,绝缘老化,层间或匝间发生短路;绕组与外部接线连接不好引起局部过热;电力系统短路引起绕组机械损伤;冲击电流引起机械损伤等。

② 铁芯故障:硅钢片间绝缘老化;铁芯叠装不良引起铁耗增加;夹件松动引起电磁振动或噪声;铁芯接地不良形成间歇性放电等。

③ 变压器油的故障:绝缘油高温氧化,绝缘性能降低造成闪络放电;油泥沉积堵塞油道使散热性能变坏等。

④ 其他机构的故障:油箱漏油;防爆管出现故障或油受潮,分接头接触不良引起局部过热;分接头间因油污造成相间短路或表面闪络等。

(2) 变压器的保护装置

① 瓦斯保护:作为变压器油箱内部故障的主保护及油面降低保护。

② 过电流保护:作为变压器外部短路的过流保护,也作为变压器内部短路的后备保护。

③ 纵差保护:作为变压器内部绕组、绝缘套管及引出线相间短路的主保护。

④ 零序电流保护:当变压器中性点接地时,作为单相接地保护。

⑤ 过负荷保护:当变压器过负荷时发出信号。在无人值守的变电所内,也用于跳闸或自动切除部分负荷。

2. 电力变压器的故障检修

变压器的故障检查方法:运行中的变压器,易发生的故障是绕组故障,约占故障的 $60\%\sim70\%$。变压器在发生故障时,一般会以温升、异常声响、警报、气体及继电器保护动作等现象在外观上表现出来,应从以下几方面检查:

① 检查变压器有无异常声响和气味,温度指示值是否超出规定,储油柜油位是否正常,防爆膜是否破裂,箱外有无漏油,一二次引线接头是否因过热而变色,绝缘套管是否完好。

② 小型电力变压器应检查熔丝规格是否符合要求;有无局部损伤或接触不良。

③ 检查瓦斯继电器中有无气体产生。检查继电保护是否按规定的电流和整定的时限发出信号或跳闸。

3. 电力变压器的常见故障及检修方法

电力变压器的常见故障及检修方法如表 2-5 所列。

表 2-5　电力变压器的常见故障及检修方法

故障现象	产生原因	检修方法
运行中有异常声响	1. 铁芯片间绝缘损坏 2. 铁芯的紧固夹件松动 3. 外加电压过高	1. 吊出变压器,检查片间绝缘电阻,进行涂漆处理 2. 紧固松动的螺栓 3. 调整外加电压
绕组匝间、层间或相间短路	1. 绕组绝缘损坏 2. 长期过载运行或发生短路故障 3. 铁芯有毛刺使绕组绝缘受损 4. 引线间或套管间短路	1. 吊出铁芯,修理或调换绕组 2. 修复短路故障或减小负载后,修理绕组 3. 修理铁芯,修复绕组绝缘 4. 用兆欧表测试并排除故障
铁芯片局部短路或熔毁	1. 铁芯片间绝缘严重损坏 2. 铁芯或铁轭螺杆的绝缘损坏 3. 接地方法不正确	1. 用直流伏安法测片间绝缘电阻,找出故障点并进行修理 2. 调换损坏的绝缘胶管 3. 改正错误接地
变压器漏油	1. 油箱的焊缝有裂纹 2. 密封垫老化或损坏 3. 密封垫不正、压力不均匀或压力不足 4. 密封填料未处理好、硬化或断裂	1. 吊出铁芯,将油放掉,进行补焊 2. 调换密封垫 3. 放正垫圈,重新紧固 4. 调换填料
一、二次绕组间或对地绝缘电阻下降	1. 潮气或水分侵入变压器 2. 线端或引线有局部异常通路	1. 进行干燥处理 2. 修理线端和引线的绝缘
油色变黑,油面过低	1. 油温过高 2. 漏入水或侵入潮气 3. 油箱漏油	1. 减小负载 2. 修漏水处或检查吸潮剂是否失效 3. 修补漏油处,补入新油
油温突然升高	1. 过负载运行 2. 接头螺钉松动 3. 绕组短路 4. 油质不好或缺油	1. 减小负载 2. 停止运行,检查各接头,加以紧固 3. 停止运行,吊出铁芯检修绕组 4. 调换全部变压器油或加油
变压器着火	1. 一、二次绕组层间短路 2. 严重过载 3. 铁芯绝缘损坏或穿心螺栓绝缘损坏 4. 套管破裂,油在闪络时流出来,引起顶盖着火	1. 吊出铁芯,局部处理或重绕绕组 2. 减小负载 3. 吊出铁芯,重新涂漆或调换穿心螺栓 4. 调换套管
瓦斯继电器动作	1. 信号指示未跳闸 2. 信号指示开关跳闸	1. 变压器内进入空气,造成瓦斯继电器误动作,查出原因加以排除 2. 变压器内部发生故障,查出故障并处理

专题 2.8　特殊变压器

教学目标:

1) 了解自耦变压器电压电流及容量关系;

2）掌握电压互感器和电流互感器的连接图及使用注意事项；

3）了解电焊变压器。

2.8.1　自耦变压器

1. 外形与结构

原、副边共用一部分绕组的变压器叫自耦变压器。自耦变压器有单相的，也有三相的。与双绕组变压器一样，单相自耦变压器的电磁关系，也适用于对称运行的三相自耦变压器的每一相。单相自耦变压器外形如图 2-33 所示，图 2-34 所示为其原理图，图中标出了各电磁量的参考方向。这是一台降压的自耦变压器，原绕组匝数 N_1 大于副绕组匝数 N_2，绕组 ax 段为高、低压共用段，叫公共绕组。

图 2-33　单相自耦变压器外形图

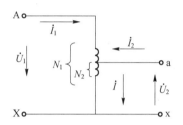

图 2-34　单相自耦变压器原理图

2. 电压、电流及容量关系

（1）电压关系

自耦变压器与双绕组变压器一样，也有主磁通和漏磁通，主磁通在绕组中产生感应电动势 $\dot{E}_1$ 和 $\dot{E}_2$。由于主磁通比漏磁通大很多，且绕组电阻很小，因此可忽略漏阻抗压降，只考虑主磁通的作用。这样，当原边接在额定电压 U_{1N} 上，空载时副边的端电压为 U_{2N}，它们的关系是

$$\frac{U_{1N}}{U_{2N}} \approx \frac{E_1}{E_2} = \frac{N_1}{N_2} = k_A \tag{2-29}$$

式中，k_A 称为自耦变压器的变比。

（2）电流关系

同双绕组变压器一样，自耦变压器带负载时，由于电源电压保持额定值，主磁通为常数，因此，也有同样的磁势平衡关系，即 $\dot{I}_1 N_1 + \dot{I}_2 N_2 = \dot{I}_0 N_1$。分析负载运行时，可忽略 I_0，则有 $\dot{I}_1 N_1 + \dot{I}_2 N_2 = 0$ 或 $\dot{I}_1 = -\dfrac{\dot{I}_2}{k_A}$。因此，自耦变压器负载运行时，原、副边电压及电流之比，与双绕组变压器的关系相同。

由原理图可知，有

$$\dot{I} = \dot{I}_1 + \dot{I}_2 = -\frac{\dot{I}_2}{k_A} + \dot{I}_2 = \dot{I}_2\left(1 - \frac{1}{k_A}\right) \tag{2-30}$$

可知，$\dot{I}_1$ 与 $\dot{I}_2$ 相位总是相差 $180°$，而 $\dot{I}$ 与 $\dot{I}_2$ 总是同相位，所以 $\dot{I}_1$、$\dot{I}_2$、$\dot{I}$ 的大小关系为 $I_2 = I_1 + I$。因此，自耦变压器的输出电流 $\dot{I}_2$ 由两部分组成，其中串联绕组的电流 $\dot{I}_1$ 是由于高、低压绕组之间有电的联系，从高压侧直接流入低压侧的，公共绕组流过的电流 $\dot{I}$ 是通过电

磁感应作用传递到低压侧的。

（3）容量关系

变压器的额定容量（或铭牌容量）和绕组容量（或电磁容量）是不相等的，额定容量指的是总的输入或输出容量，即

$$S_N = U_{1N} I_{1N} = U_{2N} I_{2N} \qquad (2-31)$$

绕组容量指的是该绕组的电压与电流的乘积。对于双绕组变压器，原绕组的绕组容量就是变压器输入容量，副绕组的绕组容量就是变压器的输出容量，都等于变压器额定容量。但是对自耦变压器来说，绕组容量与变压器额定容量不等，前者比后者小。

由图 2-34 可知，串联绕组 Aa 段的容量为

$$S_{Aa} = U_{Aa} I_{1N} = U_{1N} \frac{N_1 - N_2}{N_1} I_{1N} = S_N \left(1 - \frac{1}{k_A}\right) \qquad (2-32)$$

公共绕组 ax 段的绕组容量为

$$S_{ax} = U_{ax} I_{1N} = U_{2N} I_{2N} \left(1 - \frac{1}{k_A}\right) = S_N \left(1 - \frac{1}{k_A}\right)$$

显然，公共绕组 ax 和串联绕组 Aa 的绕组容量相等。自耦变压器的额定容量 $S_N = U_{1N} I_{1N} = U_{2N} I_{2N} = U_{Aa} I_{1N} + U_{ax} I_{1N}$。由此可知，自耦变压器的额定容量包含两部分：一是 $U_{Aa} I_{1N}$，为绕组容量，它实际上是以串联绕组 Aa 为一次侧，以公共绕组 ax 为二次侧的一个双绕组变压器，通过电磁感应作用从一次侧传递到二次侧的容量；二是 $U_{ax} I_{1N}$，它是通过电路上的连接，从一次侧直接传递到二次侧的容量，称为传导容量。传导容量不需要利用电磁感应来传递，所以变压器的绕组容量小于额定容量。

3. 自耦变压器的优缺点

（1）优 点

自耦变压器与双绕组变压器比较，具有以下优点：

① 自耦变压器绕组容量较额定容量小，双绕组变压器额定容量与绕组容量相等，所以在额定容量相等的情况下，自耦变压器的体积小，质量轻，成本低；

② 变压器有效材料消耗较少，铜耗和铁耗减少，效率较高；

③ 自耦变压器因为体积较小，运输和安装也更加方便。

（2）缺 点

自耦变压器的主要缺点有：

① 自耦变压器的短路阻抗较小，因此短路电流较大；

② 自耦变压器高、低压回路没有隔离，高压侧故障会直接影响到低压侧，给低压侧的绝缘及安全用电带来一定的困难。

为了解决上述问题，需要采取一些措施，例如中性点必须可靠接地，一、二次侧安装避雷器等。

2.8.2 仪用互感器

电力系统中用来测量高电压、大电流的一种特殊变压器叫做仪用互感器。测量高电压用的仪用互感器叫做电压互感器，测量大电流用的仪用互感器叫做电流互感器。

1. 电压互感器

电压互感器是利用原、副边匝数不同,把原边的高电压变为副边的低电压,送到电压表或功率表的电压绕组进行测量。电压互感器接线如图2-35所示。

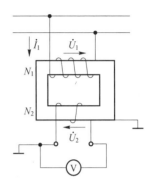

原边并联接入主线路,被测电压为$\dot{U}_1$,副边电压为$\dot{U}_2$,接到电压表或功率表的电压绕组,由于阻抗很大,实际副边近似为开路。原边匝数N_1较多,采用细铜线,副边匝数N_2较少,采用粗铜线。

实际上,电压互感器是一个近似空载运行的单相变压器。其电压关系近似为

$$\frac{U_1}{U_2} \approx \frac{E_1}{E_2} = \frac{N_1}{N_2} = k_u \qquad (2-33)$$

式中,k_u为电压变比,是一个数值较大的常数。实际应用中,常将测量U_2的电压表按$k_u U_2$来刻度,就可直接从表上读出

图2-35 电压互感器接线图

被测电压U_1的大小。为选用电压表统一起见,我国电力系统电压互感器副边的额定电压规定为100 V。

实际上,电压互感器的原、副边都有电阻及漏磁通,因此电压互感器存在着测量误差。

使用电压互感器时的注意事项:

① 副边绝对不允许短路。电压互感器正常运行时是接近空载,如副边短路,会产生很大的短路电流,绕组将因过热而烧毁。

② 为安全起见,电压互感器的二次绕组连同铁芯一起必须可靠接地。

③ 电压互感器有一定的额定容量,使用时二次侧不宜接过多的仪表,以免影响互感器的精度等级。

2. 电流互感器

电流互感器是利用原、副边匝数不等,把原边的大电流变成副边的小电流,送到电流表或功率表的电流绕组进行测量。电流互感器接线如图2-36所示。

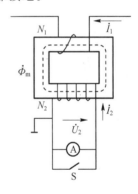

原边串联接入被测主线路,被测电流为$\dot{I}_1$,副边电流为$\dot{I}_2$。原边匝数N_1少,采用粗铜线,副边匝数N_2多,采用细铜线。副边接内阻极小的电流表或功率表的电流绕组,实际近似为短路。所以电流互感器相当于一个短路运行的单相变压器,

图2-36 电流互感器接线图

其磁势关系为$\dot{I}_1 N_1 + \dot{I}_2 N_2 = \dot{I}_0 N_1$,电流互感器在设计制造时采取一系列措施,比如采用导磁性能较好的材料做铁芯,采用很低的磁通密度,减小气隙,增加绕组匝数等,把励磁电流I_0限制得很小,即$I_0 \approx 0$,这样可得到$\dot{I}_1 = -\frac{N_2}{N_1}\dot{I}_2$或$\dot{I}_1 = -k_i \dot{I}_2$,式中,$k_i = \frac{I_1}{I_2} = \frac{N_2}{N_1}$,为电流变比,是一个数值较大的常数。同样,只需将测量I_2的电流表按$k_i I_2$来刻度,就能直接从表上读出被测电流I_1的大小。我国电力系统规定电流互感器副边的额定电流为5 A。

实际上不能做到$I_0 = 0$,因此电流互感器也存在误差。根据误差的大小,电流互感器分为0.2、0.5、1.0、3.0、10.0等几种精度等级。如0.5级的电流互感器表示在额定电流时误差最

大不超过±0.5%。

使用电流互感器时的注意事项：

① 副边绝对不允许开路。因为副边开路时，电流互感器处于空载运行状态，此时原边被测线路电流全部为励磁电流，使铁芯中磁通密度明显增大。这一方面使铁损耗急剧增加，铁芯过热甚至烧坏绕组；另一方面使副边感应出很高电压，不但使绝缘击穿，而且危及工作人员和其他设备的安全。因此在一次电路工作时，如需检修和拆换电流表或功率表的电流线圈，必须先将互感器二次侧短路。

② 为了使用安全，电流互感器的副边必须可靠接地，以防止绝缘击穿后，电力系统的高电压危及二次侧回路中的设备及操作人员的安全。

③ 副边回路串入的阻抗值不应超过有关技术标准的规定。

2.8.3 电焊变压器

交流电弧焊接在生产实际中的应用十分广泛，而交流电弧焊的电源通常是电焊变压器。实际上它是一种特殊的降压变压器。为了保证电焊的质量和电弧燃烧的稳定性，对电焊变压器有以下几点要求：

① 电焊变压器应具有 $60 \sim 75$ V 的空载电压，以保证容易起弧，考虑操作的安全，电压一般不超过 85 V。

② 电焊变压器应有迅速下降的外特性，如图 2-37 所示，以满足电弧特性的要求。

③ 为了满足焊接不同工件的需要，要求能够调节焊接电流的大小。

④ 短路电流不应太大，也不应太小。短路电流太大，会使焊条过热、金属颗粒飞溅，易烧穿工件；短路电流太小，引弧条件差，电源短路时间过长。一般短路电流不超过额定电流的两倍，在工作中电流要比较稳定。

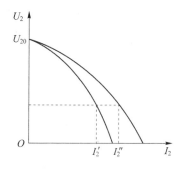

图 2-37 电焊变压器的外特性

为了满足上述要求，电焊变压器应有较大的可调电抗。电焊变压器的一、二次绕组一般分装在两个铁芯柱上，以使绕组的漏抗比较大。改变漏抗的方法很多，常用的有磁分路法和串联可变电抗法两种，如图 2-38 所示。

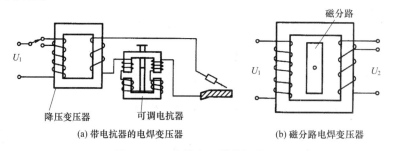

(a) 带电抗器的电焊变压器   (b) 磁分路电焊变压器

图 2-38 电焊变压器的接线图

带电抗器的电焊变压器如图 2-38(a)所示，是在二次绕组中串联可调电抗器。电抗器中的气隙可以用螺杆调节，当气隙减小时，电抗增大，电焊工作电流减小。另外，在一次绕组中还备有分接头,以便调节起弧电压的大小。

  磁分路电焊变压器如图2-38(b)所示。它是在一、二次绕组铁芯柱中间,加装一个可移动的铁芯,提供了一个磁分路。当磁分路铁芯移出时,一、二次绕组的漏抗减小,电焊变压器的工作电流增大;当磁分路铁芯移入时,一、二次绕组总的漏抗增大,工作电流变小。这样,通过调节磁分路的磁阻,即可调节漏抗大小和工作电流的大小,以满足焊件和焊条的不同要求。在二次绕组中还常备有分接头,以便调节空载时的起弧电压。

习题与思考题

  2-1 变压器铁芯的作用是什么? 为什么它要用0.35 mm厚、表面涂有绝缘漆的硅钢片叠成?

  2-2 变压器有哪些主要部件? 它们的主要作用是什么?

  2-3 变压器若接在直流电源上,二次线圈会有稳定的直流电压吗? 为什么? 二次电压如何确定?

  2-4 为什么变压器的空载损耗可以近似看成是铁耗,短路损耗可以近似看成铜耗? 负载时的实际铁耗和铜耗与空载损耗和短路损耗有无差别? 为什么?

  2-5 变压器带负载时,二次侧电流加大,为什么一次侧电流也加大?

  2-6 变压器铁芯中的磁动势,在空载和负载时比较,有哪些不同?

  2-7 三相变压器组和三相芯式变压器的磁路系统各有什么特点?

  2-8 三相变压器的组别有何意义? 如何用时钟法来表示?

  2-9 三相变压器的一次、二次绕组按题2-9图连接,试确定其连接组别号。

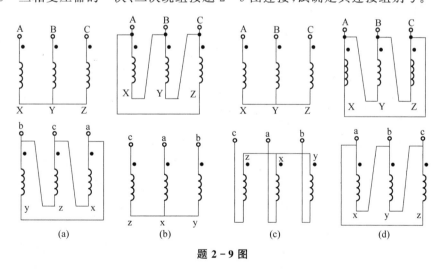

题2-9图

  2-10 什么是变压器的并联运行? 并联运行有哪些优点?

  2-11 变压器并联运行的理想条件和实际条件是什么?

  2-12 自耦变压器的主要特点有哪些? 它和普通的双绕组变压器有何区别?

  2-13 电压互感器和电流互感器在使用时应注意哪些? 电流互感器运行时二次侧为什么不能开路?

模块 3　直流电机

直流电机是一种利用电磁感应原理实现机电能量转换的旋转装置,它是直流电动机和直流发电机的统称。将机械能转换成直流电能的电机称为直流发电机;将直流电能转换成机械能的电机称为直流电动机。直流电机的最大特点是启动、调速拖动性能良好,过载能力强,因此,被广泛应用于工矿、交通、建筑、大型生产机械,如大型机床、电力机车、船舶机械、轧钢机等设备;在日常生活中也经常被使用,如电动剃须刀、玩具等。

本模块主要讲述直流电机的结构和工作原理,直流电机的各部件作用及换向过程,直流电机铭牌中型号及额定值的含义,直流电机的磁场、电枢电动势和电磁转矩的基本概念,以及直流电动机和直流发电机的运行特性等。

项目 3.1　直流电机的拆装

教学目标:

1) 熟悉直流电机的主要结构;
2) 掌握直流电机的基本工作原理;
3) 熟悉直流电机的拆装方法和常见故障处理方法。

3.1.1　直流电机的拆装项目介绍

本项目通过引入实训项目,利用一台小型直流电机,尝试使用实践的方法,在一步步的拆解和安装过程中,使同学们在提高动手能力的同时,进一步强化对直流电机结构组成的理解,熟练掌握直流电机电磁感应的工作原理。

3.1.2　项目相关知识

1. 直流发电机的工作原理

图 3-1 所示为直流发电机的简化模型。图中 N、S 为固定不动的磁极,连接磁极的部分称为直流发电机的定子。abcd 是固定在可旋转导磁圆柱体上的线圈,线圈的首端 a,末端 d 连接到两个相互绝缘并可随线圈一同转动的导电片上,线圈连同导磁圆柱体是直流发电机的旋转部分,称为发电机转子(又称电枢),线圈首末端连接的导电片称为换向片。转子线圈与外电路的连接是通过放置在换向片上固定不动的电刷来实现的。转子和定子之间存在一定间隙,称为空气隙,简称气隙。

当由原动机拖动转子以一定的转速逆时针旋转时,由电磁感应定律可知,在线圈 abcd 中,由于导线 ab 和 cd 切割磁感线而产生感应电动势,每边导体产生的感应电动势大小为

$$e = B_x l v \qquad (3-1)$$

式中:B_x 为导体所在处的磁通密度,单位为 Wb/m²;

　　l 为导体 ab 或 cd 的有效长度,单位为 m;

v 为导体 ab 或 cd 与 B_x 间的相对速度,单位为 m/s;

e 为导体感应电动势,单位为 V。

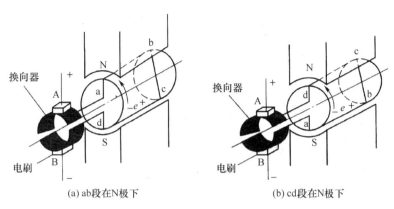

(a) ab段在N极下 　　　　　　　　　(b) cd段在N极下

图 3-1　直流发电机模型

导体中感应电动势的方向可用右手定则确定。在逆时针旋转的情况下,如图 3-1(a)所示,导体 ab 在 N 极下,感应电动势的方向由 b 指向 a,即 a 点为高电位,b 点为低电位;导体 cd 在 S 极下,感应电动势方向由 d 指向 c,即 c 点为高电位,d 点为低电位。此时,电刷 A 的极性为正,电刷 B 的极性为负。外电路中电流由 A 刷出发经负载流向 B 刷。当线圈旋转180°后如图 3-1(b)所示,导体 ab 在 S 极下,感应电动势的极性是,a 点为低电位,b 点为高电位;导体 cd 在 N 极下,感应电动势的极性是,c 点为低电位,d 点为高电位。此时线圈感应电动势的方向已经改变,但由于换向片是随线圈一起转动的,而电刷固定不变,原来与 A 刷接触的换向片已经与 B 刷接触,而原来与 B 刷接触的换向片则与 A 刷接触,因此电刷 A 的极性仍然为正,电刷 B 的极性仍然为负。外电路电流仍然是由 A 刷流出经负载流向 B 刷。

电枢每旋转一圈,线圈 abcd 的感应电动势就交变两次,电枢不断旋转,感应电动势方向就不断变化。只要旋转方向不变,换向器就会及时地改变导线与电刷的连接,电刷的极性就固定不变,在电刷两端就获得直流电动势。这就是直流发电机的基本工作原理。

实际直流发电机的电枢根据实际情况需要多个线圈分布于电枢铁芯表面的不同位置,并按一定规律连接起来,定子上的磁极也需要 N、S 交替放置多对。

2. 直流电动机的工作原理

将电刷 A、B 连接到一直流电源上,电刷 A 接正极,电刷 B 接负极,此时将有电流从电刷 A 流入线圈,从电刷 B 流出。

如图 3-2(a)所示,当线圈的 ab 边位于 N 极下,线圈的 cd 边位于 S 极下时,根据安培定律可知,线圈的 ab 边和 cd 边将受到电磁力作用,大小为

$$f = B_x l i \tag{3-2}$$

式中:B_x 为导体所在处的磁通密度,单位为 Wb/m²;

l 为导体 ab 或 cd 的有效长度,单位为 m;

i 为导体中流过的电流,单位为 A;

f 为导体所受的电磁力,单位为 N。

导体受力方向由左手定则确定,在图 3-2(a)情况下,位于 N 极下的 ab 边受力方向为从右向左,而位于 S 极下的 cd 边受力方向为从左向右。该电磁力与转子半径的乘积为电磁转

矩,此时电磁转矩方向为逆时针,当电磁转矩大于阻力矩时,线圈逆时针方向旋转。当电枢旋转到图 3-2(b)所示位置时,原位于 N 极下的 ab 边转动到 S 极下,其受力方向变为从左往右;而原位于 S 极下的 cd 边转到 N 极下,受力方向为从右往左,该转矩方向仍为逆时针,线圈在此转矩作用下仍逆时针旋转。

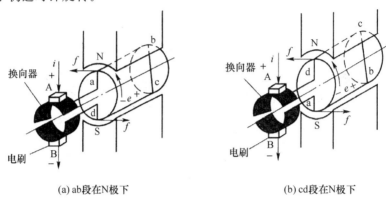

(a) ab段在N极下　　　　　　　　　　　　　　(b) cd段在N极下

图 3-2　直流电动机模型

同直流发电机一样,由于电刷固定不动,换向片和电枢线圈同时转动。因此,线圈导体中流通的电流为交变的,但位于 N 和 S 极下的导体受力方向并未发生变化,电动机在此方向不变的转矩作用下转动。

同样,实际的直流电动机的电枢并非单一线圈,磁极也并非只有一对。

3.1.3　项目的实现

由以上工作原理的分析不难发现,直流电机主要由外部固定不动的部分和内部旋转的部分组成。并且,为保证正常工作,两部分之间留有空隙,称为气隙。

接下来以一台小型的直流电机为例,其结构如图 3-3 所示,我们一起动手拆解一下,在提高动手实践能力的同时,学习直流电机的各组成部件及其基本作用,并使同学们养成理论学习和动手实践相辅相成的学习方法。有条件的学校可以在实验室完成本部分的教学。

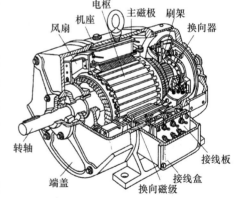

图 3-3　直流电机结构图

1. 直流电机的拆卸方法

由于直流电机在结构上存在换向器等,用以完成线圈交变电流与电刷外直流电流的变换过程,因此给拆装带来一定困难。在拆装前,务必弄清楚直流电机结构的基本特点,特别是换向器和电刷装置的结构。根据各实验室配备的直流电机型号,可由指导老师示范讲解后实践。

直流电机的拆卸步骤为:

① 仔细辨别电机外部接线,做好标记后,拆除连接线;

② 拆卸电机端部的带轮或联轴器;

③ 拆卸换向器侧的端盖螺钉和轴承盖螺钉,取下轴承外盖;

④ 打开端盖的通风窗,取出电刷,拆卸刷杆连接线;

⑤ 拆卸端盖,取出刷架,妥善保存好换向器,保持清洁并避免碰伤;

⑥ 拆卸轴两侧端盖,取出电枢,放置支架上;

⑦ 拆卸轴两侧轴承外盖,取下轴承,轴承也可不取下,连同电枢一起放置。

至此,直流电机的拆卸基本结束。从拆卸的过程和结果总结得出:除了端盖、螺钉、连接线等小部件,总体上可以将直流电机分成静止不动的部分和旋转的部分。其中旋转部分称为转子,静止部分称为定子。

2. 直流电机的定子部分

经过观察,定子主要由主磁极、换向磁极、电刷装置、机座和端盖组成。

（1）主磁极

主磁极的作用是产生恒定的、有一定空间分布形状的气隙磁场。主磁极一般由主磁极铁芯和放置在铁芯上的励磁绕组构成。主磁极铁芯分成极身和极靴,极靴宽于极身,作用是使气隙磁通密度的空间分布均匀并减小气隙磁阻,同时又起到支撑固定励磁绕组的作用。励磁绕组用绝缘铜线绕制而成,套在极身上。为减小涡流损耗,主磁极铁芯采用1.0～1.5 mm 厚的低碳钢板冲成固定形状,用铆钉铆紧,然后固定在机座上。主磁极结构如图 3-4 所示。

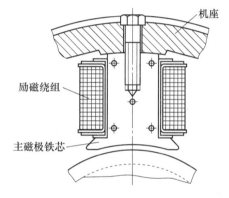

图 3-4　直流电机的主磁极

（2）换向磁极

换向磁极又叫附加极,其结构如图 3-5 所示。它的作用是改善电机的换向。其数量一般与主磁极相等,在 1 kW 以下的小容量直流电机中,有时候换向磁极数目只有主磁极的一半,或者不安装。换向磁极也是由铁芯和绕组构成,铁芯比主磁极简单,一般用整块钢或钢板叠片加工而成。换向磁极绕组与电枢绕组串联,即流过的电流是电枢电流。换向磁极安装在相邻两主磁极之间,用螺钉固定在机座上。

（3）电刷装置

电刷装置是直流电机的重要组成部分。电刷和换向器配合完成机械整流,可以将转动的电枢绕组和外电路连接,并把电枢绕组中的交流量转变成电刷端的直流量。电刷装置由电刷、刷握、刷杆、刷杆座组成,如图 3-6 所示。电刷由石墨制成,放在刷握内,用弹簧压紧在换向器上,刷握固定在刷杆上,刷杆装在刷架上,彼此都绝缘。刷架装在端盖或轴承内盖上,调整好位置后固定。

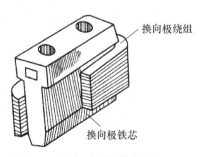

图 3-5　换向磁极的结构图

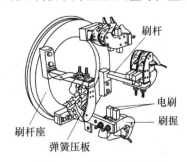

图 3-6　电刷装置的结构

（4）机　座

定子部分的外壳称为机座。机座通常有两种形式，一种是用整体铸钢制成，另一种是用厚钢板焊接而成。机座有两个作用，一个作用是固定主磁极、换向磁极和端盖；另一个用处是作为磁路的一部分起到导磁的作用。机座中有磁通经过的部分称为磁轭。

（5）端　盖

端盖位于机座上，主要起支撑作用，其上放置轴承，支撑直流电机转轴，使之能够旋转。

3．直流电机的转子部分

转子是电机的转动部分，由电枢铁芯、电枢绕组、换向器、转轴和轴承等组成。

（1）电枢铁芯

电枢铁芯是主磁路的一部分，同时对放置在其上的电枢绕组起支撑作用。由于电枢铁芯和主磁场之间的相对运动会导致铁耗，因此，为了减少铁耗，电枢铁芯一般用 0.5 mm 厚且两边涂有绝缘漆的硅钢片冲片叠压而成，固定在转子支架或转轴上。如图 3-7 所示，铁芯四周开槽，可以镶嵌电枢绕组。为加强冷却，有时中间留有通风孔。

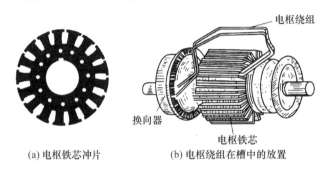

(a) 电枢铁芯冲片　　　　(b) 电枢绕组在槽中的放置

图 3-7　直流电机的电枢

（2）电枢绕组

电枢绕组是直流电机的主要电路部分，是实现机电能量转换的关键，它由许多按一定规律连接的线圈组成。每个线圈称为一个元件，用带绝缘的圆形或矩形截面导线绕成，嵌放在电枢槽内，上下层之间及线圈与铁芯之间都要绝缘。然后用槽楔压紧，再用钢丝或玻璃丝带紧固，以防止离心力将绕组甩出槽外。

（3）换向器

换向器又称为整流子，也是直流电机的重要部件，亦是直流电机最薄弱的部分。发电机换向器的作用是把电枢绕组中的交变电动势转变为直流电动势向外部输出直流电压；电动机的换向器是将外界提供的直流电流转变为绕组内的交变电流使电机旋转。如图 3-8 所示，换向器由换向片组合而成，一般采用导电性能好、硬度大、耐磨性好的紫铜或铜合金制成，换向片底部做成燕尾形状，镶嵌在含有云母绝缘的 V 形钢环内，相邻两换向片之间用云母绝缘。电枢绕组的每一个线圈两端分别焊接在两个换向片上。

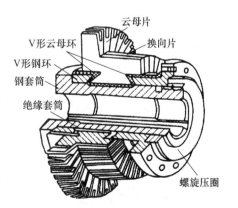

图 3-8　换向器结构图

4. 直流电机的装配及拆装工艺要点

将拆卸的直流电机各部件检查无误后,按拆卸的相反步骤进行装配,装配时要注意将刷杆座调整到标记位置。在熟练掌握各部件的结构和作用的同时,了解直流电机的拆装工艺,其注意事项如下:

① 一般拆装时只拆非换向器端的端盖,换向器端端盖不拆;

② 拆卸时应把电刷提起,或卡紧,避免弹簧压紧时取电枢将电刷碰断;

③ 电枢从定子中取出时,避免碰坏换向器和绕组;

④ 注意所有电路连接线的位置和标记,要按原样进行装配;

⑤ 装配时注意垫圈垫片的安装,避免紧固不够和气隙不对称,产生单项拉力及换向变坏或电机不转等情况;

⑥ 装配时,要理顺所有电气线路,避免绕组端接部分卡入气隙,防止线路和绝缘破损而导致机座带电或短路。

3.1.4 项目中常见故障的处理

在实际生产和生活中,直流电动机的使用范围比较广泛,也会出现各种不同的故障,下面就几种常见的故障和处理方法作简单介绍。

(1) 直流电动机不能启动

① 无电源:检查启动器接线是否有误,熔断器是否熔断,线路是否完好。

② 电刷接触不良:调整或更换电刷,改善换向片接触面导电性。

③ 过载:过载堵转,减小负载。

④ 启动电流太小:检查电源电压,检查启动器是否合适。

⑤ 励磁回路断路:检查励磁绕组是否断路,更换绕组。

(2) 转速不正常

① 电刷位置不正常:按记号或感应法调整电刷位置。

② 串励电动机空载或轻载运行:增加负载。

③ 串励绕组接反:纠正接线。

④ 励磁绕组回路电阻过大:检查回路变阻器及励磁绕组电阻,检查接线。

(3) 电刷下火花过大

① 电刷与换向器接触不良:研磨电刷接触面。

② 电刷压力大小不当:调整电刷弹簧,校正电刷压力。

③ 换向器表面不光洁:清理或修理换向器。

④ 刷握松动或位置不正确:紧固或重新调整位置。

⑤ 换向磁极绕组短路:检修绕组。

⑥ 电枢绕组与换向器脱焊:检查脱焊位置,重新焊接。

⑦ 电刷位置不在中性线上:调整电刷杆座至记号位置,或用感应法调整电刷位置。

⑧ 过载:减小负载或更换大容量电机。

(4) 机座带电

① 绕组或引线绝缘破损:检修,加强绝缘。

② 引出线接触外壳:重新包扎引线接头。

③ 绝缘电阻过低:测量电动机绝缘电阻,阻值低于 0.5 MΩ 时应加以烘干。

(5) 振动及噪声大

① 电刷位置不在中性线上:调整电刷杆座至记号位置,或用感应法调整电刷位置。

② 串励绕组或换向极接反:纠正接线。

③ 电源电压不稳:检查电枢电压,要求高的场合可加装稳压装置。

④ 励磁电流太小或励磁电路短路:增加励磁电流或检查励磁回路有无短路。

⑤ 机座或紧固部件松动:固定机座,检查电机所有位置紧固部件。

⑥ 定子转子互相摩擦:检查气隙是否均匀,轴承是否损坏。

专题 3.2   直流电机的铭牌和额定值

教学目标:

1) 理解直流电机的铭牌数据;

2) 掌握直流电机额定值的计算方法;

3) 了解直流电机的主要系列。

3.2.1   直流电机的铭牌数据

每台直流电机的机座上都钉有一块铭牌,其上标明电机的主要额定数据和电机产品数据,供使用者使用时参考,如表 3-1 所列。

表 3-1   直流电机的铭牌

直流电动机			
型　　号	Z4-112/2-1	励磁方式	并励
额定功率	5.5 kW	励磁电压	180 V
额定电压	440 V	励磁电流	0.4 A
额定电流	15 A	额定效率	81.2%
额定转速	3 000 r/min	绝缘等级	B 级
定　　额	连续	出厂日期	×××年×月
××××电机厂			

电机的产品型号表示电机的结构和使用特点,国产电机的型号一般采用大写的汉语拼音字母和阿拉伯数字表示,格式举例说明如图 3-9 所示。

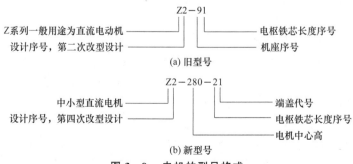

图 3-9   电机的型号格式

3.2.2 直流电机的额定值

电机制造厂按照国家标准及电机设计和试验数据,规定电机正常运行状态的条件,称为额定运行状况,表征额定运行状况的数据称为额定值和额定数据。额定值是正确选择和合理使用电机的依据。根据国家标准,直流电机的额定值如下:

(1) 额定功率 P_N

额定功率是指电机按照规定的工作方式,在额定状态下运行时的输出功率。对于发电机,是指电枢输出的电功率;对于电动机,是指转轴上输出的机械功率,单位一般都为 kW。

(2) 额定电压 U_N

额定电压是在电机额定状况下,电枢绕组能够安全工作时所规定的出线端平均电压。对电动机是指输入电压,对发电机是指输出电压,单位为 V。

(3) 额定电流 I_N

额定电流是指电机在额定电压情况下,运行于额定功率时对应的电流值,单位为 A。

额定功率 P_N、额定电压 U_N 和额定电流 I_N 三者之间的关系为

直流发电机:
$$P_N = U_N \cdot I_N \tag{3-3}$$

直流电动机:
$$P_N = U_N \cdot I_N \cdot \eta_N \tag{3-4}$$

式中,η_N 为电机的额定效率。

(4) 额定转速 n_N

额定转速是指在额定功率、额定电压和额定电流下电机的转速,单位为 r/min。

(5) 额定励磁电压 U_{fN}

在额定情况下,励磁绕组所加的电压,单位为 V。

(6) 额定励磁电流 I_{fN}

在额定情况下,对应于额定励磁电压时励磁绕组中的电流,单位为 A。

此外,直流电机的铭牌上还标出了励磁方式、绝缘等级、出厂日期及编号等内容。还有些物理量虽然没有标在铭牌上,但也是额定值,如额定转矩、额定效率等。若电机运行时各物理量均与额定值一样,称为额定状态运行;若电机运行电流大于额定电流,则称电机为过载运行;若电机运行电流小于额定电流,称电机为欠载运行。长期过载运行会缩短电机使用寿命;长期欠载运行会导致电机效率降低,额定功率得不到充分使用,造成浪费。电机在接近或等于额定状态下运行,才是最经济最合理的。

【例 3-1】 一台直流电动机的额定数据为:$P_N = 13$ kW,$U_N = 220$ V,$n_N = 1\ 500$ r/min,$\eta_N = 87.6\%$,求额定输入功率 P_{1N}、额定电流 I_N。

解:直流电动机的额定功率为输出机械功率,即 $P_N = U_N \cdot I_N \cdot \eta_N$。

额定输入功率
$$P_{1N} = \frac{P_N}{\eta_N} = \frac{13\ \text{kW}}{0.876} = 14.84\ \text{kW}$$

额定电流
$$I_N = \frac{P_N}{U_N \eta_N} = \frac{13 \times 10^3\ \text{W}}{220\ \text{V} \times 0.876} = 67.45\ \text{A}$$

3.2.3 直流电机的主要系列

所谓的系列电机,就是在应用范围、结构形式、性能水平、生产工艺等方面具有共同性,功

率按某一系数递增的成批生产的电机。系列化的目的是为了产品的通用化和标准化。我国的直流电机主要有 Z2、Z3、Z4 系列。

Z2 系列是一般用途的中小型直流电机,Z3、Z4 系列是改型设计的中小型直流电机新产品,相比于 Z2 系列,Z3、Z4 体积小,质量轻,调速范围大。常见的电机产品系列如表 3 - 2 所列。

表 3 - 2　常见直流电机产品系列

型　号	含义及主要用途
Z2	一般用途的中小型直流电机,包括发电机和电动机
Z、ZF	一般用途的大中型直流电机,Z 是直流电动机;ZF 是直流发电机
ZJ	精密机床用直流电动机
ZT	用于恒功率且调速范围较大的驱动系统里的宽调速直流电动机
ZZJ	起重冶金工业用的专用直流电动机,具有快速启动和过载能力强的特性
ZW	无槽直流电动机,在快速响应的伺服系统中作为执行元件
ZQ	电力机车、工矿电机车和蓄电池供电的电车中使用的直流牵引电动机
ZU	用于龙门刨床的直流电动机
ZA	用于矿井的易爆气体场合的防爆安全型直流电机
ZLJ	力矩直流电动机,在伺服系统中作为执行元件
ZH	船舶上各种辅助机械用的船用直流电动机

各个系列直流电机的详细规格型号和技术指标等数据,可以从电机产品样本或有关手册中查到。

专题3.3　直流电机的电枢绕组和磁场

教学目标:

1)了解直流电机电枢绕组的排列规律和特点;

2)理解直流电机的励磁方式;

3)了解直流电机磁场的基本概念。

3.3.1　直流电机的电枢绕组

1. 电枢绕组的基本知识

电枢绕组是直流电机产生电磁转矩和感应电动势,实现机电能量转换的枢纽。电枢绕组是由许多结构和形状相同的线圈按照一定的规律连接而成的闭合绕组。按照连接规律的不同,分为叠绕组和波绕组两种形式。其中最简单的是单叠绕组和单波绕组。

(1)绕组元件

线圈是组成绕组的单元,一个线圈就是一个绕组元件。绕组元件由一匝或多匝绝缘铜线绕制而成。其中,放置在电枢槽内,能切割磁感线,产生电磁转矩和感应电动势的元件边,称为元件的有效边,每个元件都有两个有效边;处于槽外,连接有效边的部分称为端部,元件的两个出线端分别称为首端和末端。电枢绕组一般做成双层绕组,将元件的一个有效边放在槽的上层,称为上层边,绘图时以实线表示;另一个有效边放在另一个槽的下层,称为下层边,绘制时以虚线表示。

每个元件的首端和末端都和不同的换向片相连。每个换向片总是连接一个元件的上层边和另一个元件的下层边,所以元件数 S 和换向片数 K 相等;每个电枢槽分上下两层嵌放两个元件边,所以元件数 S 和槽数 Z 又相等,即

$$S = K = Z \tag{3-5}$$

为改善电机性能,往往需要较多的绕组元件,而由于工艺等原因,电枢铁芯外圆不宜开太多的槽,实际电机每个槽的上下层并排放置若干个有效边,如图 3-10 所示。通常把一个上层边和一个下层边在槽内占据的空间称为一个虚槽,电枢上实际的槽称为实槽。实槽数 Z 与虚槽数 Z_u 的关系为

$$Z_u = uZ = S = K \tag{3-6}$$

为分析和画图方便,设 $u=1$。

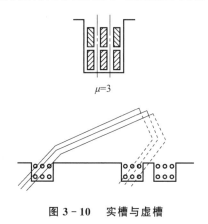

图 3-10 实槽与虚槽

（2）节 距

为了将元件首末端与换向片正确连接,以及正确表示绕组在电枢表面的几何关系,引入"节距"的概念。所谓节距,是指被连接起来的两个元件边或换向片之间的距离,以所跨过的虚槽数或换向片数来表示。直流电机电枢绕组的节距有第一节距 y_1、第二节距 y_2、合成节距 y 和换向器节距 y_k 4 种。

① 极距 τ:是指一个磁极在电枢表面所跨的弧长距离,用字母 τ 表示。如果用 D 表示电枢直径,p 表示磁极对数,则

$$\tau = \frac{\pi D}{2p} \tag{3-7}$$

用磁极表面的虚槽数来表示时

$$\tau = \frac{Z_u}{2p} = \frac{Z}{2p} \quad (u=1) \tag{3-8}$$

此时 τ 可能不是整数。

② 第一节距 y_1:指一个元件的两个有效边在电枢表面所跨的距离,用虚槽数表示,它是一个整数。为了使元件的感应电动势最大,应使 y_1 等于或接近于极距 τ,即

$$y_1 = \frac{Z}{2p} \pm \varepsilon = \text{整数} \tag{3-9}$$

式中,ε 为小于1的小数。若 $\varepsilon = 0$,即 $y_1 = \tau$,则称绕组为整距绕组;若 $y_1 > \tau$,则称绕组为长距绕组;若 $y_1 < \tau$,则称绕组为短距绕组。由于长距绕组端线较长,铜耗较多,一般不采用。

③ 第二节距 y_2:指相串联的两个相邻元件中,前一个元件的下层边和后一个元件的上层边之间在电枢表面所跨的距离,也用虚槽数表示,如图 3-11 所示。

④ 合成节距 y:指相串联的两个元件的对应边在电枢表面所跨的距离,用虚槽数表示,如图 3-11 所示。

单叠绕组 $$y = y_1 - y_2 \tag{3-10}$$

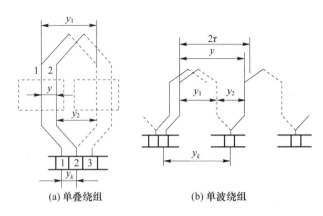

图 3-11　绕组节距示意图

单波绕组 $$y = y_1 + y_2 \qquad (3-11)$$

⑤ 换向器节距 y_k：指同一元件的两出线端所接的换向片之间的距离，一般用换向片数来表示。如图 3-11 所示，换向器节距始终等于合成节距，即

$$y_k = y \qquad (3-12)$$

2．电枢绕组的基本形式

后一元件的端接部分紧叠在前一元件的端接部分上，这种形式称为叠绕组。一个元件的出线端所连的换向片相隔较远，相串联的两个元件相隔也较远，连接形式呈波浪形，此形式称为波绕组。单叠绕组和单波绕组是最基本的形式。

（1）单叠绕组

单叠绕组的特点是元件的首端和末端分别接到相邻的两个换向片上，下一个元件叠在前一个元件之上，如图 3-11(a)所示，从图中可以看出 $y_k = y = 1$。下面举例说明单叠绕组连接的规律和特点。

【例 3-2】 已知一台直流电机，$S = K = Z = 16$，$2p = 4$，接成单叠绕组，下面说明其绕组展开图的绘制。

解：计算节距

第一节距 $$y_1 = \frac{Z}{2p} \pm \varepsilon = \frac{16}{4} = 4$$

换向器节距和合成节距 $$y_k = y = 1$$

第二节距 $$y_2 = y_1 - y = 4 - 1 = 3$$

绘制绕组展开图

假设将电枢从某一个齿槽的中间沿轴向切开展成平面，所得绕组连接图称为绕组展开图，如图 3-12 所示，绘制绕组展开图的步骤如下：

① 画 Z 根等长等距的实线代表 Z 个槽的上层，在实线旁边画 Z 根平行虚线代表 Z 个槽的下层。一根实线和一根虚线代表一个槽，编上槽号。

② 按节距 y_1 连接一个元件。例如，将 1 号元件的上层边放在 1 号槽的上层，其下层边应放在 5 号槽的下层。一般情况元件是左右对称的，为此，可把 1 号槽的上层(实线)和 5 号槽的下层(虚线)用左右对称的端接部分连成 1 号元件。首端和末端之间相隔一个换向片宽度（$y_k = 1$），为使图形规整，取换向片宽度等于一个槽距，从而画出与 1 号元件首端相连的 1 号

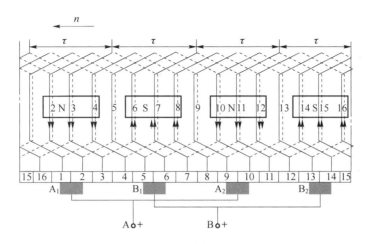

图 3-12 单叠绕组展开图

换向片和与末端相连的 2 号换向片,并依次画出 3~16 号换向片。显然,元件号、上层边所在槽号和该元件首端所连换向片编号均相同。

③ 按 1 号元件的连接方法,依次画出 2~16 号元件,从而将 16 个元件通过 16 个换向片连成一个闭合回路。为帮助理解,还应画出磁极和电刷位置。

④ 画磁极。本例有 4 个磁极,在圆周上均匀分布,即相邻磁极中心应间隔 4 个槽。磁极宽度一般为极距的 0.6~0.7。设某一瞬间,4 个磁极中心对准 3 号槽、7 号槽、11 号槽、15 号槽,画出 4 个磁极,依次标上 N_1、S_1、N_2、S_2。图中设磁极在电枢绕组上方,即 N 极磁感线的方向是进入纸面,S 极磁感线的方向是从纸面穿出。

⑤ 画电刷。电刷组数等于磁极数,均匀分布在换向器表面圆周上,相互间隔 4 个换向片。为使被电刷短路元件中感应电动势最小、正负电刷间引出电动势最大,当元件左右对称时,电刷中心线应对准磁极中心线。每个电刷宽度等于一片换向片宽度。

⑥ 确定每个元件边导体中的电流方向。设电机工作在发电机状态,且电枢绕组向左移动,根据右手定则可以确定各元件中感应电动势的方向如图 3-12 所示,为此将电刷 A_1、A_2 并联起来作为电枢绕组的"+"端,也是对外电源的正极;将电刷 B_1、B_2 并联起来作为"-"端,也是对外电源的负极。如果工作在电动机状态,设绕组转向不变,则电枢绕组各元件电流的方向用左手定则可以确定,与发电机状态时方向相反,而电刷的正负极性不变。

作绕组连接顺序表

绕组展开图比较直观,但画起来也比较麻烦,为简便起见,绕组连接规律也可用绕组连接顺序表表示,如图 3-13 所示,上排数字同时表示上层元件边的元件号、槽号和换向片号,下排数字代表下层元件边所在的槽号。

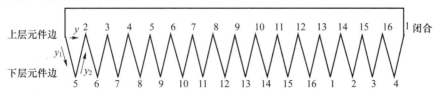

图 3-13 单叠绕组连接顺序表

单叠绕组并联支路图

保持图 3-12 中各元件的连接顺序不变,将此瞬间不与电刷接触的换向片省去不画,可以得到并联支路图,如图 3-14 所示。从图中可以看出,同一磁极下相邻的元件依次串联后构成一条支路,所以单叠绕组的并联支路对数 a 等于电机磁极对数 p,即 $a=p$;单叠绕组的支路电动势由电刷引出,所以电刷数必定等于磁极数;电枢端电压等于支路电压;电枢电流 I_a 等于每条支路电路 i_a 的总和,即 $I_a=2ai_a$。

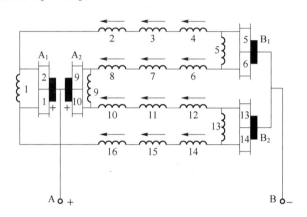

图 3-14　单叠绕组并联支路图

(2) 单波绕组

单波绕组的同一个元件的两个出线端所接的两个换向片相隔接近两个极距,元件串联后形成波浪形,所以称为波绕组,如图 3-11(b)所示。与单叠绕组一样,为了使绕组产生的感应电动势最大,元件的第一节距 y_1 接近于极距 τ。换向器节距 y_k 应满足

$$y_k=y=\frac{K\pm1}{p} \tag{3-13}$$

式中,K 为换向片数。

在式(3-13)中,如取"-",则绕行一周后,比出发时的换向片后退一片,这种绕组称为左行绕组;如取"+",则绕行一周后,比出发时的换向片前进一片,这种绕组称为右行绕组。右行绕组需要材料多,一般都采用左行绕组,如图 3-15 所示。

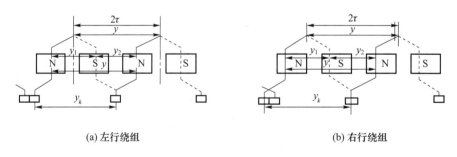

(a) 左行绕组　　　　　　　　　　(b) 右行绕组

图 3-15　单波绕组形式及节距

下面以一台 $2p=4$,$Z=S=K=15$ 直流电机为例,说明单波绕组的连接规律。

计算节距

第一节距　　　　　　$y_1 = \dfrac{Z}{2p} \pm \varepsilon = \dfrac{15}{4} - \dfrac{3}{4} = 3$

换向器节距　　　　　$y_k = y = \dfrac{K-1}{p} = \dfrac{15-1}{2} = 7$

第二节距　　　　　　$y_2 = y - y_1 = 7 - 3 = 4$

绘制绕组展开图

绘制单波绕组展开图的步骤与单叠绕组相同,如图 3-16 所示。在端接对称的情况下,电刷中心仍要对准磁极中心。因为本例极距不是整数,所以相邻主磁极中心线之间的距离不是整数,相邻电刷中心线之间的距离用换向片数表示时也不是整数。

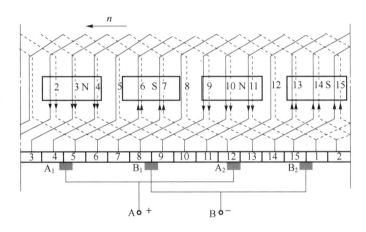

图 3-16　单波绕组展开图

作绕组连接顺序表

按图 3-16 所示的连接规律可得对应的连接顺序表,如图 3-17 所示。

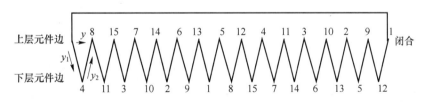

图 3-17　单波绕组连接顺序表

单波绕组并联支路图

按各元件的连接顺序,将不与电刷接触的换向片省去不画,可得此单波绕组的并联支路图,如图 3-18 所示。将并联支路图与绕组展开图对照分析可知,单波绕组是将同一极性磁极

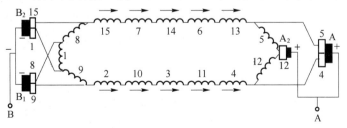

图 3-18　单波绕组并联支路图

下所有元件串联起来组成一条支路,由于磁极极性只有 N 和 S 两种,所以单波绕组的并联支路数 $2a$ 总是 2,并联支路对数 a 恒等于 1。

3.3.2 直流电机的磁场

磁场是直流电机进行机电能量转换的媒介,不论是电动机还是发电机,都必须有一定强度的空间磁场存在。因此,了解电机的磁场分布规律对掌握电机的性能有着重要意义。

1. 直流电机的励磁方式

主磁极上的励磁绕组通以直流励磁电流则产生磁动势,磁动势单独产生的磁场称为励磁磁场,又称为主磁场。直流电机励磁绕组的供电方式称为励磁方式。按励磁方式的不同分为他励和自励两大类,自励又分为并励、串励和复励 3 种。

(1)他励直流电机

他励直流电机的励磁绕组由其他直流电源供电,与电枢回路没有联系,如图 3 - 19(a)所示。永磁直流电机励磁磁场与电枢电流无关,属于他励直流电机。图中电流正方向以电动机为例。

(2)并励直流电机

并励直流电机的励磁绕组与电枢绕组并联,励磁绕组的端电压等于电枢绕组端电压,如图 3 - 19(b)所示。

(3)串励直流电机

串励直流电机的励磁绕组与电枢绕组串联,励磁电流等于电枢电流,如图 3 - 19(c)所示。

(4)复励直流电机

复励直流电机每个主磁极上有两个励磁绕组:一个与电枢绕组并联,称为并励绕组;另一个与电枢绕组串联,称为串励绕组,如图 3 - 19(d)所示。两个绕组产生的磁动势方向相同时称为积复励,两个绕组产生的磁动势方向相反时,称为差复励,通常采用积复励方式。

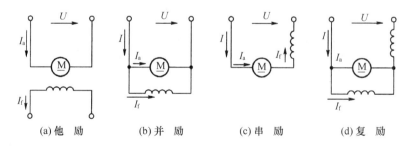

图 3 - 19 直流电机的励磁方式

不同的励磁方式对直流电机的运行性能有很大的影响。直流发电机主要采用他励、并励和复励,较少采用串励方式。直流电动机因励磁电流都是外部电源提供,因此所谓自励是指由相同电源供电,而所说的他励是指励磁电流和电枢电流由不同电源供电。

2. 直流电机空载时的磁场

直流电机工作时,其磁场是由各绕组共同产生的,包括励磁绕组、电枢绕组、换向极绕组、补偿绕组等,其中励磁绕组起主要作用。我们先研究励磁绕组有励磁电流,其他绕组无电流时的磁场情况,把这种情况称为电机的空载运行,此时的磁场称为空载磁场,亦称主磁场。空载运行时电机不带负载(发电机与外电路断开,电动机轴上不带机械负载),电枢电流为零或近似为零。

(1)空载磁场的磁路

图 3-20 为一台四极直流电机空载磁场分布示意图。当励磁绕组流过励磁电流时,大部分磁通由 N 极出发,经过气隙进入电枢齿槽和电枢铁轭,经过电枢另一边齿槽和气隙,进入相邻的 S 极,最后经过定子铁轭回到原来的 N 极,形成闭合回路。这部分通过气隙同时与电枢绕组和励磁绕组相交链的磁通,称为主磁通,用 Φ_0 表示,所经过的磁路称为主磁路。主磁路分为 5 段:主磁极、气隙、电枢齿、电枢铁轭和定子铁轭。电枢旋转时,电枢绕组将切割主磁通而产生感应电动势,产生电磁转矩。

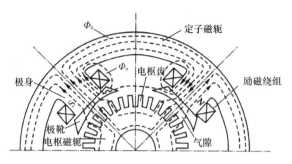

图 3-20　四极直流电机空载磁场分布示意图

还有一小部分磁通,由 N 极出发,不进入电枢铁芯,直接经过气隙、相邻磁极或定子铁轭形成闭合回路,这部分磁通称为漏磁通,用 Φ_σ 表示,经过的磁路称为漏磁路。漏磁通不产生感应电动势和电磁转矩,只增加主磁极的饱和程度,增加电机损耗。漏磁通路径磁阻很大,通常漏磁通只有主磁通的 20% 左右。

(2)空载时气隙磁通密度分布

由于铁磁材料的磁导率比空气的磁导率要大得多,所以主磁极的磁动势主要消耗在气隙上,当忽略主磁极中铁磁材料的磁阻和电枢齿槽影响时,空载磁场气隙磁通密度的分布就取决于气隙的形状和大小。一般情况下,磁极极靴宽度约为极距 τ 的 75%,如图 3-21(a)所示。磁极中心附近的气隙较小且均匀不变,磁通密度较大且基本为常数。靠近两边极尖处气隙逐渐变大,磁通密度减小;超出极尖以外,气隙明显增大,磁通密度显著减小。在两个主磁极的几何中心线处,磁通密度为零。因此,空载时气隙磁通密度分布为一平顶波,如图 3-21(b)所示。

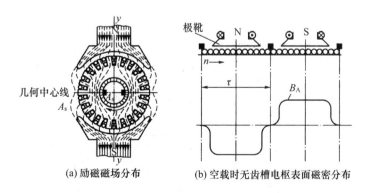

(a)励磁磁场分布　　(b)空载时无齿槽电枢表面磁密分布

图 3-21　直流电机空载磁场气隙磁通密度分布图

(3)空载磁化特性

表征电机空载时励磁绕组磁动势 F_f 和主磁通 Φ_0 的关系曲线,叫做直流电机的磁化曲线,即 $\Phi_0 = f(F_f)$。当励磁绕组的匝数 N_f 一定时,$F_f \propto I_f$,所以磁化曲线也可表示成 $\Phi_0 =$

$f(I_f)$，如图 3-22 所示。

磁通较小时，磁路中铁磁材料磁阻较小，铁芯不饱和，励磁磁动势几乎全部消耗在气隙上，气隙磁阻为常数，因此，磁通 Φ_0 与磁动势 F_f 成正比，磁化曲线几乎是一条直线。当 Φ_0 较大时，铁磁材料饱和度迅速增大，磁化曲线开始弯曲；当 Φ_0 很大时，铁磁材料进入饱和状态，随着 F_f 的增加，Φ_0 几乎不再增加。磁化曲线的形状反映了磁路的饱和程度。为了充分利用铁磁材料，电机额定运行时的磁通一般选择在磁化曲线开始弯曲的部分（称为膝部，图中 A 点附近）。这样既可获得较大励磁磁通，又不需要太大励磁电流。此时的磁通就是电机空载时，电压在额定电压时的额定磁通 Φ_N。

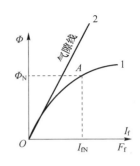

图 3-22　电机的空载磁化特性

3. 直流电机负载时的磁场和电枢反应

当直流电机带上负载后，电枢绕组中就有电流流过，电枢绕组将产生磁动势，该磁动势称为电枢磁动势。电机在负载运行时，气隙磁场是主磁场和电枢磁场的合成磁场。

（1）电枢磁场

为方便分析，以电动机为例，设电刷放在几何中心线上，电枢上半周电流流出纸面，经过电刷后电流将改变方向，因此电枢下半周电流是流进纸面的。根据右手螺旋定则，可知电枢电流将产生一个与主极轴线正交的电枢磁势，称为交轴电枢磁势。交轴电枢磁势在电机的磁路中建立一个交轴电枢磁场，如图 3-23(a)所示。为进一步分析其规律，把电机的气隙圆周从几何中心线处展开成直线，把直角坐标放在电枢表面，横坐标表示沿气隙圆周方向的空间距离，用 x 表示，坐标原点放在电刷位置，纵坐标表示气隙消耗的磁动势大小，用 F 表示，并规定磁动势出电枢、进定子的方向为正方向；反之，出定子、进电枢的方向就为负方向。依次画出气隙的磁动势波形图如图 3-23(b)所示。但元件中流过的电流为 i_a，元件匝数为 N_y 时，元件产生的磁动势为 $N_y i_a$。若忽略电枢铁芯磁阻，则全部磁动势均消耗在气隙中，每段气隙消耗的磁动势为 $\dfrac{1}{2} N_y i_a$。

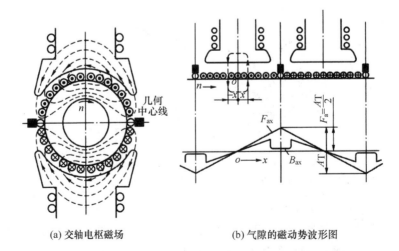

(a) 交轴电枢磁场　　　　　(b) 气隙的磁动势波形图

图 3-23　电枢绕组产生的磁动势分布图

由图 3-23 可知,在电刷两边,N 极和 S 极下的导体电流方向始终相反,只要电刷不动,电流方向就不变。因此,电枢磁场的方向就不变,即电枢磁场是静止不动的。

(2) 电枢反应

电枢磁场的出现对主磁场产生一定影响,使气隙磁场密度分布情况发生变化。这种电枢磁场对主磁场的影响称为电枢反应。

由图 3-21 和图 3-23 可看出,空载磁场和电枢磁场轴线刚好正交。在主磁极的前极尖处(电枢进入主磁极的极边)两磁场同方向,在后极尖处(电枢离开主磁极的极边)两磁场方向相反。因此,在前极尖处磁场被加强,而在后极尖处磁场被削弱,使气隙磁场发生畸变。由此可得出以下结论:

① 由于电枢反应,气隙磁场不再仅由主磁场建立,而是与电枢磁场共同作用建立的合成磁场,并发生畸变,主磁极前极尖磁密加强,后极尖磁密减弱。

② 合成磁场的物理中心线逆着旋转方向移动一个角度 β,如图 3-24 所示。但此时电刷仍在几何中心线上,也就是说,电流的分界线没变,但磁场分界线(即物理中心线)移动后,产生的电动势分界线也移动,不再像空载时与几何中心线重合。

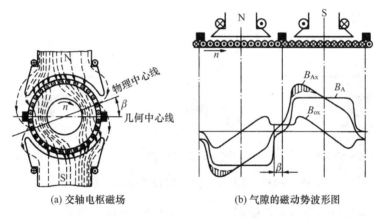

(a) 交轴电枢磁场   (b) 气隙的磁动势波形图

图 3-24　电刷在几何中心线上的电枢磁动势和磁场

③ 在几何中心线所划分极区范围内,当磁路为线性时,极轴两边的助磁效应正好与去磁效应相补偿,故合成磁场的有效磁通仍与主磁通 Φ_0 相等,也就是说,电枢反应只引起磁场分布曲线畸变,而不改变磁通大小。因此,当电机带负载而磁路未饱和时,电枢绕组所产生感应电动势仍与空载相等。如果磁路是非线性的,则前极尖可能达到饱和,磁密加强不多,出现去磁效应,合成磁通将比 Φ_0 小,那么电枢绕组感应电动势将有所下降。

④ 由于合成磁密波形是非线性的,使每个元件的感应电动势不等,因而会造成换向片间电位差不等,增加换向难度,换向器与电刷间的火花增大;而磁场的减弱则会使感应电动势和电磁转矩有所减小,影响电机运行性能。

专题 3.4　直流电机的换向

教学目标:

1) 了解直流电机的换向过程;

2）了解直流电机产生火花的原因；

3）理解直流电机改善换向的常用方法。

3.4.1 直流电机的换向过程

由直流电机绕组分析可知，直流电机绕组是一个闭合绕组，电刷把这一闭合绕组分成几个支路，每个支路元件数相等。

一个电刷两边所连接的支路电流方向相反，当绕组中一个元件经过电刷从一个支路转换到另一个支路时，电流方向发生改变的过程称为换向。

换向问题是装有换向器的电机的一个专门问题。换向不良会在电刷与换向片之间产生有害火花。当火花大到一定程度时，会烧坏换向器和电刷，从而影响电机的正常运行。换向问题比较复杂，电磁、电化学和机械等多方面因素交织在一起。

图3-25所示为一个单叠绕组元件中电流的换向过程。假设电刷的宽度等于一个换向片的宽度，电刷不动，换向器从右向左运动。

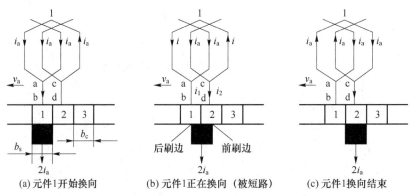

(a) 元件1开始换向　　(b) 元件1正在换向（被短路）　　(c) 元件1换向结束

图3-25　直流电机电枢绕组元件的换向过程

在图3-25(a)中，换向开始时，电刷与换向片1接触，元件1属于电刷右边的支路，其电流方向如图中箭头所示，设此时元件1的电流为$+i_a$。随着电枢旋转，电刷与换向片1、2同时接触，如图3-25(b)所示，此时元件1被电刷短路，元件1进入换向过程，其中的电流为i。随着进一步旋转，电刷与换向片2接触，如图3-25(c)所示，此时元件1将属于电刷左边的支路，元件1中的电流变为$-i_a$，换向结束。处于换向过程中的元件1称为换向元件，从换向开始到换向结束所经历的时间称为换向周期，用T_C表示，换向周期T_C很短，一般只有千分之几秒。

在换向期间，换向元件1中的电流将从$+i_a$变为$-i_a$。在理想情况时，若换向元件中无任何电动势作用，且电刷与换向片的接触电阻与接触面积成反比，则换向元件的电流从$+i_a$变为$-i_a$的规律为一直线，如图3-26所示，这种理想情况的换向称为直线换向。直线换向是良好的换向。实际上，在换向过程中，换向元件中会出现电抗电动势和电枢反应电动势，会影响换向电流的变化。

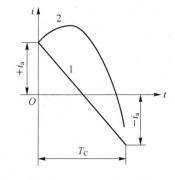

图3-26　换向元件中的电流变化

3.4.2　影响换向的电磁原因

1. 电抗电动势

换向过程中,换向元件中电流将从 $+i_a$ 变为 $-i_a$。由于换向元件本身是一个线圈,因而自身电流变化将会产生自感电动势 e_L;另外,实际电机的电刷宽度通常为 $1.5 \sim 3$ 个换向片宽度,因而相邻几个元件同时进行换向时,由于互感作用,元件之间还会产生互感电动势 e_M。自感和互感电动势总和称为电抗电动势 $e_r = e_L + e_M$。根据楞次定律,电抗电动势将阻碍换向元件中电流的变化,使换向延迟。

2. 电枢反应电动势

由于电枢反应使磁场发生畸变,使几何中心线附近存在电枢磁动势产生的磁场(马鞍形分布的凹部),换向元件旋转时切割此电枢磁场将产生感应电动势,称为电枢反应电动势,也叫旋转电动势,用 e_a 表示。在直流电动机中,根据左手定则确定转向,根据右手螺旋定则确定换向元件中的旋转电动势,与换向前元件中的电流方向一致,因而电枢反应电动势 e_a 也总是阻碍换向元件电流变化。在直流发电机中,根据右手定则和右手螺旋定则也可得出相同结论。

电抗电动势 e_r 和电枢反应电动势 e_a 的方向相同,都试图阻碍换向元件中电流的变化,使电流变化延迟,这种情况称为延迟换向。严重的延迟换向,会使后电刷边出现火花,损伤换向器表面。

3.4.3　产生火花的原因

直流电机的电刷和换向器之间存在动接触,因而在运行时难免出现或多或少的火花。火花的大小按照国家标准可以分为 5 个等级,具体如表 3-3 所列。产生火花的原因是复杂的,也是多方面的,除了上面分析的电磁原因以外,还有机械方面和化学方面的原因。

表 3-3　直流电机工作时的火花等级

火花等级	1 级	$1\frac{1}{4}$ 级	$1\frac{1}{2}$ 级	2 级	3 级
火花现象	无火花	少量蓝色火花	大量蓝色火花	大量黄色火花	换向器周围都是火花(即环火)

注:电机正常运行时的火花等级不得超过 $1\frac{1}{2}$ 级。

3.4.4　改善换向的方法

改善换向的目的在于消除或削弱电刷下的火花。产生火花的原因很多,其中最主要的是电磁原因,因此改善换向的方法主要从减小和消除电抗电动势和电枢反应电动势入手,常用的方法有以下几种。

1. 加装换向极

这是目前改善换向最有效的方法。换向极安装在主磁极之间的几何中心线处,且换向极绕组与电枢绕组串联,如图 3-27 所示。

首先,换向极产生的换向极磁动势与电枢磁动势方向相反,抵消电枢反应电动势的作用;其次,换向极磁动势产生换向极磁场,使换向元件切割磁场后产生一个换向电动势,以抵消电抗电动势的作用,从而使换向元件中的合成电动势为零,使换向变为良好的直线换向。

2. 正确选用电刷

电机用的电刷型号规格很多,不同牌号的电刷具有不同的接触电阻,其中,炭—石墨电刷的接触电阻最大,石墨电刷和电化电刷其次,铜—石墨电刷的接触电阻最小。在直流电机中,要求电刷应有足够大的载流量和足够大的接触电阻。从改善换向的角度来看,应该采用接触电阻大的电刷,但接触电阻大,接触压降也大,电能损耗大,发热厉害;同时,这种电刷的电流密度小,电刷接触面积和换向器尺寸及电刷的摩擦都会增大,因此,设计制造时应综合考

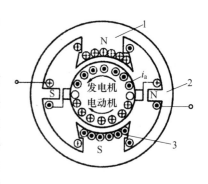

1—主磁极;2—换向极;3—补偿绕组

图 3 - 27　换向极的位置和极性

虑两方面的因素,选择合适的电刷牌号。使用维修时,要更换电刷,也应选用与原来一样的电刷牌号,以免造成电刷电流分配不均。如果配不到相同牌号电刷,可尽量选择接近原来性能的电刷,并全部更换。

3. 装设补偿绕组

直流电机负载时的电枢反应使主磁极下的气隙磁场发生畸变,这样就增大了某几个换向片之间的电压,在负载变化剧烈的大型直流电机中可能出现环火现象。所谓环火,是指直流电机正、负电刷之间出现电弧,电弧被拉长后,直接从一种极性的电刷跨过换向器表面到达相邻的另一极性的电刷,使整个换向器表面布满环形火花。环火是直流电机严重的短路事故,它会使电机在很短时间内毁坏。

为避免环火出现,采用补偿绕组是最有效的方法。补偿绕组嵌置在主磁极表面的槽内,其中流过的是电枢电流,因此补偿绕组与电枢绕组串联,其电流方向与对应磁极下电枢绕组的电流方向相反,如图 3 - 27 所示。显然,它产生的磁动势与电枢反应磁动势方向相反,从而抵消了电枢反应的影响,减小了气隙磁场的畸变。由于装设补偿绕组大大增加了成本,一般只用于大型直流电机中。

4. 正确移动电刷位置

在小容量的没有安装换向极的直流电机中,常用适当移动电刷位置的方法来改善换向。将电刷从电枢几何中心线移动一个适当角度,用主磁场来代替换向极磁场,也可改善换向。但要注意电刷移动位置的正确方向,如果方向不正确,非但起不到改善换向的作用,反而会恶化电机换向。电动机和发电机的移动方向刚好相反。

专题 3.5　直流电机的电枢电动势、电磁转矩和电磁功率

教学目标:

1) 掌握直流电机的电枢电动势和电磁转矩的概念;
2) 掌握直流电机的电枢电动势和电磁转矩的计算公式;
3) 掌握直流电机电磁功率的含义和计算方法。

3.5.1 直流电机的电枢电动势

电枢旋转时,电枢导体有效边切割气隙磁场,电枢绕组中将产生感应电动势,称为电枢电动势。电枢电动势是指直流电机正、负刷间的感应电动势,也就是一条并联支路的感应电动势。从电刷两端看,每条支路的元件数是相等的,而且每个支路的元件都是分布在同极性磁极下的不同位置上。只要先求出一根导体在一个极距范围内切割气隙磁通密度的平均感应电动势,再乘以一条支路里总的导体数,就是电枢电动势。

设一个磁极下的平均气隙磁通密度为 B_{av},根据电磁感应定律,则一根导体的平均感应电动势为

$$e_{av} = B_{av} l v \tag{3-14}$$

式中,B_{av} 为一个主磁极内的平均气隙磁通密度,单位为 T;

l 为电枢导体的有效边长度,单位为 m;

v 为导体切割气隙磁场的线速度,单位为 m/s;

e_{av} 为一根导体的平均感应电动势,单位为 V。

B_{av} 与每极主磁通 Φ 的关系是

$$B_{av} = \frac{\Phi}{l\tau} \tag{3-15}$$

v 与电枢旋转速度 n 的关系为

$$v = \frac{2p\tau n}{60} \tag{3-16}$$

将式(3-15)和(3-16)代入式(3-14),可得

$$e_{av} = \frac{2p\Phi n}{60} \tag{3-17}$$

电枢感应电动势 E_a 为

$$E_a = \frac{N}{2a} e_{av} = \frac{N}{2a} \times \frac{2p\Phi n}{60} = \frac{pN}{60a} \Phi n = C_e \Phi n \tag{3-18}$$

式中,$C_e = \dfrac{pN}{60a}$ 为电动势常数,由电机的结构参数决定;a 为并联支路对数;N 为电枢导体总数。

由此可见,感应电动势 E_a 与每极磁通 Φ 和电枢旋转速度 n 的乘积成正比。磁通的单位为 Wb,转速的单位为 r/min,感应电动势的单位为 V。因此,感应电动势仅与气隙磁通和转速相关,改变转速和磁通均可改变电枢电动势大小。

3.5.2 直流电机的电磁转矩

当直流电机带上负载时,电枢绕组中有电流流过,通电的电枢绕组在气隙磁场中将受到电磁力的作用,该电磁力乘以电枢旋转半径,形成电磁转矩 T_{em}。直流电机的电磁转矩 T_{em} 等于电枢绕组中每个导体所受电磁转矩之和。

一根导体所受的平均电磁力为

$$f_{av} = B_{av} l i_a \tag{3-19}$$

式中,B_{av} 为一个主磁极内的平均气隙磁通密度,单位为 T;

l 为电枢导体的有效边长度,单位为 m;

i_a 为流过每根导体的电流,单位为 A;

f_{av} 为导体所受平均电磁力,单位为 N。

i_a 与电枢电流 I_a 的关系为

$$i_a = \frac{I_a}{2a} \tag{3-20}$$

一根导体产生的平均电磁转矩为

$$T_{av} = \frac{D_a}{2} f_{av} = \frac{D_a}{2} B_{av} l i_a = \frac{D_a}{2} B_{av} l \frac{I_a}{2a} \tag{3-21}$$

式中,T_{av} 为平均电磁转矩,单位为 N·m;

D_a 为电枢直径,单位为 m,$D_a = \frac{2p\tau}{\pi}$。

若电枢表面的总导体数为 N,则总的电磁转矩为

$$T_{em} = N T_a = N \frac{D_a}{2} B_{av} l \frac{I_a}{2a} \tag{3-22}$$

将 $D_a = \frac{2p\tau}{\pi}$,$B_{av} = \frac{\Phi}{l\tau}$ 代入式(3-22),可得

$$T_{em} = \frac{pN}{2\pi a} \Phi I_a = C_T \Phi I_a \tag{3-23}$$

式中,$C_T = \frac{pN}{2\pi a}$ 为转矩常数,由电机的结构参数决定。

可知,直流电机电磁转矩 T_{em} 与每极磁通 Φ 和电枢电流 I_a 的乘积成正比。如果每极磁通的单位为 Wb,电枢电流 I_a 的单位为 A,则电磁转矩 T_{em} 的单位为 N·m。当电磁转矩的单位用 kg·m 表示时,表达式为

$$T_{em} = \frac{1}{9.81} C_T \Phi I_a \tag{3-24}$$

由电枢感应电动势公式(3-18)和电磁转矩公式(3-23)可知,同一台直流电机的转矩常数和电动势常数之间的关系为

$$C_T = \frac{30}{\pi} C_e \approx 9.55 C_e \tag{3-25}$$

无论是直流电动机还是直流发电机,运行时都要产生感应电动势和电磁转矩。对发电机而言,感应电动势是电源电动势,方向与电枢电流相同,电磁转矩是制动转矩;对电动机而言,感应电动势是反电动势,方向与电枢电流相反,电磁转矩是驱动转矩。

【例 3-3】 一台直流电机,$2p=4$,电枢绕组为单叠绕组,电枢总导体数为 572,每极磁通 $\Phi=0.015$ Wb,转速 $n=1\,500$ r/min,电枢电流 $I_a=30$ A。求电枢感应电动势 E_a 和电磁转矩 T_{em}。

解: 电机磁极对数 $p=2$,单叠绕组的并联支路对数 $a=p$,可得

$$C_e = \frac{pN}{60a} = \frac{2 \times 572}{60 \times 2} \approx 9.53$$

$$C_T \approx 9.55 C_e \approx 9.55 \times 9.53 \approx 91.01$$

电枢感应电动势　$E_a = C_e\Phi n = 9.53 \times 0.015\ \text{Wb} \times 1500\ \text{r/min} \approx 214.4\ \text{V}$

电磁转矩　　　　$T_{em} = C_T\Phi I_a = 91.01 \times 0.015\ \text{Wb} \times 30\ \text{A} \approx 41\ \text{N} \cdot \text{m}$

3.5.3　直流电机的电磁功率

在电机中,把通过电磁作用传递的功率称为电磁功率,用 P_{em} 来表示。电磁功率既可以看成是机械功率,又可以看成是电功率。从机械的角度看 P_{em},它是电磁转矩 T_{em} 与转子旋转角速度 Ω 的乘积,即 $P_{em} = T_{em}\Omega$;从电功率角度看 P_{em},它是电枢电动势 E_a 和电枢电流 I_a 的乘积,即 $P_{em} = E_a I_a$。

由式(3-18)和式(3-23)可得关系式

$$T_{em}\Omega = \frac{pN}{2\pi a}\Phi I_a\Omega = \frac{pN}{2\pi a}\Phi I_a\frac{2\pi n}{60} = \frac{pN}{60a}\Phi n I_a = E_a I_a \qquad (3-26)$$

式(3-26)反映了直流电机机电能量转换的功率,虽然电磁功率在电气和机械两个方面的表达式不同,但两者相等,正好符合能量守恒定律。对发电机而言,是指从原动机吸收的机械功率;对电动机而言,是指从电源吸收的电功率。

专题 3.6　直流电动机的运行特性

教学目标:

1)理解直流电机的各种内部损耗;

2)掌握直流电动机的各项基本方程式;

3)理解直流电动机的工作特性。

3.6.1　直流电动机的损耗

1. 机械损耗

电机转动时,必须克服摩擦阻力而产生的机械损耗 p_Ω,包括轴承的摩擦损耗、电刷与换向器的摩擦损耗、电枢转动部分与空气的摩擦损耗及风扇所消耗的功率等。这些损耗与转速有关;当转速固定时,这些损耗不变;当转速升高时,这些损耗也随之增大。一般电机的机械损耗为额定功率的 1%～3%。

2. 铁损耗

虽然主极磁场是恒定的直流磁场,但当电枢旋转时,电枢铁芯中各点时而处于 N 极磁场下,时而处于 S 极磁场下,因此电枢铁芯内的磁场呈交变磁场,于是电枢铁芯中将产生铁芯损耗(磁滞与涡流损耗),简称铁损耗 p_{Fe}。铁损耗与磁通密度幅值 B_m(与电压相关)及其交变频率(即转速)有关。因为 B_m 是不变的,所以当转速一定时,交变频率也不变,因此铁损耗 p_{Fe} 是不变损耗。

3. 铜损耗

铜损耗 p_{Cu} 为回路中材料电阻所消耗的功率,包括电枢回路铜损耗 p_{Cua} 和励磁回路铜损耗 p_{Cuf}。电枢回路铜损耗包括电枢绕组及其串联的各绕组的电阻损耗及电刷和换向器的接触电阻损耗。由于电枢回路电阻损耗随电枢电流的变化而变化,因此为可变损耗。

励磁回路铜损耗是励磁电流在励磁回路电阻中产生的损耗。由于励磁电流固定不变,因而是不变损耗。

4. 附加损耗

由于齿槽存在影响、漏磁场畸变、电流分布不均引起的电刷损耗等多种因素所引起的损耗称为附加损耗 p_{ad}，又称为杂散损耗。附加损耗产生的原因很复杂，也难以精确计算，其中有可变损耗，也有不变损耗，通常采用估算的办法确定，一般取额定功率的 $0.5\% \sim 1\%$。

机械损耗 p_Ω、铁损耗 p_{Fe} 和附加损耗 p_{ad} 在电机空载时就存在，因此把三项合起来称为空载损耗 p_0。电机正常工作时，电压一定，转速变化很小，在运行过程中 p_0 几乎不变，所以空载损耗也叫不变损耗。

3.6.2　直流电动机的基本方程式

如图 3-28 所示为他励直流电动机的示意图。励磁绕组先接通励磁电源，形成励磁电流 I_f，建立主磁场；然后接通直流电枢电源，形成电枢电流 I_a，元件导体电流 i_a，与磁场作用产生电磁转矩 T_{em}，使电枢向着电磁转矩 T_{em} 的方向以转速 n 旋转，电枢旋转时切割气隙合成磁场，产生电枢感应电动势 E_a。在电动机中，E_a 的方向与 I_a 的方向相反，称为反电动势。电机稳态运行时，规定各物理量的参考方向如图中所示，这是电动机惯例。按照惯例有以下基本方程式。

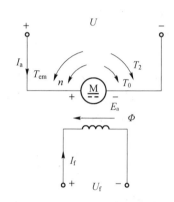

图 3-28　他励直流电动机示意图

1. 电压平衡方程式

设电枢两端外加电源电压为 U，E_a 为反电动势，按参考方向，根据基尔霍夫电压定律可列出电压平衡方程式为

$$U = E_a + I_a R_a \tag{3-27}$$

式中，R_a 为电枢回路总电阻，包括电刷与换向器的接触电阻。

上式表明直流电动机在电动状态时，电枢电动势 E_a 总小于端电压 U。电源电压 U 决定了电枢电流 I_a 的方向。

2. 功率平衡方程式

将式(3-27)两边同乘以电枢电流，即得到电枢回路的功率平衡方程式为

$$UI_a = (E_a + I_a R_a)I_a = E_a I_a + I_a^2 R_a$$

或者写成

$$P_1 = UI_a = (E_a + I_a R_a)I_a = E_a I_a + I_a^2 R_a = P_{em} + p_{Cua} \tag{3-28}$$

$$P_{em} = p_{Fe} + p_\Omega + p_{ad} + P_2 = p_0 + P_2 \tag{3-29}$$

由式(3-28)和式(3-29)可得

$$P_1 = P_{em} + p_{Cua} = P_2 + p_{Fe} + p_\Omega + p_{ad} + p_{Cua} = P_2 + \sum p \tag{3-30}$$

式中，P_1 是电源输入电功率，P_2 为电动机轴上输出的机械功率。

以上功率关系，可用图 3-29 所示的功率流程图表示。$\sum p$ 为总损耗，因为分析过程是以他励电动机为例，所以，$\sum p$ 及图 3-29 中不包含励磁回路铜损耗 p_{Cuf}。若为并励电动机，则式(3-30)中的 $\sum p$ 还应包括 p_{Cuf}。

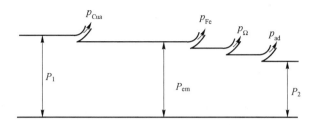

图 3-29　他励直流电动机的功率流程图

3. 转矩平衡方程式

将式(3-29)两端同时除以转子旋转角速度 Ω，可得转矩平衡方程式

$$\frac{P_{em}}{\Omega}=\frac{p_0}{\Omega}+\frac{P_2}{\Omega}$$

即

$$T_{em}=T_0+T_2 \tag{3-31}$$

电动机的电磁转矩 T_{em} 是驱动转矩，电动机轴上所带的机械负载转矩 T_2 和空载转矩 T_0 是制动转矩。式(3-31)表明，电动机在转速恒定时，驱动性质的电磁转矩 T_{em} 与负载制动性质的转矩 T_2 和空载转矩 T_0 相平衡。

电动机功率与转矩、转速的关系为

$$T_{em}=\frac{P_{em}}{\Omega}=\frac{P_{em}}{\dfrac{2\pi n}{60}}=9.55\frac{P_{em}}{n} \tag{3-32}$$

电动机额定运行时，$P_2=P_N$，$T_2=T_N$，$n=n_N$，则额定输出转矩为

$$T_N=\frac{P_N}{\Omega}=\frac{P_N}{\dfrac{2\pi n}{60}}=9.55\frac{P_N}{n_N} \tag{3-33}$$

【例 3-4】　一台他励直流电动机，$P_N=15$ kW，$U_N=220$ V，$\eta_N=90\%$，电枢回路电阻 $R_a=0.08$ Ω，$n_N=1\,500$ r/min，求：① 额定输入功率、电磁功率；② 总损耗、电枢回路铜损耗、空载损耗；③ 额定电磁转矩、输出转矩和空载转矩。

解：① 额定输入功率　　$P_1=\dfrac{P_N}{\eta_N}=\dfrac{15\text{ kW}}{0.9}\approx16.67$ kW

$$I_a=I_N=\frac{P_1}{U_N}=\frac{16.67\times10^3\text{ W}}{220\text{ V}}\approx75.77\text{ A}$$

根据 $U=E_a+I_aR_a$，得

$$E_a=U_N-I_aR_a=(220-75.77\times0.08)\text{V}=213.94\text{ V}$$

电磁功率　　　$P_{em}=E_aI_a=213.94\text{ V}\times75.77\text{ A}=16.21$ kW

② 总损耗　　　$\sum p=P_1-P_N=(16.67-15)\text{kW}=1.67$ kW

电枢回路铜损耗　　$p_{Cua}=I_a^2R_a=(75.77^2\times0.08)\text{W}=459.29$ W

空载损耗　　$p_0=\sum p-p_{Cua}=(1\,670-459.29)\times10^{-3}\text{ kW}=1.21$ kW

③ 额定电磁转矩 $T_{em}=9.55\dfrac{P_{em}}{n_N}=9.55\times\dfrac{16.21\times10^3\text{ W}}{1\,500\text{ r/min}}\approx103.21\text{ N·m}$

输出转矩 $T_2 = T_N = 9.55 \dfrac{P_N}{n_N} = 9.55 \times \dfrac{15 \times 10^3 \text{ W}}{1\ 500 \text{ r/min}} = 95.5 \text{ N} \cdot \text{m}$

空载转矩 $T_0 = T_{em} - T_2 = (103.21 - 95.5) \text{N} \cdot \text{m} = 7.71 \text{ N} \cdot \text{m}$

3.6.3 他励(并励)直流电动机的工作特性

直流电机的工作特性是指当电动机的端电压 $U = U_N$,励磁电流 $I_f = I_{fN}$,电枢回路不串外接电阻时,转速 n、电磁转矩 T_{em}、效率 η 与输出功率 P_2 之间的关系。在实际应用时,由于电枢电流 I_a 容易测量,且 I_a 随 P_2 的变化而变化,因而也可将工作特性表示成 n、T_{em}、η 与电枢电流 I_a 之间的关系。

1. 转速特性

转速特性是指电机转速与电枢电流之间的关系,即 $n = f(I_a)$。将 $E_a = C_e \Phi n$ 代入电压平衡方程式 $U = E_a + I_a R_a$,整理可得

$$n = \frac{U_N - I_a R_a}{C_e \Phi} = \frac{U_N}{C_e \Phi} - \frac{R_a}{C_e \Phi} I_a = n_0 - \Delta n \qquad (3-34)$$

式(3-34)通常称为电动机的转速公式。若忽略电枢反应去磁效应,则主磁通 Φ 与电枢电流 I_a 无关,Φ 为常数。故转速与负载电流按线性关系变化,即

$$n = n_0 - \beta I_a \qquad (3-35)$$

式中,n_0 为理想空载转速;β 为直线斜率。

可以看出,负载电流增加时,转速有所下降,如图 3-30 所示。

2. 转矩特性

转矩特性是指当 $U = U_N$,$I_f = I_{fN}$ 时,电磁转矩 T_{em} 与电枢电流 I_a 之间的关系,即 $T_{em} = f(I_a)$。由转矩公式可得转矩特性表达式为

$$T_{em} = C_T \Phi I_a \qquad (3-36)$$

可知,不计磁饱和时,Φ 为常数,于是电磁转矩与电枢电流成正比,即为经过原点的一条直线;计及磁饱和时,电枢反应使主磁通略有下降,电磁转矩上升速度比电流上升速度要慢,故曲线向下偏离直线,斜率略有下降,如图 3-30 所示。

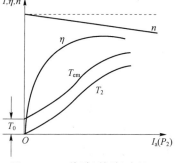

图 3-30   他励(并励)直流电动机的工作特性

3. 效率特性

当 $U = U_N$,$I_f = I_{fN}$ 时,效率 η 与电枢电流 I_a 之间的关系称为效率特性,即 $\eta = f(I_a)$。效率是指输出功率 P_2 与输入功率 P_1 之间的百分比,即

$$\eta = \frac{P_2}{P_1} \times 100\% = \frac{P_1 - \sum p}{P_1} \times 100\% = \left(1 - \frac{p_{Fe} + p_\Omega + p_{ad} + p_{Cua}}{U_N I_a}\right) \times 100\% =$$

$$\left(1 - \frac{p_0 + I_a^2 R_a}{U_N I_a}\right) \times 100\% \qquad (3-37)$$

由 3.6.1 小节可知,空载损耗 p_0 为不变损耗,当负载电流较小时,输入功率大部分消耗在空载损耗上,电机效率低;当负载电流增大时,效率也增大,输入的功率大部分消耗在机械负载上;当负载电流大到一定程度时,铜损耗也快速增大,此时电机效率又开始降低。

对式(3-37)求导,并令$\dfrac{\mathrm{d}\eta}{\mathrm{d}I_a}=0$,可得效率达到最大值的条件为

$$p_0 = p_{Cua} = I_a^2 R_a \tag{3-38}$$

由此可见,当不变损耗与可变损耗相等时,直流电动机效率达到最大值。这一结论具有普遍意义,对其他电动机也同样适用,如图3-30所示。

并励直流电动机的工作特性与他励直流电动机类似。但是需要重点注意的是:并励直流电动机启动和运行时,励磁绕组绝对不能开路。若励磁绕组断开,则主磁通将迅速降到剩磁磁通,使电枢电流迅速增大而烧坏电机。

3.6.4　串励直流电动机的工作特性

串励直流电动机的励磁绕组与电枢绕组串联,根本特点就是励磁电流与电枢电流相等,即$I_f = I_a$,因而其工作特性与他励(并励)直流电动机有明显不同。

1. 转速特性

串励直流电动机的电压平衡方程式为

$$U = E_a + I_a R_a + I_a R_f = E_a + I_a(R_a + R_f) = E_a + I_a R_a' \tag{3-39}$$

式中,$R_a' = R_a + R_f$,为串励电动机的总电阻,R_f为串励绕组的电阻。

将$E_a = C_e \Phi n$代入上式,可得

$$n = \dfrac{U}{C_e \Phi} - \dfrac{R_a'}{C_e \Phi} I_a \tag{3-40}$$

当负载电流很小时,电机磁路未饱和,每极气隙磁通Φ与励磁电流$I_f = I_a$呈直线变化关系,即$\Phi = k_f I_f = k_f I_a$,代入式(3-40),得

$$n = \dfrac{U}{C_e k_f I_a} - \dfrac{R_a'}{C_e k_f I_a} I_a = \dfrac{U}{C_e' I_a} - \dfrac{R_a'}{C_e'} \tag{3-41}$$

式中,$C_e' = C_e k_f$,为一常数;k_f为磁通与励磁电流的比例系数。

由式(3-41)可知,当电枢电流不大时,串励直流电动机的转速特性具有双曲线性质,即转速随电枢电流增大而降低。当电枢电流较大时,由于磁路饱和,磁通近似为常数,转速特性和他励时相似,为稍微向下倾斜的直线。

2. 转矩特性

串励时,电动机的转矩特性为

$$T_{em} = C_T \Phi I_a = C_T k_f I_a^2 = C_T' I_a^2 \tag{3-42}$$

式中,$C_T' = C_T k_f$,对出厂的电动机,磁路不饱和时为常数。

负载较小时,磁路未饱和,$\Phi \propto I_a$,电磁转矩与电枢电流的平方成正比,即$T_{em} \propto I_a^2$。负载较大时,磁路饱和,气隙磁通Φ近似不变,$T_{em} \propto I_a$。一般情况下,随着P_2、I_a的增大,可认为电磁转矩以高于电流一次方的比例增加。与他励直流电动机相比,在相同的I_a下,串励电动机具有较大的启动转矩和过载能力。当负载增大时,转速自动下降,电磁转矩迅速增大,这对电力机车等机械十分适宜。

3. 效率特性

串励直流电动机的效率特性与他励电动机基本相同。但串励电动机的铁损耗不是不变的,而是随I_a的增大而增大。此外,负载增加时转速降低很多,所以机械损耗随负载增加而减

小。因此,不计附加损耗时,$p_0 = p_\Omega + p_{Fe}$ 基本保持不变。而励磁铜损耗 $p_{Cuf} = I_a^2 R_f$ 与 I_a 的平方成正比,是可变损耗,因此当 $p_0 = p_{Fe} + p_\Omega = I_a^2(R_a + R_f)$ 时,串励电动机效率最高。

串励直流电动机的工作特性如图 3-31 所示。

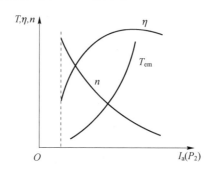

图 3-31　串励直流电动机的工作特性

专题3.7　直流发电机的运行特性

教学目标:

1) 掌握直流电机工作的可逆原理;
2) 掌握直流发电机的基本方程式;
3) 理解直流发电机的运行特性。

3.7.1　直流电机的可逆原理

下面以他励直流电机为例,说明直流电机的可逆原理。把一台他励直流电动机与某直流电网并联,保持电网电压不变,电机中各物理量的正方向按图 3-28 所示的电动机惯例。

根据前面的分析结果可知,在电动机运行时,电机的功率关系和转矩关系分别为 $P_{em} = p_0 + P_2$ 和 $T_{em} = T_0 + T_2$,这时直流电机把输入的电磁功率 P_{em} 转变为机械功率传递给负载,电磁转矩 T_{em} 和负载转矩 T_2 的方向相反,为驱动性转矩。

保持此电动机的励磁电流不变,将原动机接上此电机轴,保持原动机转动方向与电机本来转动方向一致。随着原动机机械功率的输入,电机转速 n 上升,电枢电动势 E_a 也随之上升,由 $U = E_a + I_a R_a$ 可知,当 n 上升到某一数值时,$E_a = C_e \Phi n = U$,此时电枢电流 $I_a = 0$。由 $T_{em} = C_T \Phi I_a$ 可知,作用在电枢上的电磁转矩也等于零,也就是说,直流电动机已不再向负载提供机械功率了。随着原动机转速的进一步增加,此后电机工作状况将发生本质变化。原动机转速增加后,$E_a > U$,由 $U = E_a + I_a R_a$ 可知,$I_a < 0$ 为负值,则 $T_{em} = C_T \Phi I_a$ 也为负值,即电磁转矩方向相反,变成制动性转矩。负的电枢电流表明,直流电机由原来的从直流电网吸收功率变成向直流电网发出功率,这说明此时状态的直流电机已经转变成发电机的运行状态了。

同样,上述过程也可以反过来,电机从发电状态转变到电动状态。一台电机既可作为电动机运行,又可作为发电机运行,这就是直流电机的可逆原理。

由上分析可知,电动机和发电机在一定条件下可以相互转换,关键取决于加在电机轴上的转矩性质和大小,若能使转速 n 升高,并使 $E_a > U$,则电机运行在发电机状态,电磁转矩为制动性转矩,机械功率转换为电磁功率供给直流电负载;若能使转速 n 降低,并使 $E_a < U$,则电机运行在电动机状态,电磁转矩为驱动性转矩,电磁功率转换为机械功率拖动机械负载。

3.7.2　直流发电机的基本方程式

同直流电动机一样,直流发电机也有电压、功率和转矩等基本方程式,它们是分析直流发电机各种运行特性的基础。下面以他励直流发电机为例进行讨论。

他励直流发电机的电路示意图如图 3-32 所示。直流发电机的电枢旋转时,电枢绕组切割主磁通 Φ,产生电枢电动势 E_a,如果外电路接有负载,则产生电枢电流 I_a。相关物理量的参考方向,采用发电机惯例,E_a 的正方向与 I_a 方向相同,端电压 U 的正方向与 I_a 方向相同。规定图中各物理量所示方向为正方向,可得以下基本方程式。

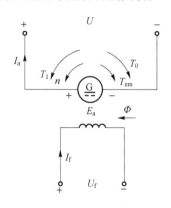

图 3-32　他励直流发电机电路图

1. 电压平衡方程式

由图 3-32 规定方向,应用基尔霍夫电压定律可得电枢回路电压平衡方程式为

$$E_a = U + I_a R_a \tag{3-43}$$

式中,R_a 为电枢回路总电阻,包括电刷与换向器的接触电阻;U 为发电机的端电压。

式(3-43)表明,发电机运行时,电枢电动势一定大于电机端电压,即 $E_a > U$。

2. 功率平衡方程式

将式(3-43)两边同时乘以电枢电流,则可得电枢回路的功率平衡方程式为

$$E_a I_a = (U + I_a R_a) I_a = U I_a + I_a^2 R_a$$

或者写成

$$P_{em} = E_a I_a = (U + I_a R_a) I_a = U I_a + I_a^2 R_a = P_2 + p_{Cua} \tag{3-44}$$

$$P_1 = p_{Fe} + p_\Omega + p_{ad} + P_{em} = p_0 + P_{em} \tag{3-45}$$

将式(3-44)代入式(3-45),可得功率平衡方程式为

$$P_1 = p_{Fe} + p_\Omega + p_{ad} + P_{em} = p_0 + P_{em} = p_0 + P_2 + p_{Cua} = P_2 + \sum p \tag{3-46}$$

式中,P_1 是原动机向发电机输入的机械功率,P_2 为发电机线端输出的电功率,$\sum p$ 为总损耗。以上功率关系,可用图 3-33 所示的功率流程图表示。因为分析过程是以他励发电机为例,所以,图中不包含励磁回路铜损耗 p_{Cuf},若为自励发电机,则式(3-46)中 $\sum p$ 的还应包括励磁损耗 p_{Cuf}。

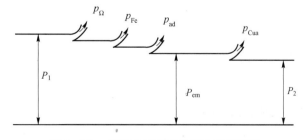

图 3-33　他励直流发电机的功率流程图

3. 转矩平衡方程式

将式(3-45)两端同时除以转子旋转角速度 Ω,可得转矩平衡方程式

$$\frac{P_1}{\Omega} = \frac{p_0}{\Omega} + \frac{P_{em}}{\Omega}$$

即
$$T_1 = T_0 + T_{em} \tag{3-47}$$

对应于发电机电磁功率 P_{em} 的电磁转矩 T_{em} 是制动性质的,空载转矩 T_0 也是制动性转矩,原动机的拖动转矩 T_1 则是驱动性质的。式(3-47)表明,发电机在稳态运行时,驱动性质的输入转矩 T_1 与制动性质的电磁转矩 T_{em} 和空载转矩 T_0 相平衡。

3.7.3 他励直流发电机的运行特性

直流发电机的运行特性常用 4 个物理量来表示,即电枢转速 n、发电机端电压 U、励磁电流 I_f、负载电流 I(他励时 $I = I_a$)。发电机运行时转速在额定状态下保持不变,即 $n = n_N$,发电机的运行特性是指另外 3 个物理量中保持某一个固定不变,其余两个量之间的关系曲线,它们分别是空载特性、外特性和调节特性。励磁方式不同,特性曲线也有所不同,下面先以他励直流发电机为例进行分析。

1. 空载特性

他励直流发电机的空载特性是指发电机转速 $n = n_N$、电枢电流 $I_a = 0$ 时,电枢的空载端电压 U_0 与励磁电流 I_f 之间的关系,即 $U_0 = f(I_f)$。空载运行时,$U_0 = E_a$,$I_a = 0$。当发电机转速恒定时,电动势 E_a 与主磁通 Φ 成正比,所以 U_0 与主磁通 Φ 成正比。因此,空载特性曲线 $U_0 = f(I_f)$ 与磁化曲线 $\Phi = f(I_f)$ 形状相似。

空载特性曲线可用试验方法测定,接线图如图 3-34 所示。做空载试验时,开关 S 断开,保持转速 $n = n_N$,调节励磁回路的调节电阻 R_j,使励磁电流 I_f 从零开始逐渐增大,测取相应的空载电压 U_0 和 I_f 值,直到空载电压 $U_0 = (1.1 \sim 1.3)U_N$ 为止。然后逐渐减小 I_f 至零,测取相应的 U_0 和 I_f 值;当 $I_f = 0$ 时,空载电压 U_0 不等于零,而有很小的值,此电压称为剩磁电压,其大小一般为额定电压的 $2\% \sim 4\%$。改变励磁电流 I_f 的方向,重复上述步骤,可绘得磁滞回线如图 3-35 所示。磁滞回线的平均曲线就是发电机的空载特性曲线,如图 3-35 中虚线所示。

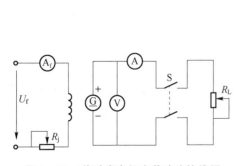

图 3-34　他励发电机空载试验接线图

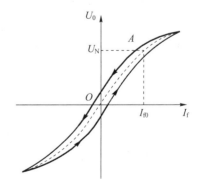

图 3-35　他励发电机空载特性曲线

改变发电机转速 n 时,可得到不同的空载特性曲线。空载特性常用来确定磁路和运行点

的饱和程度。

2．外特性

当 $n=n_N$，$I_f=I_{fN}$ 时，发电机端电压 U 和负载电流 I 的关系，即 $U=f(I)$，叫做外特性曲线。按图 3-34 所示接线可得发电机的外特性曲线，保持转速 $n=n_N$，闭合开关 S，调节负载电阻 R_L 和励磁调节电阻 R_j，使电机在额定负载（$I=I_N$）时 $U=U_N$，此时的励磁电流为额定励磁电流 I_{fN}。保持 $I_f=I_{fN}$ 不变，逐步增大 R_L，负载电流 I 逐步减小，电枢电压 U 逐步增加，直到空载。根据测得的电压 U 和对应的电流 I，即可绘出发电机外特性曲线如图 3-36 所示。

由外特性曲线可知，发电机端电压随负载的增加而有所下降。从公式 $U=E_a-I_aR_a$ 和 $E_a=C_e\Phi n$ 可知，发电机端电压下降原因有两点：一是负载电流在电枢电阻上产生压降；二是电枢反应呈现去磁效应。

发电机端电压随负载变化程度可用电压变化率来表示。他励发电机的额定电压变化率是指电机从额定负载过渡到空载时，端电压变化的数值对额定电压的百分比，即

$$\Delta U=\frac{U_0-U_N}{U_N}\times100\% \tag{3-48}$$

电压变化率 ΔU 是表示发电机运行特性的一个重要参数，他励发电机的 $\Delta U\approx5\%\sim10\%$，可认定为恒压源。

3．调节特性

他励直流发电机的调节特性是指 $n=n_N$，$U=U_N$ 时，励磁电流 I_f 与电枢电流 I_a 之间的关系，即 $I_f=f(I_a)$。调节特性也可用试验的方法来测定，如图 3-37 所示。由图可知，调节特性曲线随负载的增大而上翘。曲线上翘的原因有两点：一是补偿电枢电阻压降；二是补偿电枢反应的去磁作用。

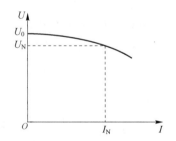

图 3-36 他励发电机的外特性曲线

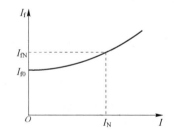

图 3-37 他励发电机的调节特性

3.7.4 并励直流发电机的运行特性

1．并励直流发电机的自励过程

并励发电机为自励发电机，其励磁绕组与电枢绕组并联，励磁电流靠自身产生的电压提供。并励发电机刚开始工作时，励磁电流如何得来？电压如何建立？下面分析并励直流发电机的自励过程。

如果电机磁路有剩磁，用原动机拖动电枢旋转，电枢导体切割剩磁，将会产生不大的剩磁电动势。该电动势作用于励磁绕组上，将产生一个很小的励磁电流。如果此时励磁绕组的极性能使该励磁电流产生的磁动势和剩磁方向相同，就能使气隙磁场得到加强，电枢感应电动势增大，从而使励磁电流和气隙磁场得到进一步增强，这样空载电压就可能建立起来；如果励磁

绕组极性不当,使该励磁电流产生的磁动势和剩磁方向相反而形成负反馈,则气隙磁场将被削弱,使电枢感应电动势减小,空载电压就不能建立起来。

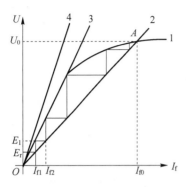

图 3-38　并励直流发电机的自励过程

自励过程如图 3-38 所示,图中的曲线 1 表示并励发电机的空载特性 $U_0 = f(I_f)$,其中 E_r 为剩磁电动势;曲线 2 为励磁回路的伏安特性 $U_f = f(I_f)$,当励磁回路总电阻 R_f 为常数时,$U_f = f(I_f)$ 为直线。当不计电枢电阻上的电压降和电枢反应的影响时,励磁绕组的端电压 U_f(电枢端电压 U_0)与励磁电流 I_f 在磁路上满足空载特性曲线,在电路上又要满足伏安特性曲线。由此可知,这两条曲线的交点 A 应是空载电压建立后的运行点。发电机要自励,这两条曲线必须有交点。若励磁回路电阻较大,这两条曲线就可能没有交点,如图 3-38 中的直线 4 所示,这时空载电压将无法建立。图中直线 3 与空载特性曲线 1 相切,此时励磁回路的电阻称为临界电阻。因此,发电机要自励,励磁回路的电阻必须小于相应转速的临界电阻。

综上所述,并励直流发电机自励建压必须满足以下 3 个条件。

① 发电机的主磁路必须有剩磁。如果没有,可用其他直流电源短时加于励磁绕组给主磁极充磁。

② 励磁绕组与电枢绕组连接的极性要正确,使剩磁电流产生的磁动势与剩磁方向一致。

③ 励磁回路的总电阻必须小于该转速下的临界电阻。

2. 并励直流发电机的运行特性

并励直流发电机的空载特性一般是在他励方式下测得的,特性形状与他励直流发电机相同。其调节特性也与他励直流发电机基本相同,只是并励发电机负载电流增大时,电压下降较多,为维持电压恒定所需的励磁电流也就较大,所以并励直流发电机的调节特性上翘程度大于他励直流发电机。

并励直流发电机的外特性是指转速 $n = n_N$、励磁回路总电阻 R_f 为常数时,发电机端电压和负载电流的关系,即 $U = f(I)$。

并励直流发电机的外特性也可用试验的方法测得,如图 3-39 所示。与他励时的外特性相比,并励发电机外特性下降幅度较大,即在同一负载电流 I 下,端电压 U 较低。这是由于随着负载电流 I 的增大,除电枢反应的去磁作用和电枢回路电阻压降增大外,并励时的励磁电流 I_f 将随端电压 U 的下降而减小,从而引起主磁通和电枢感应电动势的进一步降低。所

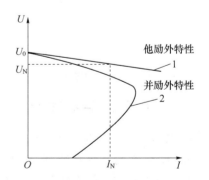

图 3-39　并励直流发电机的外特性

以在相同负载时,并励发电机的端电压要比他励时下降得多,而且会出现"拐弯"现象。

习题与思考题

3-1　直流电机的主要部件有哪些？各部件的主要作用是什么？

3-2　直流电机的换向装置由哪些部件构成？换向器起什么作用？

3-3　为什么一台直流电机既可作电动机运行又可作发电机运行？

3-4　什么是电枢反应？电枢反应对气隙磁场有什么影响？

3-5　单叠绕组和单波绕组各有什么特点？

3-6　换向过程中的火花是如何产生的？怎样改善换向？

3-7　直流电机中以下哪些量不变？哪些量交变？

（1）励磁电流；（2）电枢电流；（3）电枢感应电动势；（4）电枢元件感应电动势；（5）电枢导条中的电流；（6）主磁极中的磁通；（7）电枢铁芯中的磁通。

3-8　直流电机铭牌上的额定功率是输入功率还是输出功率？对于发电机和电动机有何不同？

3-9　如何判断直流电机是运行在电动状态还是发电状态？它们的能量转换关系有何不同？

3-10　一台四极直流发电机，额定功率 $P_N = 55$ kW，额定电压 $U_N = 220$ V，额定转速 $n_N = 1\,500$ r/min，额定效率为 90%。试求额定状态下电机的输入功率 P_1 和额定电流 I_N。

3-11　一台直流电动机的额定数据为：额定功率 $P_N = 17$ kW，额定电压 $U_N = 220$ V，额定转速 $n_N = 1\,500$ r/min，额定效率 $\eta_N = 0.83$。求它的额定电流 I_N 及额定负载时的输入功率。

3-12　一台四极直流电机，$Z_u = S = K = 20$，连成单叠绕组。（1）计算绕组各节距；（2）试画出右行单叠绕组的展开图和电气接线图。

3-13　一台直流发电机，额定功率 $P_N = 17$ kW，额定电压 $U_N = 230$ V，额定转速 $n_N = 1\,500$ r/min，磁极对数 $p = 2$，电枢总导体数 $N = 468$，单波绕组，气隙每极磁通 $\Phi = 0.010\,3$ Wb。求：（1）额定电流 I_N；（2）电枢电动势。

3-14　一台单叠绕组的直流发电机，$2p = 4$，$N = 420$，$I_N = 30$ A，气隙每极磁通 $\Phi = 0.028$ Wb，额定转速 $n_N = 1\,245$ r/min。求：额定运行时的电枢电动势、电磁转矩和电磁功率。

3-15　设有一台直流电动机，$2p = 4$，$P_N = 17$ kW，$U_N = 220$ V，$n_N = 1\,500$ r/min，$\eta_N = 0.83$，电枢有 39 槽，每槽 12 根导体，2 条并联支路。试求：（1）额定电流 I_N；（2）如果额定运行时电枢内部压降为 10 V，那么此时电机的每级磁通多大？

3-16　一台并励直流发电机，$U_N = 220$ V，励磁回路总电阻 $R_f = 44$ Ω，电枢回路总电阻 $R_a = 0.25$ Ω，负载电阻 $R_L = 4$ Ω。求：（1）励磁电流 I_f、电枢电流 I_a；（2）电枢电动势 E_a；（3）输出功率 P_2 及电磁功率 P_{em}。

3-17　一台并励直流电动机，$P_N = 6$ kW，$U_N = 110$ V，$n_N = 1\,440$ r/min，$I_N = 70$ A，$R_f = 220$ Ω，$R_a = 0.08$ Ω。求额定运行时：（1）电枢电流及电枢电动势；（2）电磁功率、电磁转矩及效率。

3-18　一台并励直流发电机，$P_N = 20$ kW，$U_N = 230$ V，$n_N = 1\,500$ r/min，电枢回路总电阻 $R_a = 0.15$ Ω，励磁回路总电阻 $R_f = 73.5$ Ω，机械损耗和铁损耗共 1.1 kW，附加损耗 $p_{ad} = 1\% P_N$。试求：额定运行时各绕组的铜损耗、电磁功率、输入功率及额定效率。

模块 4   直流电机的电力拖动

本模块主要介绍电力拖动系统的运动方程式,工作机构转矩、力、飞轮矩、质量的折算、生产机械的负载特性、直流电动机的机械特性、电力拖动系统的稳定运行条件等知识。

专题 4.1   电力拖动系统的动力学基础

教学目标:

1) 掌握电力拖动系统的运动方程式;

2) 熟悉工作机构转矩、力、飞轮矩、质量的折算;

3) 掌握生产机械的恒转矩、恒功率和通风机类负载的特性。

4.1.1   电力拖动系统的运动方程式

原动机带动负载运转称为拖动,以电动机带动生产机械运转的拖动方式称为电力拖动,其中电动机为原动机,生产机械是负载。

电力拖动系统中所用的电动机种类很多,生产机械的性质也各不相同。因此,需要找出它们普遍的运动规律,予以分析。从动力学的角度看,它们都服从动力学的统一规律。所以,在研究电力拖动时,首先要分析电力拖动系统的动力学问题,建立电力拖动系统的运动方程式。

1. 运动方程式

图 4-1 是一直线运动系统,由物理学中牛顿运动第二定律可知,当物体做加速运动时,其运动方程为

$$F - F_z = m\frac{\mathrm{d}v}{\mathrm{d}t} = ma \qquad (4-1)$$

式中,F 为驱动力,单位 N;F_z 为阻力,单位 N;m 为物体的质量,单位 kg;$a = \dfrac{\mathrm{d}v}{\mathrm{d}t}$ 为直线运动加速度,单位 $\mathrm{m/s^2}$。

最简单的拖动系统,是电动机直接拖动生产机械的单轴拖动系统,如图 4-2 所示。其中电动机的电磁转矩 T 通常与转速 n 同方向,是驱动性质的转矩。生产机械的工作机构转矩,即负载转矩 T_L 通常是制动性质的转矩。如果忽略电动机的空载转矩 T_0,仿照直线运动可知,拖动系统旋转时的运动方程式为

$$T - T_L = J\frac{\mathrm{d}\Omega}{\mathrm{d}t} \qquad (4-2)$$

式中,J 为运动系统的转动惯量,单位为 $\mathrm{kg \cdot m^2}$;Ω 为系统旋转的角速度,单位为 r/s;$J\dfrac{\mathrm{d}\Omega}{\mathrm{d}t}$ 为系统的惯性转矩,单位为 $\mathrm{N \cdot m}$。

在实际工程计算中,经常用转速 n 代替角速度 Ω 来表示系统的转动速度,用飞轮矩 GD^2 代

替转动惯量 J 表示系统的机械惯性。Ω 与 n、J 与 GD^2 的关系为

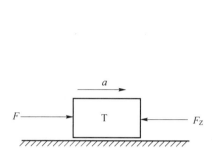

图 4-1　直线运动系统

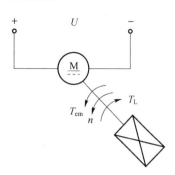

图 4-2　单轴电机拖动系统

$$\Omega = \frac{2\pi n}{60} \tag{4-3}$$

$$J = m\rho^2 = \frac{G}{g} \cdot \frac{D^2}{4} = \frac{GD^2}{4g} \tag{4-4}$$

式中，n 为转速，单位为 r/min；m 为旋转体的质量，单位为 kg；G 为旋转体的重量，单位为 N；ρ 为转动部分的惯性半径，单位为 m；D 为转动部分的惯性直径，单位为 m；g 为重力加速度，为 9.8 m/s²。

把式(4-3)和式(4-4)代入式(4-2)，可得运动方程式的实用形式

$$T - T_L = \frac{GD^2}{375} \cdot \frac{dn}{dt} \tag{4-5}$$

式中，GD^2 为旋转体的飞轮矩，单位为 N·m²。

应注意，式(4-5)中的 375 具有加速度的量纲；飞轮矩 GD^2 是反映物体旋转惯性的一个整体物理量。电动机和生产机械的 GD^2 可从产品样本和相关资料中查到。

式(4-5)是常用的运动方程式，它反映了电机拖动系统机械运动的普遍规律，是研究电机拖动系统各种运转状态的基础。由式(4-5)可知，电力拖动系统运行可分为 3 种状态：

① 当 $T > T_L$，$\frac{dn}{dt} > 0$ 时，系统处于加速运行状态，电动机把从电网吸收的电能转变为旋转系统的动能，使系统的动能增加。

② 当 $T < T_L$，$\frac{dn}{dt} < 0$ 时，系统处于减速运行状态，系统将放出的动能转变为电能反馈回电网，使系统的动能减少。

③ 当 $T = T_L$，$\frac{dn}{dt} = 0$ 时，系统处于静止或恒转速状态，既不放出动能，也不吸收动能。

由此可见，只要 $\frac{dn}{dt} \neq 0$，系统就处于加速或减速运行，即处于动态。$\frac{dn}{dt} = 0$ 叫做稳态运行。

2. 运动方程中转矩正、负号的规定

在电力拖动系统中，由于生产机械负载类型的不同，电动机的运动状态也会发生变化。即电动机的电磁转矩并不都是驱动性质的转矩，生产机械的负载转矩也并不都是阻转矩，它们的大小和方向都可能随系统运行状态的不同而发生变化。因此运动方程式中的 T 和 T_L 是带有

正负号的代数量。一般规定如下：

选定电动机处于电动状态时的旋转方向为转速 n 的正方向，根据以下规则确定转矩的正负号。

① 电磁转矩 T 与转速 n 的正方向相同时为正，相反时为负；

② 负载转矩 T_L 与转速 n 的正方向相反时为正，相同时为负；

③ $\dfrac{\mathrm{d}n}{\mathrm{d}t}$ 的正负由 T 和 T_L 的代数和决定。

电力拖动系统中，除单轴拖动系统外，大多数都是多轴拖动系统。因为，为了合理利用电机材料，大部分电动机具有较高的额定转速，而生产机械往往要求较低转速，这就需要在电动机与生产机械之间加传动机构，把电动机的转速变换为生产机械所需要的转速，从而形成多轴拖动系统。对于多轴拖动系统，应当将其等效成单轴系统后再进行分析计算，其等效方法可以参考相关书籍。

4.1.2　生产机械的负载转矩特性

生产机械的负载转矩特性，简称负载特性，是指生产机械的负载转矩 T_L 与转速的关系。生产机械的负载特性可归纳为恒转矩、恒功率、泵类负载特性 3 种类型。

1. 恒转矩负载特性

负载转矩 T_L 的大小为一定值，而与转速无关的称为恒转矩负载。根据负载转矩的方向是否与转向有关，恒转矩负载又分为反抗性恒转矩负载和位能性恒转矩负载。

（1）反抗性恒转矩负载

这类负载的特点是：负载转矩的大小恒定不变，而负载转矩的方向总是与转速的方向相反，即负载转矩的性质是阻碍运动的制动性转矩。当 $n>0$ 时，$T_L>0$（常数）；$n<0$ 时，$T_L<0$（也是常数），且 T_L 绝对值一样大。其机械特性如图 4-3 所示，位于第一和第三象限内。皮带运输机、轧钢机、机床的刀架平移和行走机构等由摩擦力产生转矩的机械，都是反抗性恒转矩负载。

（2）位能性恒转矩负载

这类负载的特点是：不仅负载转矩的大小恒定不变，而且负载转矩的方向也不变。当 $n>0$ 时，$T_L>0$ 是阻碍运动的制动性转矩；当 $n<0$ 时，$T_L>0$ 是帮助运动的拖动性转矩，其机械特性如图 4-4 所示，位于第一和第四象限内。例如起重机，无论是提升重物还是放下重物，由物体重力所产生的负载转矩的方向是不变的。

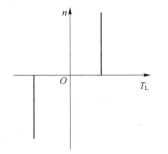

图 4-3　反抗性恒转矩负载特性

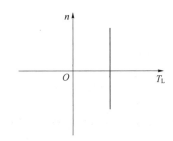

图 4-4　位能性恒转矩负载转矩

2. 恒功率负载特性

这类负载的特点是：负载转矩与转速的乘积为一常数，即负载功率 $P_L=T_L\Omega=T_L\dfrac{2\pi}{60}n$，为常数,也就是负载转矩 T_L 与转速 n 成反比。它的机械特性是一条双曲线,如图 4-5 所示。

3. 泵类负载特性

水泵、油泵、通风机和螺旋桨等,其转矩的大小与转速的平方成正比,即 $T_L \propto n^2$,机械特性如图 4-6 中曲线 1 所示。

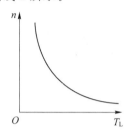

图 4-5　恒功率负载特性

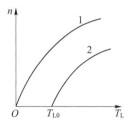

图 4-6　泵类负载特性

以上介绍的是 3 种典型的负载转矩特性,实际的负载转矩特性往往是几种典型特性的综合。如实际的鼓风机除了主要是通风机负载特性外,由于轴上还有一定的摩擦转矩 T_{L0},因此,实际通风机的负载特性应为 $T_L = T_{L0} + kn^2$,如图 4-6 中曲线 2 所示。

专题 4.2　他励直流电动机的机械特性

教学目标:

1)熟悉他励直流电动机的机械特性方程;

2)熟悉他励直流电动机的固有机械特性、人为机械特性;

3)了解电力拖动系统稳定运行的条件。

4.2.1　直流电动机机械特性的表达式

直流电动机的机械特性是指在电动机的电枢电压、励磁电流、电枢回路电阻为恒值的条件下,即电动机处于稳态运行时,电动机的转速 n 与电磁转矩 T 之间的关系: $n = f(T)$。

他励直流电动机的接线如图 4-7 所示。图中 U 为电源电压, E_a 为电枢电动势, I_a 为电枢电流, I_f 是励磁电流, Φ 是励磁磁通。

电枢回路的总电阻为电枢内阻 R_a,电枢回路有时还串入附加电阻,图中 R_s 是电枢回路电阻,包括附加电阻。R_f 是励磁绕组的电阻,为了使电动机能正常工作,在励磁电路中一般加入一个可调节大小的电阻 R_{sf}。

按图中标明的各个量的正方向,可以列出电枢回路的电压平衡方程式

$$U = E_a + RI_a \tag{4-6}$$

式中,$R = R_a + R_s$,为电枢回路总电阻。

将电枢电动势 $E_a = C_e \Phi n$ 和电磁转矩 $T = C_T \Phi I_a$ 代入式(4-6)中,经整理可得他励直流电动机的机械特性方程式

$$n = \frac{U}{C_e \Phi} - \frac{R}{C_e C_T \Phi^2} T = n_0 - \beta T = n_0 - \Delta n \tag{4-7}$$

式中,C_e、C_T 为电动势常数和转矩常数($C_T = 9.55 C_e$);

$n_0 = \dfrac{U}{C_e \Phi}$ 为电磁转矩 $T=0$ 时的转速,称为理想空载转速;

$\beta = \dfrac{R}{C_e C_T \Phi^2}$ 为机械特性的斜率;

Δn 为转速降。

由式(4-7)可知,当理想空载转速 n_0 为常数时,他励直流电动机的机械特性 $n = f(T)$ 是一条以 β 为斜率向下倾斜的直线,如图 4-8 所示。

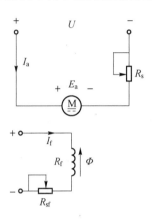

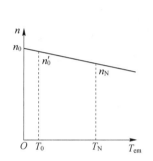

图 4-7　他励直流电动机电路原理图　　　　　图 4-8　他励直流电动机的机械特性

4.2.2　固有机械特性和人为机械特性

1. 固有机械特性

当电枢两端加的电压为额定值,气隙每级磁通量也为额定值,且电枢回路不串任何电阻,即 $U = U_N$,$\Phi = \Phi_N$,$R = R_a (R_s = 0)$ 时,这种情况下对应的机械特性就叫固有机械特性。用公式表示为

$$n = \frac{U_N}{C_e \Phi_N} - \frac{R_a}{C_e C_T \Phi_N^2} T \tag{4-8}$$

式中,U_N 可以从铭牌数据中查到;电枢电阻 R_a 可由近似公式估算得到。

一般电动机额定运行时,铜损耗是总损耗的 $\dfrac{1}{2} \sim \dfrac{2}{3}$,则电枢电阻为

$$R_a = \left(\frac{1}{2} \sim \frac{2}{3} \right) \frac{U_N I_N - P_N}{I_N^2} \tag{4-9}$$

得到 R_a 后,$C_e \Phi_N$ 可根据额定运行的电压平衡方程式得出,即

$$C_e \Phi_N = (U_N - I_N R_a)/n_N$$

从而求出 $C_T \Phi_N = 9.55 C_e \Phi_N$。

因为他励直流电动机的机械特性为一直线,所以绘制比较容易,只要求出直线上任意两点的数据就可画出这条直线,如图 4-9 所示。

由于电动机电枢回路不串电阻,电枢电阻 R_a 又很小,所以特性斜率 β 很小,故他励直流电动机的固有机械特性属于硬机械

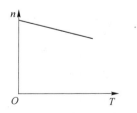

图 4-9　他励直流电动机
固有机械特性

特性。

2．人为机械特性

人为地改变固有特性三个条件($U=U_N,\Phi=\Phi_N,R=R_a$)中的任何一个条件后得到的机械特性称为人为机械特性。

(1) 电枢回路串入电阻的人为机械特性

保持 $U=U_N,\Phi=\Phi_N$ 不变,在电枢回路中串入电阻 R_s 时的人为特性方程为

$$n=\frac{U_N}{C_e\Phi_N}-\frac{R_a+R_s}{C_eC_T\Phi_N^2}T \tag{4-10}$$

与固有特性相比,电枢串电阻人为机械特性的特点是:

① 理想空载转速 n_0 不变;

② 电枢回路串入电阻后,机械特性的斜率 β 变大,转速降增大,特性曲线变软。图 4-10 是 R_s 不同时的一组人为机械特性。改变电阻 R_s 的大小,可使电动机的转速发生变化。

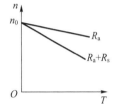

图 4-10 电动机的固有机械特性和电枢串电阻的人为机械特性

(2) 改变电枢电压的人为机械特性

当他励直流电动机由电压可调的电源供电时,保持 $\Phi=\Phi_N$、$R=R_a$ 不变,只改变电枢电压,可得到另一类人为机械特性。由于电动机的外加电压不允许超过额定值,因此改变电枢电压只能在额定值之下进行。改变电枢电压 U 时的人为机械特性方程为

$$n=\frac{U}{C_e\Phi_N}-\frac{R_a}{C_eC_T\Phi_N^2}T \tag{4-11}$$

与固有特性相比,降低电枢电压 U 时的人为机械特性的特点是:

① 斜率 β 不变,对应不同电压的人为机械特性互相平行。

② 理想空载转速 n_0 与电枢电压 U 成正比。图 4-11 所示的不同电枢电压 U 的人为机械特性是一簇平行线。

(3) 减弱励磁磁通时的人为机械特性

由于电机设计时 Φ_N 接近饱和值,因此,磁通一般从额定值 Φ_N 减弱。保持 $R=R_a(R_s=0)$、$U=U_N$ 不变,只减弱磁通时的人为机械特性为

$$n=\frac{U_N}{C_e\Phi}-\frac{R_a}{C_eC_T\Phi^2}T \tag{4-12}$$

与固有特性相比,减弱磁通时的人为机械特性的特点是:

① 磁通减弱会使 n_0 升高,n_0 与 Φ 成反比。

② 磁通减弱会使斜率 β 加大,β 与 Φ^2 成反比。

③ 人为机械特性是一簇直线,既不平行,又不呈放射形。磁通 Φ 越小,理想空载转速越高,特性变软。对应不同的磁通 Φ 时,各条人为机械特性曲线如图 4-12 所示。

【例 4-1】 一台他励直流电动机的铭牌数据:$P_N=13$ kW,$U_N=220$ V,$I_N=68.6$ A,$n_N=1\ 500$ r/min(比例系数取 1/2)。(1)试绘制固有机械特性曲线。(2)试绘制下述情况下的人为机械特性:① 电枢电路串入电阻 $R_{ad}=0.9$ Ω;② 电源电压降至 $U=\frac{1}{2}U_N=110$ V;

③ 磁通减至 $\Phi=\frac{2}{3}\Phi_N$。

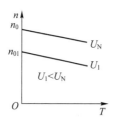

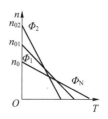

图 4-11　改变电压的人为机械特性　　　图 4-12　改变磁通的人为机械特性

解：试绘制固有机械特性曲线

计算电枢电阻 R_a、$C_e\Phi_N$ 及 n_0：

$$R_a=\frac{U_N I_N-P_N}{2I_N^2}=\frac{220\text{ V}\times68.6\text{ A}-13\times1\,000\text{ W}}{2\times(68.6\text{ A})^2}=0.222\ \Omega$$

$$C_e\Phi_N=(U_N-I_N R_a)\frac{1}{n_N}=\frac{220\text{ V}-68.6\text{ A}\times0.222\ \Omega}{1\,500\text{ r/min}}=0.137\text{ Wb}$$

$$n_0=\frac{U_N}{C_e\Phi_N}=\frac{220\text{ V}}{0.137\text{ Wb}}=1\,606\text{ r/min}$$

计算额定电磁转矩 T_{em}：

$$C_T\Phi_N=\frac{C_e\Phi_N}{0.105}=\frac{0.137\text{ Wb}}{0.105}=1.3\text{ Wb}$$

$$T_{em}=C_T\Phi I_N=1.3\text{ Wb}\times68.6\text{ A}=89.2\text{ N}\cdot\text{m}$$

固有机械特性曲线如图 4-13 曲线 1 所示。

试绘制人为机械特性曲线

① 电枢回路串入电阻 $R_{ad}=0.9\ \Omega$，$n_0=1\,606$ r/min，则有

$$n=n_0-\frac{I_N(R_a+R_{ad})}{C_e\Phi_N}=1\,606\text{ r/min}-\frac{68.6\text{ A}\times(0.222+0.9)\Omega}{0.137\text{ Wb}}=1\,044\text{ r/min}$$

其串联电阻的人为机械特性如图 4-13 曲线 4 所示。

② 电源电压降至 $U=110$ V，在理想空载时，理想空载转速 n_0' 为

$$n_0'=\frac{U}{C_e\Phi_N}=\frac{110\text{ V}}{0.137\text{ Wb}}=803\text{ r/min}$$

额定电磁转矩时，电枢电流仍为 $I_N=68.6$ A，此时电动机的转速为

$$n'=n_0'-\frac{I_N R_a}{C_e\Phi_N}=803\text{ r/min}-$$

$$\frac{68.6\text{ A}\times0.222\ \Omega}{0.137\text{ Wb}}=692\text{ r/min}$$

图 4-13　【例 4-1】的机械特性

其降压的人为机械特性如图 4-13 曲线 2 所示。

③ 当磁通减至 $\Phi=\dfrac{2}{3}\Phi_N$，$T_{em}=0$ 时，电动机的理想空载转速 n_0'' 为

$$n_0'' = \frac{U_N}{C_e\Phi} = \frac{U_N}{\frac{2}{3}C_e\Phi_N} = \frac{220\ \text{V}}{\frac{2}{3} \times 0.137\ \text{Wb}} = 2\ 409\ \text{r/min}$$

当 $T_{em} = 89.2\ \text{N·m}$ 时，因磁通减小，电动机的转速为

$$n'' = n_0'' - \frac{R_a}{\frac{2}{3}C_e\Phi_N \times \frac{2}{3}C_T\Phi_N}T_{em} = 2\ 409\ \text{r/min} - \frac{0.222\ \Omega}{\frac{4}{9} \times 0.137\ \text{Wb} \times 1.3\ \text{Wb}} \times 89.2\ \text{N·m} = 2\ 159\ \text{r/min}$$

其减弱磁通的人为机械特性曲线如图 4-13 曲线 3 所示。

项目 4.3　他励直流电动机的启动和反转

教学目标：

1）掌握他励直流电动机单向运转启动线路的工作原理；

2）掌握他励直流电动机可逆运转启动线路的工作原理。

4.3.1　项目简介

利用控制板、断路器、启动变阻器、熔断器、直流电机等器材组成直流电动机控制线路的安装实训，来了解启动和反转过程存在的问题和基本要求，掌握启动和反转的方法。

4.3.2　项目相关知识

1. 他励直流电动机单向启动控制电路

所谓启动是指直流电动机接通电源，转子由静止开始加速直到稳定运转的过程。电动机在启动瞬间的电枢电流叫做启动电流，用 I_{st} 表示。启动瞬间产生的电磁转矩称为启动转矩，用 T_{st} 表示。

直流电动机启动的一般要求是：

① 要有足够大的启动转矩；

② 启动电流要限制在一定的范围内；

③ 启动设备要简单、可靠。

直流电动机有 3 种启动方式，分别是直接启动、电枢串电阻启动和降压启动。

（1）直接启动

由电动机的原理可知，直流电动机电压平衡方程式与电枢电动势为

$$U = E_a + I_a R_a \tag{4-13}$$

$$E_a = C_e\Phi n \tag{4-14}$$

式中，U 为电源电压，单位为 V；E_a 为电枢电动势，单位为 V；I_a 为电枢电流，单位为 A；R_a 为电枢电阻，单位为 Ω。

由式（4-14）可知，电动机在刚启动瞬间，$n=0$，则 $E_a=0$，代入式（4-13）中，电枢电流 $I_{st} = \dfrac{U}{R_a}$。由于电枢电阻 R_a 很小，所以 I_{st} 很大，即直流电动机启动特点之一就是启动电流很大，通常是额定电流的 10~20 倍，这么大的启动电流可能导致电动机换向器和电枢绕组损坏，同时对电源也是很重的负担。而且

$$T_{st} = C_T \Phi I_{st} \tag{4-15}$$

由于启动电流很大,故启动转矩也很大,通常可为额定转矩的 $10 \sim 20$ 倍。电枢绕组会受到过大的电动力而损坏。对于传动机构来说,过大的启动转矩会损坏齿轮等传动部件。由于以上原因,在选择启动方案时必须充分考虑,除小型直流电动机外一般不允许直接启动。

（2）电枢回路串电阻启动

电枢回路串电阻启动就是启动时在电枢电路串入启动电阻 R_{st}（可变电阻）以限制启动电流,随着转速上升,逐步逐级切除变阻器。启动电流为

$$I_{st} = \frac{U_N}{R_a + R_{st}} = \frac{U_N}{R_1} \tag{4-16}$$

式中,R_1 为启动时第一级电枢回路的总电阻。

为保证有较大的启动转矩,缩短启动时间,启动电流被限定在一定的范围内,一般取 $I_{st} = (1.3 \sim 1.6) I_N$。

开始启动时,启动电流最大。随着电动机转速的升高,反电动势逐渐变大,启动电流逐渐变小,下降到规定的最小值时,将启动电阻切除一级,启动电流又回升到最大值。依次按电流的变化切除其他级电阻,完成电动机的启动过程。启动电阻的级数越多,启动过程就越平稳,但设备投资增加。

电枢回路串电阻启动所需设备不多,但较笨重,能量损耗大。中、小型直流电动机广泛应用电枢回路串电阻启动,大型电机中常用降压启动。

（3）降压启动

降低电压可有效地减小启动电流,因为 $I_{st} = \dfrac{U_N}{R_a}$。当直流电源可调节时,可以对电动机进行降压启动。刚启动时,启动电流较小。随着电动机转速升高,反电动势逐渐加大,这时需要逐渐升高电源电压,保持启动电流和启动转矩的数值基本不变,使电动机转速按需要的加速度上升,以满足启动时间的需要。

直流发电机-电动机组通常作为可调压的直流电源,也就是用一台直流发电机给一台直流电动机供电。通过调节发电机的励磁电流,改变发电机的输出电压,从而改变电动机的端电压。如今,晶闸管技术高度发展,晶闸管整流电源正逐渐取代直流发电机。

降压启动的优点是启动电流小,能耗小,启动平稳;缺点是需要专用电源,设备投资较大。因而,降压启动多用于容量较大的直流电动机。

【例 4-2】 一台他励直流电动机的额定值为 $U_N = 440$ V,$I_N = 80$ A,电枢电阻 $R_a = 0.3$ Ω。求:

（1）电动机直接启动时的启动电流与额定电流的比值。

（2）若采用串电阻启动,启动电流为额定电流的 1.5 倍,应在电枢回路串入多大的电阻?

解:（1）直接启动时:

启动电流为

$$I_{st} = \frac{U_N}{R_a} = \frac{440 \text{ V}}{0.3 \text{ Ω}} = 1\,466.67 \text{ A}$$

启动电流和额定电流的比值为

$$\frac{I_{st}}{I_N} = \frac{1\,466.67 \text{ A}}{80 \text{ A}} = 18.33$$

（2）串电阻启动时：

启动电流为

$$I_{st} = 1.5I_N = 1.5 \times 80 \text{ A} = 120 \text{ A}$$

电枢回路总电阻为

$$R_a + R_{st} = \frac{U_N}{I_{st}} = \frac{440 \text{ V}}{120 \text{ A}} = 3.67 \text{ } \Omega$$

串入的电阻为

$$R_{st} = (3.67 - 0.3)\Omega = 3.37 \text{ } \Omega$$

2. 他励直流电动机反转启动控制电路

在电力拖动装置工作过程中，由于生产的要求，常常需要改变电动机的转向，如起重机的提升和下放重物、轧钢机对工件的来回碾压、龙门刨的反复运动等。直流电动机的旋转方向是由气隙磁场和电枢电流的方向共同决定的。所以，改变电动机转动方向的方法有两种：

① 电枢绕组反接法，即改变电枢电流的方向，保持励磁电流方向不变。实际操作就是改变电枢两端的电压极性或把电枢绕组两端反接。

② 励磁绕组反接，即改变气隙磁场的方向，保持电枢电流方向不变。实际操作就是改变绕组两端的励磁电压的极性或把绕组两端反接。

如果同时改变励磁磁场和电枢电流的方向，电动机的转向不变。由于励磁绕组匝数较多，电感较大，反向励磁的建立过程缓慢，从而使反转过程不能迅速进行，所以通常采用反接电枢绕组的方法。

4.3.3 项目的实现

他励直流电动机按图 4 - 14 接线，图中：R_1 为电枢调节电阻；R_{fl} 为励磁调节电阻；M 为他励直流电动机，G 为涡流测功机；I_s 为电流源，由"转矩设定"电位器调节。实验开始时，将控制屏的"转速控制"和"转矩控制"选择开关扳向"转矩控制"，并将"转矩设定"电位器逆时针旋到底；U_1 为可调直流稳压电源，U_2 为直流电机励磁电源；V_1 为可调直流稳压电源自带电压表；V_2 为直流电压表，量程为 300 V；A 为可调直流稳压电源自带电流表；mA 为毫安表，位于直流电机励磁电源部分。

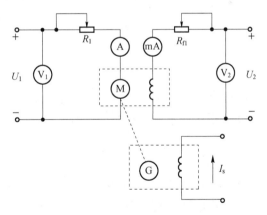

图 4 - 14 他励直流电动机实验接线图

1. 他励直流电动机直接启动

① 检查按图 4 - 14 的接线，M 和 G 之间是否用联轴器直接连接。电表的极性、量程选择应正确，电动机励磁回路接线要牢固。

② 将电动机电枢串联启动电阻或调节电阻 R_1 调至最大位置，励磁调节电阻 R_{fl} 调到最小位置，"转矩设定"电位器逆时针调到底。

③ 开启控制屏上的总电源控制钥匙开关至"开"位置,按下其上方的"开"按钮,接通其下方左边的励磁电源开关和可调直流电源开关,按下复位按钮,此时,直流电源工作。发光二极管点亮,表明直流电压已建立,旋转电压调节电位器,使可调直流稳压电源输出电压为 220 V。

④ 减小 R_1 电阻至最小。

2. 改变电动机的转向

在第一个实训步骤,即在他励直流电动机直接启动的基础上,将电枢串联启动变阻器或调节电阻 R_1 的阻值调到最大值,先切断控制屏上的电枢电源开关,然后切断控制屏上的励磁电源开关,使他励直流电动机停机。

在断电的情况下,将电枢(或励磁绕组)的两端接线对调后,再按他励直流电动机的启动步骤启动电动机,并观察电动机的转向。

3. 注意事项

① 他励直流电动机启动时,须将励磁回路串联的电阻 R_{fl} 调至最小,先接通励磁电源,使励磁电流最大,同时必须将电枢串联启动电阻 R_1 调至最大(每次必须检查),然后方可接通电枢电源,使电动机正常启动。启动结束后,将启动电阻 R_1 调至零,使电动机进入正常稳定运行。

② 他励直流电动机停机时,必须先切断电枢电源,然后断开励磁电源。同时必须将电枢串联的启动电阻 R_1 调至最大值,励磁回路串联的电阻 R_{fl} 调到最小值。为下次启动做好准备。

③ 测量前注意仪表的量程、极性及其接法是否符合要求。

4. 完成项目报告

画出他励直流电动机电枢串联电阻启动的接线图。说明他励直流电动机直接启动时,启动电阻 R_1 和磁场调节电阻 R_{fl} 应调到什么位置?为什么?

项目 4.4 他励直流电动机的调速

教学目标:

1)了解评价他励直流电动机调速的指标;

2)掌握他励直流电动机调速的 3 种方法和工作原理。

4.4.1 项目简介

利用控制板、断路器、启动变阻器、熔断器、直流电机等器材组成直流电动机控制线路的安装实训来了解调速存在的问题和基本要求,掌握调速的方法。

4.4.2 项目相关知识

为了提高生产效率和保证产品质量,并符合生产工艺,要求生产机械在不同的情况下有不同的工作速度,这种人为地改变和控制机组转速的方法叫做调速。例如车床在工作时,低转速用来粗加工工件,高转速用来进行精加工;又如电车,进出站时的速度要慢,正常行驶时的速度要快。

本节讨论的是电气调速,即人为地改变电气参数,使电机的运行点由一条机械特性转变到另一条机械特性曲线上,从而在某一个负载下得到不同的转速,以满足生产需要。所以,调速方法就是改变电动机的机械特性。

根据他励直流电动机的转速公式

$$n=\frac{U-I_a(R_a+R_s)}{C_e\Phi} \tag{4-17}$$

可知,当电枢电流不变时(即在一定的负载下),只要改变电枢电压 U、电枢回路串联电阻 R_s 及励磁磁通 Φ 三者之间的任意一个量,就可以改变转速 n。因此,他励直流电动机有 3 种调速方法:电枢回路串电阻调速、调压调速和调磁调速。为了评价各种调速方法的优缺点,对调速方法提出了一定的技术经济指标,称为调速指标。下面先对调速指标做一介绍,然后讨论电动机的 3 种调速方法及其与负载类型的配合问题。

1. 评价调速的指标

评价调速性能好坏的指标有 4 个:调整范围、静差率、调速的平滑性和调速的经济性。

(1) 调速范围

调速范围是指电动机在额定负载下可能运行的最高转速 n_{max} 与最低转速 n_{min} 之比,通常用 D 表示,即

$$D=\frac{n_{max}}{n_{min}} \tag{4-18}$$

不同的生产机械对电动机的调速范围有不同的要求。要扩大调速范围,必须尽可能地提高电动机的最高转速和降低电动机的最低转速。电动机的最高转速受到电动机的机械强度、换向条件、电压等级等方面的限制,最低转速则受到低速运行时转速的相对稳定性的限制。

(2) 静差率

转速的相对稳定性是指负载变化时,转速变化的程度。转速变化小,其相对稳定性就好。转速的相对稳定性用静差率 δ 表示。当电动机在某一机械特性上运行时,由理想空载增加到额定负载,电动机的转速降 $\Delta n=n_0-n_N$ 与理想空载转速 n_0 之比,就称为静差率,用百分数表示为

$$\delta=\frac{n_0-n_N}{n_0}\times100\%=\frac{\Delta n_N}{n_0}\times100\% \tag{4-19}$$

不同的生产机械,对静差率的要求不同,普通车床要求 $\delta\leqslant30\%$,而高精度的造纸机则要求 $\delta\leqslant0.1\%$。在保证一定静差率指标的前提下,要扩大调速范围,就必须减小 Δn_N,即必须提高机械特性的硬度。

(3) 调速的平滑性

在一定的调速范围内,调速的级数越多,就认为调速越平滑,相邻两级转速之比称为平滑系数,用 φ 表示,有

$$\varphi=\frac{n_i}{n_{i-1}} \tag{4-20}$$

φ 值越接近 1,则平滑性越好。当 $\varphi=1$ 时,称为无级调速,即转速可以连续调节。调速不连续时,级数有限,称为有级调速。

(4) 调速的经济性

主要指调速设备的投资、运行效率及维修费用等。

2. 调速方法

（1）电枢回路串电阻调速

电枢回路串电阻调速的原理及调速过程可由图 $4-15$ 说明。

设电动机拖动恒转矩负载 T_L 在固有机械特性曲线上的 A 点运行，其转速为 n_N。若回路中串入电阻 R_{s1}，则达到新的稳态后，工作点变为人为机械特性曲线上的 B 点，转速下降到 n_1。从图 $4-15$ 中可以看出，串入的电阻值越大，稳态转速就越低。

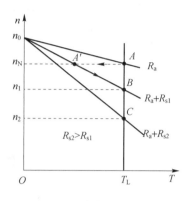

图 $4-15$ 电枢串电阻调速

现以转速由 n_N 降到 n_1 为例，说明电动机的调速过程。刚开始，电动机稳定运行在 A 点，转速为 n_N；当串入电阻 R_{s1} 后，电动机的机械特性变为直线 n_0B。串入电阻的瞬间，转速不能突变，因此电动机的工作点由 A 点水平跃变到 A' 点。在 A' 点，$T_{em}<T_L$，所以电动机沿着直线 $A'B$ 开始减速；当到达 B 点时，$T_{em}=T_L$，电动机达到新的平衡，便在转速 n_1 下稳定运行。

电枢回路串电阻调速的优点是设备简单，操作方便，调速电阻可兼做启动电阻使用。缺点是能量损耗大，效率低，而且转速越低，串入电阻越大，损耗就越多，效率就越低。所以，电枢串电阻调速多用于对调速性能要求不高的生产机械上，如电动机车和吊车。

（2）调压调速

电动机的工作电压不允许超过额定电压，因此电枢电压只能在额定电压以下进行调节。

降低电源电压调速的原理及调速过程可用图 $4-16$ 说明。

设电动机拖动恒转矩负载 T_L 在固有机械特性曲线 A 点上运行，其转速为 n_N。若电源电压由 U_N 下降至 U_1，则达到新的稳态后，工作点将移到对应的人为机械特性曲线 B 点上，其转速下降为 n_1。从图中可以看出，电压越低，稳态转速也越低。

转速由 n_N 下降至 n_1 的调速过程如下：电动机原来在 A 点稳定运行，其转速为 n_N。当电压降至 U_1 后，电动机的机械特性变为直线 $n_{01}B$。在降压瞬间，转速 n 不能突变，电动机的工作点从 A 点水平跃变到 A' 点。在 A' 点，$T_{em}<T_L$，电动机沿着直线 $A'B$ 开始减速。当到达 B 点后，$T_{em}=T_L$，电动机达到新的平衡，以较低的转速 n_1 稳定运行。

调压调速的优点是：电源电压能够平滑调节，实现无级调速；调速前后机械特性的斜率不变，硬度较高，负载变化时，速度稳定性好；无论轻载还是重载，调速范围相同，一般可达 $D=2.5\sim12$；电能损耗较小。缺点是需要专用电源，设备投资大。调压调速系统常用于轧钢机、机床等对调速性能要求高的生产设备。

（3）调磁调速

额定运行的电动机，其磁路已基本饱和，即使励磁电流增加很大，磁通也增加很少，从电动机的性能考虑也不允许磁路过饱和。因此，改变磁通只能从额定值往下调，调节磁通调速即是弱磁调速。其调速原理及调速过程可用图 $4-17$ 说明。

设电动机拖动恒转矩负载 T_L 在固有机械特性曲线 A 点上运行，其转速为 n_N。若磁通由 Φ_N 下降至 Φ_1，则达到新的稳态后，工作点将移到对应的人为机械特性曲线 B 点上，其转速上升为 n_1。从图中可以看出，磁通越少，稳态转速也越高。

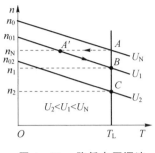

图 4-16　降低电压调速

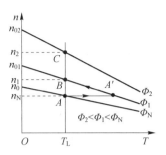

图 4-17　减弱磁通调速

转速由 n_N 上升至 n_1 的调速过程如下:电动机原来在 A 点稳定运行,其转速为 n_N。当磁通减弱至 Φ_1 后,电动机的机械特性变为直线 $n_{01}B$。在磁通减弱的瞬间,转速 n 不能突变,电动机的工作点从 A 点水平跃变到 A' 点。在 A' 点,$T_{em}>T_L$,电动机沿着直线 $A'B$ 开始移动。当到达 B 点后,$T_{em}=T_L$,电动机达到新的平衡,以较高的转速 n_1 稳定运行。

弱磁调速的优点:由于在电流较小的励磁回路中进行调节,因而控制方便,能量损耗小,设备简单,调速的经济性好,而且调速平滑性好。缺点是:因为正常工作时,磁路已趋饱和,所以只能采取弱磁调速方式,调速范围不广。普通电机 $D=1.2\sim2$,特殊设计 $D=3\sim4$。

为了扩大调速范围,常常把降压和弱磁两种方法结合起来。在额定转速以下采用降压调速,在额定转速以上采用弱磁调速。

【例 4-3】 某他励电动机的铭牌数据:$P_N=30\ kW,U_N=220\ V,I_N=158.5\ A,n_N=1\ 000\ r/min,R_a=0.1\ \Omega,T_L=0.8\ T_N$。试求:

(1) 在固有机械特性上的稳定转速;

(2) 如果在电枢回路中串入 0.3 Ω 的电阻,电机的稳定转速是多少?

(3) 若电枢电压降到 188 V,求降压瞬间的电枢电流及稳定转速;

(4) 若磁通减到 $80\%\Phi_N$,求电机的稳定转速。

解:
$$C_e\Phi_N=\frac{U_N-I_NR_a}{n_N}=\frac{220\ V-158.5\ A\times0.1\ \Omega}{1\ 000\ r/min}=0.2\ Wb$$

由于 $T_L=0.8T_N$,则
$$I_a=0.8I_N=126.8\ A$$

(1) 稳定转速
$$U_N-I_aR_a=C_e\Phi_Nn$$
$$n=\frac{220\ V-126.8\ A\times0.1\ \Omega}{0.2\ Wb}=1\ 036.6\ r/min$$

(2)
$$n=\frac{U_N-I_a(R_a+R_s)}{C_e\Phi_N}=\frac{220\ V-126.8\ A\times0.4\ \Omega}{0.2\ Wb}=846.4\ r/min$$

(3)
$$n=\frac{U-I_aR_a}{C_e\Phi_N}=\frac{188\ V-126.8\ A\times0.1\ \Omega}{0.2\ Wb}=876.6\ r/min$$

(4)
$$I'_a=\frac{\Phi_N}{\Phi}I_a=\frac{1}{0.8}\times126.8\ A=158.5\ A$$
$$n=\frac{U_N-I'_aR_a}{0.8\times C_e\Phi_N}=\frac{220\ V-158.5\ A\times0.1\ \Omega}{0.2\ Wb\times0.8}=1\ 275.94\ r/min$$

4.4.3 项目的实现

他励直流电动机按图 4-18 接线,图中:R_1 为电枢调节电阻;R_{fl} 为励磁调节电阻;M 为他励直流电动机,G 为涡流测功机;I_s 为电流源,由"转矩设定"电位器调节。实验开始时,将控制屏的"转速控制"和"转矩控制"选择开关扳向"转矩控制",并将"转矩设定"电位器逆时针旋到底;U_1 为可调直流稳压电源,U_2 为直流电机励磁电源;$⑴$ 为可调直流稳压电源自带电压表;$⑵$ 为直流电压表,量程为 300 V;$Ⓐ$ 为可调直流稳压电源自带电流表;$⑩$ 为毫安表,位于直流电机励磁电源部分。

① 检查按图 4-18 的接线,M 和 G 之间是否用联轴器直接连接。电表的极性、量程选择应正确,电动机励磁回路接线要牢固。

② 将电动机电枢串联启动电阻或调节电阻 R_1 调至最大位置,励磁调节电阻 R_{fl} 调到最小位置,"转矩设定"电位器逆时针调到底。

③ 开启控制屏上的总电源控制钥匙开关至"开"位置,按下其上方的"开"按钮,接通其下方左边的励磁电源开关和可调直流电源开关,按下复位按钮,此时,直流电源工作。发光二极管点亮,表明直流电压已建立,旋转电压调节电位器,使可调直流稳压电源输出电压为 220 V。

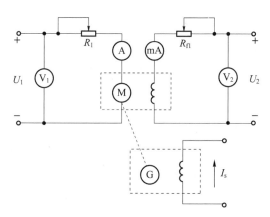

图 4-18 他励直流电动机调速实验接线图

④ R_1 电阻减至最小。

⑤ 分别改变串入电动机电枢回路的调节电阻 R_1 和励磁回路的调节电阻 R_{fl},都可调节电动机的转速。

⑥ 完成项目报告。说明在电动机轻载及额定负载时,增大电枢回路的调节电阻,电动机的转速如何变化?增大励磁回路的调节电阻,转速又如何变化?

专题 4.5 他励直流电动机的制动

教学目标:

1)了解他励直流电动的制动原理及 3 种制动方法;

2)掌握能耗制动、反接制动及回馈制动 3 种制动方法的原理和特点;

3)了解 3 种制动方法的优缺点及适用场合。

根据电磁转矩与转速之间的关系,可以将电动机分为两种工作状态:当电动机的电磁转矩 T_{em} 与转速 n 同方向时,为电动机的电动运行状态,简称电动状态;当电动机的电磁转矩 T_{em} 与转速 n 反方向时,则称为制动运行状态,简称制动状态。

在电力拖动系统中,电动机经常要工作在制动状态。例如,列车要快速停车或者由高速变为低速运行,就需要电动机进行制动;当起重机要稳定地下放重物时,也需要电动机运行在制动状态。常用的制动方法有机械制动和电磁制动。机械制动是指制动转矩靠摩擦获得,常见的机械装置是抱闸;电磁制动是使电动机产生一个与旋转方向相反的电磁转矩 T 而获得。这种方法具有制动转矩大、制动强度容易控制、经济节能等优点,因此应用较为广泛。

他励直流电动机的电磁制动有能耗制动、反接制动和回馈制动 3 种方法。下面分别加以介绍。

4.5.1　能耗制动

图 4-19 所示为他励直流电动机能耗制动接线图,开关合在 1 的位置为电动状态,开关合在 2 的位置,电动机就进入能耗制动状态。

能耗制动时,切断直流电源,串入一个制动电阻 R_Z。初始制动时,因为磁通保持不变,电枢存在惯性,其转速 n 不能马上降为 0,而是保持原来的方向旋转,于是转速 n 和电枢电动势 E_a 的方向均不变。但是,由于此时电动机的电压 $U=0$,则电枢电流为

$$I_{aZ}=\frac{U-E_a}{R_a+R_Z}=-\frac{E_a}{R_a+R_Z} \qquad (4-21)$$

因此,制动后由 E_a 在闭合回路产生的电枢电流 I_{aZ} 与电动状态时的电枢电流 I_a 的方向相反,由此产生的电磁转矩 T_{emZ} 也与电动时的 T_{em} 的方向相反,变为制动转矩,于是电动机处于制动状态。制动时,在拖动系统惯性作用下变成发电状态,把旋转系统所贮存的动能变为电能,消耗在制动电阻和电枢内阻中,故称为能耗制动。

能耗制动时,由于 $U=0$,$\Phi=\Phi_N$,$R=R_a+R_Z$,因此电动机的机械特性方程式为

$$n=-\frac{R_a+R_Z}{C_e C_T \Phi_N^2}T_{em} \qquad (4-22)$$

可见,能耗制动时的机械特性曲线是一条通过原点的直线,其理想空载转速为 0,特性斜率 $\beta=\dfrac{R_a+R_Z}{C_e C_T \Phi_N^2}$,如图 4-20 中直线 BC 所示。

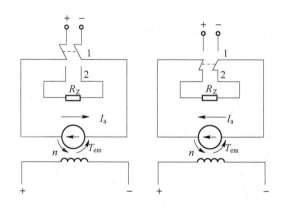

图 4-19　能耗制动接线图

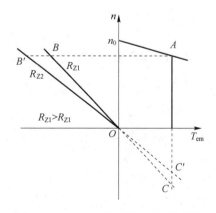

图 4-20　能耗制动的机械特性曲线

能耗制动时,电动机工作点的变化情况可用机械特性曲线说明。设制动前电动机工作在固有机械特性曲线的 A 点上,其 $n>0$,$T_{em}>0$,T_{em} 为驱动转矩。开始制动时,切断电源,串入制动电阻,机械特性曲线变为 BC 直线。由于制动瞬间,电动机的转速不能突变,因此,工作

点由 A 点平移至 B 点。在 B 点，$n>0$，$T_{em}<0$，电磁转矩为制动转矩，于是电动机开始减速，工作点沿 BO 方向移动。

若电动机拖动反抗性负载，则工作点到达 O 点时，$n=0$，$T_{em}=0$，电动机便停转。

若电动机拖动位能性负载，则工作点到达 O 点时，虽然 $n=0$，$T_{em}=0$，但在位能性负载的作用下，电动机将反转并加速，工作点沿特性曲线 OC 移动。当到达 C 点，制动转矩与负载转矩平衡时，电动机便在某一转速下稳定运行，即匀速下放重物。

图 4-20 中还绘出了不同制动电阻时的机械特性曲线。从图中可以看出，在一定转速下，电枢总电阻越大，制动电流和制动转矩就越小，因此，在电枢回路中串接不同的电阻值，可满足不同的制动要求。通常限制最大制动电流不超过 $2\sim2.5$ 倍的额定电流。选择制动电阻的原则是

$$I_{aZ}=\frac{E_a}{R_a+R_Z}\leqslant I_{max}=(2\sim2.5)I_N$$

即

$$R_Z\geqslant\frac{E_a}{(2\sim2.5)I_N}-R_a \tag{4-23}$$

式中，E_a 为制动瞬间的电枢电动势。

能耗制动的优点是：制动减速较平稳可靠；控制线路较简单；当转速减至零时制动转矩也为零，便于实现准确停车。其缺点是：制动转矩随转速下降成正比地减小，影响制动效果。

能耗制动适用于不可逆运行且制动减速要求较平稳的情况下。

【例 4-4】 他励直流电动机的 $P_N=2.5\ kW$，$U_N=220\ V$，$I_N=12.5\ A$，$n_N=1\ 500\ r/min$，$R_a=0.8\ \Omega$。求：(1) 当电动机以 $1\ 200\ r/min$ 的转速运行时，采用能耗制动停车，若限制最大制动电流为 $2I_N$，则电枢回路中应串入多大的电阻？(2) 若负载为位能性恒转矩负载，负载转矩为 $T_L=0.9T_N$，采用能耗制动使负载以 $120\ r/min$ 转速稳定下降，电枢回路应串入多大的电阻？

解：(1) 额定运行时的电枢电动势为

$$E_{aN}=U_N-I_{aN}R_a=220\ V-12.5\ A\times0.8\ \Omega=210\ V$$

$$C_e\Phi_N=\frac{E_{aN}}{n}=\frac{210\ V}{1\ 500\ r/min}=0.14\ Wb$$

制动前的电枢电动势为

$$E_a=C_e\Phi_N n=0.14\ Wb\times1\ 200\ r/min=168\ V$$

应串入的制动电阻值为

$$R_Z=\frac{E_a}{2I_N}-R_a=\frac{168\ V}{2\times12.5\ A}-0.8\ \Omega=5.92\ \Omega$$

(2) 由于 $T_L=0.9T_N$，则 $I_a=0.9I_{aN}=0.9\times12.5\ A=11.25\ A$。

下放重物时，转速 $n=-120\ r/min$，由能耗制动的机械特性

$$n=-\frac{R_a+R_Z}{C_e\Phi_N}I_a$$

得

$$-120\ r/min=-\frac{0.8\ \Omega+R_Z}{0.14\ Wb}\times11.25\ A$$

所以

$$R_Z=0.69\ \Omega$$

4.5.2 反接制动

反接制动分为两种方法实现，即电压反接制动和倒拉反接反转。

1. 电压反接制动

图 4-21 所示为电压反接制动的原理接线图。将开关拨向位置 1,电枢接正极性的电源电压,此时电机处于电动状态。将开关拨向位置 2,此时电枢回路串入制动电阻 R_Z 后,接上极性相反的电源电压,即电枢电压由原来的正值变为负值。因此此时的电枢电流为反向电流

$$I_{aZ} = \frac{-U - E_a}{R_a + R_Z} = -\frac{U + E_a}{R_a + R_Z} \tag{4-24}$$

反向的电枢电流 I_{aZ} 产生很大的反向电磁转矩 T_{emZ},从而产生很强的制动作用,这就是电压反接制动。由于这时电枢回路的电压 $(U + E_a) \approx 2U$,因此在反接电源的同时,必须在电枢回路中串入制动电阻 R_Z,以限制过大的制动电流。这个电阻 R_Z 一般为启动电阻的两倍。

电压反接制动时的机械特性就是在 $U = -U_N, \Phi = \Phi_N, R = R_a + R_Z$ 条件下的一条人为机械特性,即

$$n = -\frac{U_N}{C_e \Phi_N} - \frac{R_a + R_Z}{C_e C_T \Phi_N^2} T_{em} \tag{4-25}$$

电压反接制动的机械特性曲线如图 4-22 中直线 BC 所示。

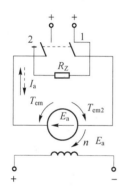

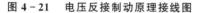

图 4-21　电压反接制动原理接线图

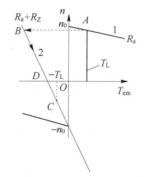

图 4-22　电压反接制动机械特性

在制动前,电动机运行在固有机械特性曲线的 A 点上。反接制动时,$U = -U_N, R = R_a + R_Z$,机械特性曲线变为直线 BC。由于制动瞬间,转速不会突变,电动机的工作点由 A 点平移到 B 点。在 B 点,转速 $n > 0$,电磁转矩 $T_{em} < 0$,电磁转矩变为制动转矩,是工作点沿着直线 BC 方向移动。当到达 D 点时,制动过程结束。在 D 点,$n = 0$,但制动的电磁转矩 $T_{emZ} = T_C \neq 0$,如果负载是反抗性负载,且 $|T_C| \leqslant |T_L|$,则电动机便停止不转。如果 $|T_C| > |T_L|$,则在反向转矩作用下,电动机将反向启动,并沿特性曲线加速到 C 点,进入反向电动状态下稳定运行。若制动的目的就是为了停车,则在电机转速接近于零时,必须及时断开电源。

2. 倒拉反转反接制动

倒拉反转反接制动只适用于位能性恒转矩负载。以起重装置下放重物为例来说明。图 4-23(a)所示为电动机在提升负载,电动机以逆时针方向旋转,稳定运行在固有机械特性的 A 点,如图 4-24 所示。如果在电枢回路串入一个较大的电阻 R_{Z1},则电动机的机械特性曲线如图 4-24 中的 $n_0 C$ 所示。

制动过程如下:串电阻的瞬间,因转速不能突变,所以工作点由固有机械特性曲线的 A 点水平跃变到人为机械特性的 B 点,此时电磁转矩 T_B 小于负载转矩 T_L,于是电动机开始减速,工作点沿人为机械特性曲线由 B 点向 C 点运行。在 D 点,$n = 0$,但 T_C 仍小于负载转矩 T_L,

则在负载位能转矩作用下,将电动机倒拉反转,其旋转方向变为下放重物的方向,如图 4 - 23 (b)所示。此时,电动势方向与电源电压方向相同,电枢等效电阻为 R 于是电枢电流为

$$I_a = \frac{U-(-E_a)}{R} = \frac{U+E_a}{R} \tag{4-26}$$

由于 I_a 方向不变,电磁转矩 T_{em} 方向也不变。但因旋转方向已改变,所以电磁转矩变成了阻碍反向运动的制动转矩。当电动机运行到人为机械特性曲线的 C 点时,$T_{em}=T_L$,电动机就稳定地下放重物。图 4 - 24 中也绘出不同制动电阻下反接制动的机械特性。可以看出,在同一转矩下,电阻越大,稳定的倒拉转速越高。

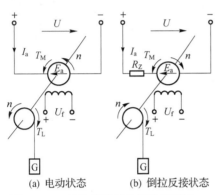

(a) 电动状态   (b) 倒拉反接状态

图 4 - 23　倒拉反转反接制动原理图

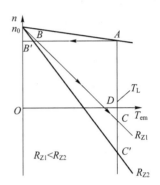

图 4 - 24　倒拉反转反接制动机械特性

反接制动的优点是:制动转矩较稳定,制动较强烈,效果好。缺点是:需要从电网中吸收大量电能;电压反接制动转速为零时,若不及时切断电源,会自行反向加速。

电压反接制动适用于要求迅速反转、较强烈制动的场合;倒拉反转反接制动适用于吊车以较慢的稳定转速下放重物。

【例 4 - 5】 例题 4 - 4 中的电机运行在倒拉反转反接制动状态,仍以 120 r/min 的速度下放重物,轴上带额定负载。试求电枢回路应串入多大的电阻?

解:将已知数据代入

$$n = \frac{U_N}{C_e\Phi_N} - \frac{R_a+R_z}{C_e\Phi_N}I_a$$

得

$$-120 = \frac{220}{0.14} - \frac{0.8+R_z}{0.14} \times 12.5$$

解得

$$R_z = 18.14 \ \Omega$$

4.5.3　回馈制动

电动状态下运行的电动机,在某种条件下会出现运行转速 n 高于理想空载转速 n_0 的情况,比如当起重机下放重物或电动机拖动的机车下坡时,$E_a>U$,电枢电流反向,电磁转矩的方向也随之改变:由驱动转矩变成制动转矩。从能量传递方向看,电机处于发电状态,将机车下坡时失去的位能变成电能回馈给电网,因此这种状态称为回馈制动状态。

回馈制动时的机械特性方程与电动状态时相同,只是运行在特性曲线上的不同区域而已。当电动车拖动机车下坡出现回馈制动时,其机械特性曲线出现在第二象限,如图 4 - 25 所示的 n_0A 段,称为正向回馈。当起重装置下放重物出现回馈制动时,其机械特性曲线出现在第四象

限,如图 4-25 中的 $-n_0B$ 段,称为反向回馈。图 4-25 中的 A 点是电动机处于正向回馈制动的稳定运行点,表示机车以恒定的速度下坡。图 4-25 中的 B 点是电动机处于反向回馈制动的稳定运行点,表示重物匀速下放。

回馈制动的优点是:不需要改接线路即可从电动状态自行转化到制动状态,电能可反馈回电网,简单、可靠、经济。其缺点是:制动只能出现在 $n > n_0$ 时,应用范围较小。回馈制动适用于位能负载的稳定速度下放。

【例 4-6】 他励直流电动机数据为 $U_N = 440$ V,$I_N = 80$ A,$n_N = 1\ 000$ r/min,$R_a = 0.5\ \Omega$,在额定负载下,工作在回馈制动状态,匀速下放重物,电枢回路不串电阻。求电动机的转速。

解: 提升重物时电动机运行在正向电动状态,下放重物时电机运行在反向回馈制动状态,工作点对应于图 4-25 中的 B 点。因为磁通不变,故

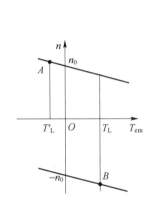

图 4-25　回馈制动机械特性

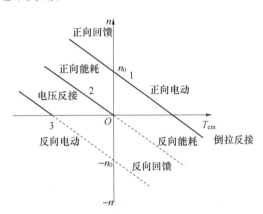

图 4-26　各种运转状态的机械特性

$$C_e\Phi_N = \frac{U_N - R_a I_N}{n_N} = \frac{440\ \text{V} - 0.5\ \Omega \times 80\ \text{A}}{1\ 000\ \text{r/min}} = 0.4\ \text{Wb}$$

根据反向回馈制动机械特性,可求得转速

$$n = -n_0 - \beta I_a = -\frac{U_N}{C_e\Phi_N} - \frac{R_a}{C_e\Phi_N}I_a =$$

$$-\frac{440\ \text{V}}{0.4\ \text{Wb}} - \frac{0.5\ \Omega}{0.4\ \text{Wb}} \times 80\ \text{A} =$$

$$-1\ 200\ \text{r/min}$$

转速为负值,表示下放重物。

现将各种运转状态的机械特性曲线画在图 4-26 中,以便于比较和理解。

项目 4.6　直流电动机的故障诊断与维修

教学目标:

1）了解直流电动机常见故障的检修;

2）掌握电枢绕组、换向器、电刷的故障检修。

4.6.1 项目简介

利用控制板一块、断路器、启动变阻器、熔断器、直流电机等器材组成直流电动机控制线路的安装实训来了解电动机运行中过程存在的问题,掌握诊断的方法和维修的方法。

4.6.2 项目相关知识

1. 直流电动机的常见故障及排除方法

(1) 电动机不能启动

① 电动机无电源或电源电压太低。

② 电动机启动后有"嗡嗡"的声音,但是不转,其原因为过载。

③ 电动机空载仍不能启动。可串上电流表测量电枢电路电流。如果电流小,可能是电路电阻过大,电刷与换向器接触不良,电刷卡住。如果电流过大(超过额定电流),可能的原因有电枢严重短路和励磁电路断路。

(2) 电动机转速不正常

① 转速高

a. 串励电动机空载启动。

b. 积复励电动机的串励绕组接反。

c. 磁场线圈断线(指两路并联的绕组)。

d. 磁场电阻过大。

② 转速低 电刷不在中性线上,电枢绕组短路或接地。

(3) 电枢绕组过热或烧毁

① 长期过载,换向磁极或电枢绕组短路。

② 直流发电机负载短路,造成电流过大。

③ 电压过低。

④ 电动机正、反转过于频繁。

⑤ 定子与转子相摩擦。

(4) 磁场线圈过热

① 并励绕组部分短路。可用电桥测量每个线圈的电阻,检查阻值是否与标定值相符或接近,电阻值相差很大的绕组应拆下重绕。

② 发电机气隙太大。查看励磁电流是否过大,拆开调整气隙(即垫入或抽去铁皮)。

③ 复励发电机负载时电压不足,调整电压后励磁电流过大。该发电机串励线圈极性接反,串接线圈应重新接线。

④ 发电机转速太低。

(5) 发电机不发电、电压低及电压不稳定

① 对自励电机来说,造成不发电的原因之一是剩磁消失。这种故障一般多出现在新安装或经过检修的发电机。

如没有剩磁,可进行充磁,其方法是:待发电机转起来以后,用 12 V 左右的干电池(蓄电池),负极对主磁极的负极,正极对主磁极的正极进行接触,观察跨在发电机输出端的电压表。如果电压开始建立,即可撤除。

② 励磁线圈接反。

③ 电枢线圈匝间短路,其原因有:绕组匝间短路;换向片间或升高片间有焊锡等金属物质短接。

检查电枢短路的故障,可以用短路测试器检查。对于没有发现绕组烧毁又没有拆开的电机,可用电压表校验换向片间电压的方法检查。但在用这种方法检查以前,必须首先分清此电枢绕组是叠绕形式,还是波绕形式。对于图 4－27(a)所示的叠绕组形式的电机,每对有连接的电刷间有两个并联支路;图 4－27(b)所示波绕组形式的电枢绕组,每对有连线连接的电刷间最多只有一个绕组元件。实际区分时,将电刷连线拆开,用电桥测量其电阻值,若原连接线的两组电刷间阻值小,而"＋"和"－"电刷间阻值较大,则可以认为是波绕组;若四组电刷间的电阻基本相等,则可认为是叠绕组。

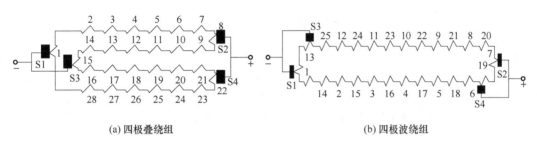

(a) 四极叠绕组　　　　　　　　　　　(b) 四极波绕组

图 4－27　直流电动机电枢绕组的形式

在分清绕组形式后,可将低压直流电源接到正、负两对电刷上,电压表接到相邻两换向片上,依次检查片间电压,如图 4－28 所示。中、小型电机常用图 4－28(a)所示的检查方法;大型电机常用图 4－28(b)所示的检查方法。在正常情况下,测得电枢绕组各换向片间的压降应该相等,或其中最小值和最大值与平均值的偏差不大于±5%。若电压值是周期变化的,则表示绕组良好;若读数突然变小,则表示该片间的绕组元件发生短路;若电压表的读数突然为零,则表明换向片或连接换向片的绕组短路。有时遇到片间电压突然升高,则可能是绕组断路或脱焊。

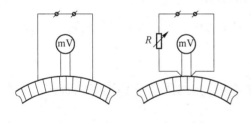

(a) 用于中、小型电机　　(b) 用于大型电机

图 4－28　用测量换向片间压降的方法检查短路、断路和开焊

对于四极的波绕组,因该绕组经过串联的两个绕组元件后才回到相邻的换向片上,如果其中一个元件发生短路,那么表笔接触相邻的换向片,电压表所示电压会下降,但无法辨别出两个元件哪个损坏。因此,还需把电压表跨接到相当一个换向器节距的两个换向片上,才能指示出故障的元件。检查方法如图 4－29 所示。

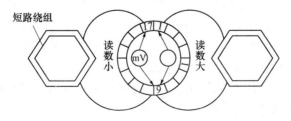

图 4－29　检查短路的波绕组

④ 励磁绕组及控制电路断路。

⑤ 电刷不在中性点位置或电刷与换向器接触不良。

⑥ 转速不正常。

⑦ 串励绕组接反。故障表现为发电机接负载以后负载越大电压越低。

（6）电刷火花太大

产生火花的原因及检查方法如下：

① 电机过载。当判断为电机过载造成火花过大时，可测电机电流是否超过额定值。如果电流过大，说明电机过载。

② 电刷与换向器接触不良。

a. 换向器表面太脏。

b. 在更换电刷时，错换了其他型号的电刷。

c. 电刷与刷握间隙配合太紧或太松。配合太紧可用纱布研磨，配合太松则需要更换电刷。

d. 接触面太小或电刷方向放反了。接触面太小主要是在更换电刷时研磨方法不当造成的。正确的研磨方法是，用 00 号细纱布压在电刷与换向器之间（带砂的一面对着电刷，紧贴在换向器表面上，不能将砂布拉直），砂布顺着电机工作转向移动。研磨电刷的方法如图 4-30 所示。

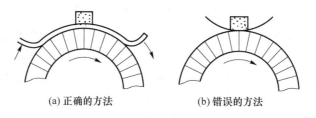

(a) 正确的方法   (b) 错误的方法

图 4-30   研磨电刷的方法

③ 刷握松动，电刷排列不成直线。电机运行中如果电刷不成直线，会影响换向。电刷位置偏差越大，火花越大。

④ 电枢振动造成火花过大。

a. 电枢与各磁极间的间隙不均匀，造成电枢绕组各支路内的电压不同，其内部产生的均匀电流使电刷产生火花。

b. 轴承磨损造成电枢与磁极上部间隙过大，下部间隙小。

c. 联轴器（也叫对轮）轴线找得不正确。

d. 用皮带传动的电机，皮带过紧。

⑤ 换向片间短路。

a. 电刷粉末、换向器铜粉充满换向器沟槽中。

b. 换向片间云母腐蚀。

c. 修换向器时形成毛刺，没有及时清除。

⑥ 电刷位置不在中性线上。由于修理过程中移动不当或刷架螺栓松动，造成电刷下火花过大。此时必须重新调节中性点，其方法有 3 种：

a. 直接调整法：首先松开固定刷架的螺栓，戴上绝缘手套，用两手拉近刷架座，然后开车，用手慢慢逆电机旋转方向转动刷架。若火花增加或不变,可改变方向旋转,直到火花最小为止。

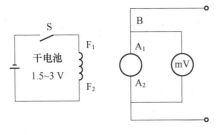

图 4 - 31　感应法确定中性点的位置

b. 感应法:电路接线如图 4 - 31 所示。当电枢静止时,将电压表接到相邻的两组电刷上(电刷与换向器接触要良好),励磁绕组通过开关 S 接到 1.5～3 V 的直流电源上。交替接通和断开励磁绕组的电路,电压表指针会左右摆动。这时,将电机刷架顺电机旋转方向或逆方向移动,至电压表指针基本不动时,电刷架位置即在中性点位置。

c. 正、反转电动机法:对于允许逆转的直流电动机,先使用电动机顺转,后逆转,随时调整电刷位置,直到正、反转速一致时,电刷所在的位置便是中性点位置。

⑦ 换向极组接反。判断的方法是取出电枢,电机通以低压直流电,用小磁针试验换向极极性。顺着电机旋转方向,发电机为 n - N - s - S,电动机为 n - S - s - N(其中大写字母为主磁极极性,小写字母为换向极极性)。

⑧ 换向极磁场太强或太弱

a. 换向极磁场太强会出现以下症状:绿色针状火花,火花的位置在电刷与换向器的滑入端;换向器表面对称烧伤。对于发电机,可将电刷逆着旋转方向移动一个适当的角度;对于电动机,可将电刷顺着旋转方向移动一个适当角度。

b. 换向极磁场太弱会出现以下症状:火花位置在电刷与换向器的滑出端。对于发电机,需将电刷顺着旋转方向移动一个适当角度;对于电动机,则需将电刷逆着旋转方向移动一个适当角度。

⑨ 换向器偏心。换向器偏心除制造原因外,主要是修理方法不当造成的。

⑩ 换向片间云母凸出。对换向片槽挖削时,边缘云母片未能清除干净,待换向片磨损后,云母片便突出,造成跳火。

2. 直流电机的修理

(1) 电枢绕组接地故障的修理

这是直流电动机绕组最常见的故障。电枢绕组接地故障一般发生在槽口处和槽内底部,可用兆欧表法或校验灯法判定。用兆欧表测量电枢绕组对机座的绝缘电阻,若为零则说明电枢绕组接地。如图 4 - 32(a)所示为校验灯法,将 36 V 低压电通过 36 V 低压照明灯分别接在换向器片上及转轴一端,若灯泡发亮,则说明电枢绕组接地。具体是哪个槽的绕组元件接地,则可用图 4 - 32(b)所示的毫伏表法判定:将 6～12 V 低压直流电源的两端分别接到相隔 $K/2$ 或 $K/4$ 的两片换向片上(K 为换向片数),然后用毫伏表的一支表笔触及电动机轴,另一支表笔触在换向片上,依次测量每片换向片与电动机轴之间的电压值。若被测换向片与电动机轴之间有电压数值(毫伏表有读数),则说明该换向片所连接的绕组元件未接地;相反,若读数为零,则说明该换向片所连接的绕组元件接地。最后要判明到底是绕组元件接地还是与之相连接的换向片接地,还应将该绕组元件的接头从换向片上焊下来,再分别测试加以确定。

电枢绕组接地点找出来后,可以根据绕组元件接地的部位,采取适当的修理方法。若接地点在元件引出线与换向片连接的部位,或者在电枢铁芯槽的外部槽口处,则只需要在接线部位

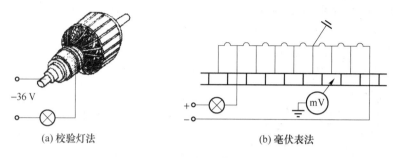

(a) 校验灯法　　　　　　　　(b) 毫伏表法

图 4 - 32　检查电枢绕组接地故障的方法

的导线与铁芯间重新加以绝缘处理就可以了。若接地点在铁芯槽内,一般需要更换电枢绕组。如果只有一个绕组元件在铁芯槽内接地,而且电动机又急需使用,则可用应急办法,即将该元件所连接的两片换向片之间用短接线将该接地元件短接,电动机仍可继续使用,但电流及火花将会加大。

(2) 电枢绕组断路故障的修理

绕组断路也是直流电动机常见的故障,主要表现为电枢绕组与换向器片间(或升高片)开焊、虚焊及线圈断线。造成这种故障的原因,一是焊接质量不好;二是电动机过载、电流过大造成脱焊。这种断路点一般较容易发现,只要仔细观察换向器升高片处的焊点情况,再用起子或镊子拨动各焊接点,即可发现。

① 若断路点发生在电枢铁芯槽内部或者不易发现的部位,则可用如图 4 - 33 所示的方法来判定。将 6～12 V 的直流电源接到换向器上相距 $K/2$ 或 $K/4$ 的两片换向片上,用毫伏表测量各相邻两片换向片间的电压值,逐步依次测量。当由短路的绕组所接的两片换向片(如图 4 - 33 中的 4、5 两片换向片上)被毫伏表跨接时,有读数指示,且指针会剧烈跳动。若毫伏表跨接在完好的绕组所接的换向片上,将无读数指示。

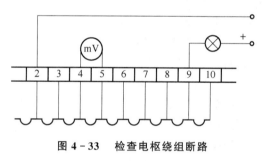

图 4 - 33　检查电枢绕组断路

② 若断路点发生在绕组元件与换向片的焊接处,只要重新焊接好即可。断路点只要不在槽内部分,则可以焊接短线,再进行绝缘处理即可。如果断路点发生在铁芯槽内,且断路点处只有一处,则可将该绕组元件所连的两片换向片短接,也可继续使用。若断路点较多,则需要更换电枢绕组。

③ 若一个线圈多根导线断路或线圈断线处不易查找,可采用暂时应急措施修复。方法是先查明故障线圈,然后将该线圈从换向器上拆下,同时用绝缘带包扎线端。用绝缘导线在被拆下线圈的换向器上按规定重新跨接。单波绕组的接线方法如图 4 - 34 所示。应当指出:按图 4 - 34(a)的接法,可将 1 和 2 或 10 和 11 两组换向片的任何一组连接起来。勿将两处相邻换向片同时连接,否则会形成两个相邻绕组的并联,造成内部短路而发热。

图 4 - 34(b)是一种较好的接线方法,即将开路的线圈两端从换向器片上拆下包好,再在它原来接着的两片 1 和 10 换向片上焊接一根带绝缘层的导线,这样连接以后,可使除开路线圈以外的线圈中都有电流通过,仍处于较好的工作状态。

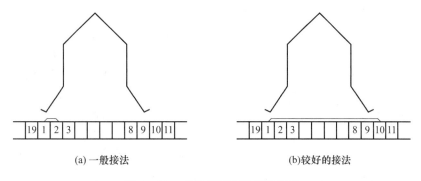

(a) 一般接法　　　　　　　　　(b) 较好的接法

图 4 - 34　单波绕组断路后的跳接

（3）电枢绕组短路故障的修理

电枢绕组发生短路故障时，轻则只有个别线圈短路，电动机仍能运转，只是使换向器表面火花变大；重则电枢绕组发热严重，若不及时发现并加以排除，最终将导致电动机烧毁。因此，当电枢绕组出现短路故障时，必须及时予以排除。

电枢绕组短路故障主要发生在同槽绕组元件的匝间短路及上、下层绕组元件之间的短路，查找短路的常用方法有短路测试器法和毫伏表法。

① 短路测试器法。与前面查找三相异步电动机定子绕组匝间短路的方法一样，将短路测试器接通交流电源后，置于电枢铁芯的某一槽上，将断锯条在其他各槽口上面平行移动，当出现较大幅度的振动时，该槽内的绕组元件有短路故障。

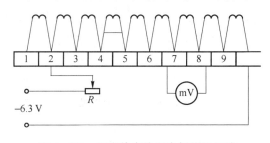

图 4 - 35　用毫伏表检查电枢绕组短路

② 毫伏表法。如图 4 - 35 所示，将 6.3 V 交流电压（用直流电压也可以）加在相隔 $K/2$ 或 $K/4$ 的两片换向片上，用毫伏表的两支表笔依次触到换向器的相邻两片换向片上，检测换向片间电压。检测过程中，若发现毫伏表的读数突然变小，例如，在图 4 - 35 中 7 与 8 两换向片间的测试读数变小，则说明与该两片换向片相连的电枢绕组元件有匝间短路。若在检测过程中各换向片间电压相等，则说明没有短路故障。

电枢绕组短路故障可按不同情况分别加以处理，若绕组只有个别地方短路，且短路点较为明显，则可将短路导线拆开后在其间垫入绝缘材料并涂绝缘漆，再烘干即可使用。若短路故障较为严重，则需局部或全部更换电枢绕组。

（4）换向器故障的检修

① 片间短路。判定换向片间短路时，可先仔细观察短路的换向片表面的状况，一般是由于电刷炭粉在槽口将换向片短路或是火花烧灼所致，可用拉槽工具刮去造成片间短路的金属屑末及电刷粉末。

若需要拆修换向器，其方法如下：先在换向器外圆包上一层 0.5～1 mm 厚弹性纸作为衬垫，并用直径为 1.2～2 mm 的钢丝扎紧或用铁环箍紧。同时将线圈编号，打上位置记号，做好压环与换向器间的记号，然后拧松螺帽。如螺帽过紧，可加热到约 50～70 ℃后拧开，取出 V 形云母环，然后拉下换向器。检查内部并擦净，观察 V 形环及换向片间云母有无烧蚀。当发现有烧蚀时,刮去烧蚀的痕迹,并用酒精清洗干净,再用 220 V 校验灯试验良好。用环氧树脂填补挖去的云母片,待固化后修平,按正常工艺重新装好换向器,经试验合格后,依次焊接绕组接头。

若用上述方法不能消除片间短路,即可确定短路发生在换向器内部,一般需要更换换向器。

② 换向器接地。接地故障一般发生在前端的云母环上,该环有一部分露在外面,由于灰尘、油污和其他杂物的堆积,很容易造成接地故障。发生接地故障时,这部分的云母大都已烧损,寻找起来比较容易。修理时,一般只要把击穿烧坏处的污物清除干净,用虫胶漆和云母材料填补烧坏之处,再用可塑云母板覆盖 1～2 层即可。

③ 云母片凸出。由于换向器上换向片的磨损比云母片要快,直流电动机使用较长时间后,有可能出现云母片凸起的现象。修理时,用拉槽工具把凸出的云母片刮削到比换向片略低 1 mm 即可。

(5) 电刷中性线位置的确定及电刷的研磨与更换

① 确定电刷中性线位置。常用感应法,如图 4 - 36 所示,励磁绕组通过开关接到 1.5～3 V 的直流电源上,毫伏表接到相邻两组电刷上(电刷与换向器的接触一定要良好)。当断开或合上开关时(即交替接通和断开励磁绕组的电流),毫伏表的指针会左右摆动,这时将电刷架顺电动机转向或逆电动机转向缓慢移动,直到毫伏表指针几乎不动,刷架位置就是中性位置。

② 电刷的研磨。电刷与换向器表面接触面积的大小将直接影响到电机火花等级,对新更换的电刷必须进行研磨,以保证其接触面积在 80% 以上。研磨电刷的接触面一般用 0 号纱布,纱布的宽度等于换向器的长度,纱布应能将整个换向器周围包住,再用橡皮胶布或胶带将纱布固定在换向器上,将待研磨的电刷放入刷握内,然后按电动机旋转的方向转动电枢,即可进行研磨。研磨后的电刷与换向器的接触面不小于 75%。

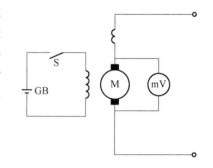

图 4 - 36　电刷中性线位置的测定

③ 电刷的更换。电刷在长期运行中会逐渐磨损,其高度接近最低最短长度时,必须更换电刷。更换电刷时必须使整台电机的电刷牌号一致。因为电刷牌号不同,会引起各电刷间负荷分配不均,对电机运行不利。整台电机一次更换半数以上的电刷之后,最好先以 1/4～1/2 的负载运行 12 h 以上。更换电刷时,需先研磨后更换。

4.6.3　项目的实现

1. 工具、材料的准备

(1) 工具:螺钉旋具、电工刀、尖嘴钳、剥线钳、6 V 直流电源。

(2) 仪表:万用电表、直流毫伏表。

(3) 器材:直流电动机、功率大的电烙铁及焊锡、6 V 校验灯。

2. 实训步骤

(1) 电枢绕组接地故障的检查:将低压直流电源接到相隔 $K/4$ 或 $K/2$ 的两片换向片上(可用胶带纸将接头粘在换向片上,注意:一个接头只能和一片换向片接触),将直流毫伏表一端接转轴,另一端依次与换向片接触,观察毫伏表的读数。若测量结果大致相同,则无接地故障。若测量到某片换向片时毫伏表无读数或读数明显变小,则该片换向片或所接的绕组元件有接地故障。

判别是绕组元件接地还是换向片接地的方法：用电烙铁将绕组元件接头从换向片升高片处焊下来，用万用电表或检验灯判定故障部分。

（2）电枢绕组短路故障的检查：将低压直流电源接到相应的换向片上，用直流毫伏表依次测量并记录相邻两换向片间的电压。若读数很小或为零，则接在该两片换向片上的绕组元件短路或换向片短路。

（3）电枢绕组断路故障的检查：将低压直流电源接到相应的换向片上，用直流毫伏表依次测量并记录相邻两换向片间的电压。若相邻两换向片间电压基本相等，则表明电枢绕组无断路故障；若电压表读数明显增大，则接在这两片换向片上的绕组元件断路。

（4）注意事项：

① 毫伏表要选择合适的电压量程。

② 注意防止直流电源直接短路。

习题与思考题

4-1　什么是电力拖动系统？举例说明电力拖动系统由哪些部分组成？

4-2　生产机械的负载转矩特性常见的有哪几类？何谓反抗性负载？何谓位能性负载？

4-3　什么是固有机械特性？什么是人为机械特性？他励直流电动机的固有机械特性和各种人为机械特性各有何特点？

4-4　电动机的理想空载转速与实际空载转速有何不同？

4-5　直流电动机采用什么方法来改变转向？在控制电路上有何特点？

4-6　直流电动机启动时，为什么要限制启动电流？限制启动电流常用哪几种方法？这些方法适用于哪些场合？

4-7　直流电动机启动后，若仍未切除启动电阻，对电动机的运行会有何影响？

4-8　要求控制电路实现两台电动机既可以集中启停，又可以单独启停，试设计线路并分析其工作原理。

4-9　怎样实现他励直流电动机的能耗制动？试说明在反抗性恒转矩负载下，能耗制动过程中 n、E_a、I_a 及 T_{em} 的变化情况。

4-10　采用能耗制动和电压反接制动进行系统停车时，为什么要在电枢回路中串入制动电阻？哪一种情况下串入的电阻大？为什么？

4-11　他励直流电动机的数据为 $P_N = 10\ kW$，$U_N = 220\ V$，$I_N = 53\ A$，$n_N = 1\ 500\ r/min$，$R_a = 0.4\ \Omega$。求：（1）额定运行时的电磁转矩、输出转矩及空载转矩；（2）理想空载转速和实际空载转速；（3）半载时的转速；（4）$n = 1\ 600\ r/min$ 时的电枢电流。

4-12　电动机数据如题 4-11，试求出下列几种情况下的机械特性方程，并在同一坐标下画出机械特性曲线：（1）固有机械特性；（2）电枢回路串入 $1.6\ \Omega$ 的电阻；（3）电源电压降至原来的一半；（4）磁通减少 30%。

4-13　他励直流电动机的 $U_N = 220\ V$，$I_N = 207.5\ A$，$R_a = 0.067\ \Omega$。试问：（1）直接启动时的启动电流是额定电流的多少倍？（2）若限制启动电流为 $1.5I_N$，电枢回路应串入多大的电阻？

4-14　一台他励直流电动机的铭牌数据为 $P_N = 10\ kW$，$U_N = 220\ V$，$I_N = 53\ A$，$n_N =$

1 000 r/min，$R_a = 0.3$ Ω，电枢电流最大允许值为 $2I_N$。求：(1) 电动机在额定状态下进行能耗制动，电枢回路应串接的制动电阻值？(2) 用此电动机拖动起重机，在能耗制动状态下以 300 r/min 的转速下放重物，电枢电流为额定值，电枢回路应串入多大的制动电阻？

4-15　一台他励直流电动机，$P_N = 10$ kW，$U_N = 110$ V，$I_N = 112$ A，$n_N = 750$ r/min，$R_a = 0.1$ Ω，设电动机带反抗性恒转矩负载处于额定运行状态。求：(1) 采用电压反接制动，使最大制动电流为 $2.2I_N$，电枢回路应串入多大的电阻？(2) 在制动到 $n = 0$ 时，不切断电源，电机能否反转？若能反转，稳态转速是多少？并说明电机工作在什么状态？

4-16　他励直流电动机的数据为：$P_N = 30$ kW，$U_N = 220$ V，$I_N = 158.5$ A，$n_N = 1 000$ r/min，$R_a = 0.1$ Ω，$T_L = 0.8T_N$。求：(1) 电动机的转速；(2) 电枢回路中串入 0.3 Ω 电阻时的稳态转速；(3) 电压降至 188 V 时，降压瞬间的电枢电流和降压后的稳态转速；(4) 将磁通减弱至 $80\% \Phi_N$ 时的稳态转速。

模块 5　三相异步电动机

本模块主要讲述三相异步电动机的基本结构和工作原理,分析三相异步电动机的运行原理、电磁转矩和功率的转换、工作特性。另外介绍电动机定子绕组的基本术语,为正确使用三相异步电动机打下一定的理论基础。

项目 5.1　三相异步电动机

教学目标:
1)认识三相异步电动机的结构、分类和铭牌数据;
2)掌握三相异步电动机的工作原理;
3)熟练拆装三相异步电动机。

5.1.1　项目简介

通过拆装三相异步电动机,认识电动机的结构和铭牌数据,并掌握其工作原理。

5.1.2　项目相关知识

三相交流电动机是利用电磁感应原理实现交流电能和机械能相互转换的电磁装置。将交流电能转换成机械能的电机称为交流电动机,反之,则称为交流发电机。交流电动机分为同步电动机和异步电动机两类。异步电动机按照定子相数的不同分为单相异步电动机、两相异步电动机和三相异步电动机。三相异步电动机具有结构简单、运行可靠、成本低廉等优点,广泛应用于工农业生产中。

1. 三相异步电动机的结构

三相鼠笼式异步电动机主要由定子(固定部分)和转子(转动部分)两个基本部分组成,转子装在定子内腔里,借助轴承被支撑在两个端盖上。为了保证转子能在定子内自由转动,定子和转子之间必须有一间隙,称为气隙。电机的气隙是一个非常重要的参数,其大小及对称性等对电机的性能有很大影响。

三相异步电动机外形有开启式、防护式、封闭式等多种形式,以适应不同的工作需要。在某些特殊场合,还有特殊的外形防护型式,如防爆式、潜水泵式等。不管外形如何,电动机结构基本上是相同的。现以封闭式电动机为例介绍三相异步电动机的结构。图 5-1 所示为三相鼠笼式异步电动机的结构图。

(1)定子部分

定子由定子三相绕组、定子铁芯和机座 3 部分组成。

定子三相绕组是异步电动机的电路部分,在异步电动机的运行中起着重要的作用,是把电能转换成机械能的关键部件。定子三相绕组的结构是对称的,一般有六个出线端 U_1、U_2、V_1、V_2、W_1、W_2,置于机座外侧的接线盒内,根据需要接成星形(Y)或三角形($\triangle$),如图 5-2 所示。

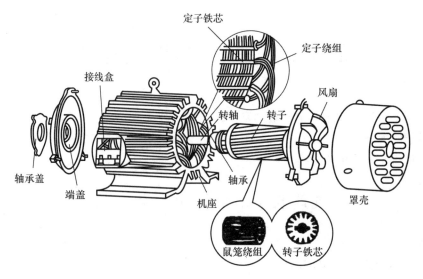

图 5 - 1   三相鼠笼式异步电动机的结构图

定子铁芯是异步电动机磁路的一部分,由于主磁场以同步转速相对定子旋转,为减少在铁芯中引起的损耗,铁芯采用 0.5 mm 厚的高导磁硅钢片叠成,硅钢片两面涂有绝缘漆以减少铁芯的涡流损耗。中小型异步电机定子铁芯一般采用整圆的冲片叠成,大型异步电机的定子铁芯一般采用肩形冲片拼成。在每个冲片内圆均匀地开槽,使叠装后的定子铁芯内圆均匀地形成许多形状相同的槽,用于嵌放定子绕组。槽的形状由电机的容量、电压及绕组的型式而定。

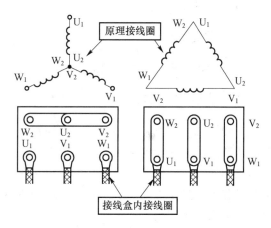

图 5 - 2   三相鼠笼式异步电动机出线端

机座又称机壳,它的主要作用是支撑定子铁芯,同时也承受整个电机负载运行时产生的反作用力。运行时由于内部损耗所产生的热量也是通过机座向外散发。中、小型电机的机座一般采用铸铁制成,大型电机因机身较大浇注不便,常用钢板焊接成型。

(2)转子部分

异步电动机的转子由转子铁芯、转子绕组及转轴 3 部分组成。

转子铁芯也是电机磁路的一部分,也是用硅钢片叠成。与定子铁芯冲片不同的是,转子铁芯冲片是在冲片的外圆上开槽,叠装后的转子铁芯外圆柱面上均匀地形成许多形状相同的槽,用以放置转子绕组。

转子绕组是异步电动机电路的另一部分,其作用为切割定子磁场,产生感应电势和电流,并在磁场作用下受力而使转子转动。其结构可分为鼠笼式转子绕组和绕线式转子绕组两种类型,鼠笼式转子具有结构简单、制造方便、经济耐用等特点;绕线式转子结构复杂,价格贵,但转子回路可引入外加电阻来改善启动和调速性能。

鼠笼式转子绕组由置于转子槽中的导条和两端的端环构成。为节约用钢和提高生产率，小功率异步电机的导条和端环一般都是融化的铝液一次浇铸出来的；对于大功率电机，由于铸铝质量不易保证，常用铜条插入转子铁芯槽中，再在两端焊上端环。鼠笼式转子绕组自行闭合，不必由外部电源供电，其外形像一个鼠笼，故称鼠笼式转子，如图 5 - 3 所示。

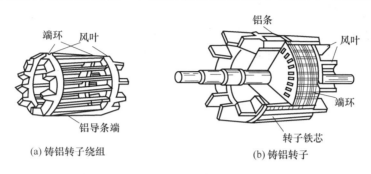

(a) 铸铝转子绕组　　　　　　(b) 铸铝转子

图 5 - 3　铸铝转子结构

鼠笼式转子绕组的各相均由单根导条组成，其感应电势不大，加上导条和铁芯叠片之间的接触电阻较大，所示无需专门把导条和铁芯用绝缘材料分开。

绕线式转子绕组与定子绕组类似，由镶嵌在转子铁芯槽中的三相绕组组成。绕组一般采用星形连接，三相绕组的尾端接在一起，首端分别接到转轴上的 3 个铜滑环上，通过电刷把 3 根旋转的线变成固定线，与外部的变阻器连接，构成转子的闭合回路，以便于控制，如图 5 - 4 所示。有的电动机还装有提刷短路装置，当电动机启动后又不需要调速时，可提起电刷，同时使用 3 个滑环短路，以减少电刷磨损。

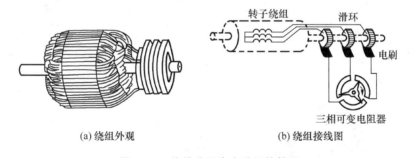

(a) 绕组外观　　　　　　　(b) 绕组接线图

图 5 - 4　绕线式异步电动机的转子

两种转子相比较，鼠笼式转子结构简单，造价低廉，并且运行可靠，因而应用十分广泛。绕线式转子结构较复杂，造价也高，但是它的启动性能较好，并可利用变阻器阻值的变化，使电动机能在一定范围内调速，在启动频繁，需要较大启动转矩的生产机械（如起重机）中常常被采用。

一般电动机转子上还装有风扇或风翼，便于电动机运转时通风散热。铸铝转子一般是将风翼和绕组（导条）一起浇铸出来，如图 5 - 1 所示。

（3）气隙 δ

异步电机的气隙很小，中小型电机一般为 0.2～2 mm。气隙越大，磁阻越大，要产生同样大小的磁场，就需要较大的励磁电流。由于气隙的存在，异步电机的磁路磁阻远比变压器的大，因而异步电机的励磁电流也比变压器的大得多。变压器的励磁电流约为额定电流的 3％，异步电机的励磁电流约为额定电流的30%。励磁电流是无功电流,因而励磁电流越大,功率因数越低。为提高异步电机的功率因数,必须减小它的励磁电流,最有效的方法是尽可能缩短气隙长度。但是气隙过小会使装配困难,还有可能使定、转子在运行时发生摩擦或碰撞,因此,气隙的最小值由制造工艺及运行安全可靠等因素来决定。

（4）其他部件

端盖:安装在机座的两端,它的材料加工方法与机座相同,一般为铸铁件。端盖上的轴承室里安装了轴承来支撑转子,以使定子和转子得到较好的同芯度,保证转子在定子内膛里正常运转。端盖除了起支撑作用外,还起保护定、转子绕组的作用。

轴承:连接转动部分与不动部分,目前都采用滚动轴承以减小摩擦。

轴承端盖:保护轴承,使轴承内的润滑油不溢出。

风扇:冷却电动机。

2. 异步电动机的分类

异步电动机按定子相数可分为三相、两相和单相异步电动机等3类。除200 W以下的电动机多做成单相异步电动机外,现代动力用电动机大多数都为三相异步电动机。两相异步电机主要用于微型控制电机。

按照转子型式,异步电机可分为鼠笼式转子和绕线式转子两大类。鼠笼转子又分为普通鼠笼转子、深槽型鼠笼转子和双鼠笼转子等3种。三相绕线式异步电动机外形示意图如图5-5所示。

根据机壳不同的保护方式,异步电动机可分为开启式、防护式、封闭式和防爆式等,如图5-6所示。

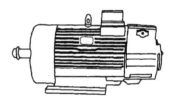

防护式异步电动机具有防止外界杂物落入电机内的防护装置,一般在转轴上装有风扇,冷却空气进入电机内部冷却定子绕组端部及定子铁芯后将热量带出来。JZ系列电动机就是鼠笼式转子防护式异步电动机,JR系列电动机是绕线式转子防护式异步电动机。

图5-5 三相绕线式异步电动机外形

(a) 开启式　　　　　(b) 防护式　　　　　(c) 封闭式

图5-6 三相鼠笼式异步电动机外形

封闭式异步电动机的内部和外部的空气是隔开的。它的冷却依靠装在机壳外面转轴上的风扇吹风,借机座上的散热片将电机内部发散出来的热量带走。这种电机主要用于尘埃较多的场所,例如机床上使用的电机。JOR系列及Y系列电机就属于这种类型。

防爆式异步电动机为全封闭式,它将内部与外界的易燃、易爆性气体隔离。这种电机多用于有汽油、酒精、天然气、煤气等气体较多的地方,如矿井或某些化工厂等处。

3. 异步电动机的铭牌和额定值

每台异步电动机的机座上都装有一块铭牌,它表明电动机的类型、主要性能、技术指标和使用条件。为用户使用和维修提供了重要依据,如表 5-1 所列。

表 5-1　三相异步电动机铭牌

三相异步电动机			
型　号	Y112S-4	额定频率	50 Hz
额定功率	4 kW	绝缘等级	E 级
接　法	△	温　升	60 ℃
额定电压	380 V	定　额	连续
额定电流	8.6 A	功率因数	0.95
额定转速	1 440 r/min	质　量	59 kg
年　　月	编　号		××电机厂

电机按铭牌上所规定的条件运行时,就称为电机的额定运行状态。根据国家标准规定,异步电动机的额定值主要有:

(1) 型号:Y112S-4,其中 Y 表示异步电动机,112 表示机座中芯高度为 112 mm,S 表示短铁芯,4 表示磁极数。

(2) 额定功率 P_N:指电动机在制造厂(铭牌)所规定额定运行状态下运行时,轴端输出的机械功率,单位为 W 或 kW。

(3) 定子额定电压 U_N:指电动机在额定状态下运行时,定子绕组应加的线电压,单位为 V 或 kV。

(4) 定子额定电流 I_N:指电动机在额定电压下运行,输出额定功率时,流入定子绕组的电流,单位为 A。

对三相异步电动机,额定功率为

$$P_N = \sqrt{3} U_N I_N \eta_N \cos \varphi_N \tag{5-1}$$

式中,η_N 为额定运行时异步电动机的效率;

$\cos \varphi_N$ 为额定运行时异步电动机的功率因数。

(5) 额定转速 n_N:指电动机在额定状态下运行时,转子的转速,单位为 r/min。

(6) 额定频率 f_N:我国工频为 50 Hz。

除上述数据外,铭牌上有时还标明定子相数和绕组接法、额定运行时电机的功率因数、效率、温升或绝缘等级、定额等。对绕线式转子异步电机还标出定子加额定电压、转子开路时集电环间的转子电压和转子的额定电流等数据。下面对绕组接法、温升和定额作简要说明。

绕组接法:三相异步电动机的定子绕组可接成星形或三角形,视额定电压和电源电压的配合情况而定。例如星形接法时额定电压为 380 V,改为三角形时就可用于 220 V 的电源上。为了满足这种改接的需要,通常把三相绕组的 6 个端头都引到接线板上,以便于采用两种不同接法,如图 5-7 所示。

温升:指电机按规定方式运行时,绕组容许的温度升高,即绕组的温度比周围空气温度高出的数值。容许温升的高低取决于电机所使用的绝缘材料。例如 Y 系列电机一般采用 B 级绝缘,其最高容许温度为 130 ℃,如周围空气温度按 40 ℃计算,并计入 10 ℃的裕量,则 B 级绝缘的容许温升为 130 ℃－(40＋10)℃＝80 ℃。

定额:我国电机的定额分为 3 类,即连续定额、短时定额和断续定额。连续定额是指电机按铭牌规定的数据长期连续运行。短时定额和断续定额均属于间歇运行方式,即运行一段时间后就停止运行一段时间。可见,在短时定额和断续定额方式下,有一段时间电机不发热,所以,容量相同时这类电机的体积可以做得小一些,或者连续定额的电机用作短时定额或断续定额运行时,所带的负载可以超过铭牌上规定的数值。但是,短时定额和断续定额的电机不能按其容量作连续运行,否则会使电机过热而损坏。

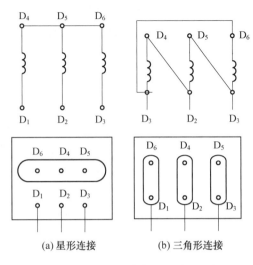

图 5-7　三相异步电动机的接线板

4. 三相异步电动机的工作原理

如图 5-8 所示,假设磁场的旋转是逆时针的,这相当于金属框相对于永久磁铁,以顺时针方向切割磁感线,金属框中感应电流的方向如图中小圆圈里所标的方向。此时的金属框已成为通电导体,于是它又会受到磁场作用的磁场力,力的方向可由左手定则判断,即为金属框的两边受到两个反方向的力 F,如图 5-8 所示。它们相对转轴产生电磁转矩(磁力矩),使金属框发生转动,转动方向与磁场旋转方向一致,但永久磁铁旋转的速度 n_0 要比金属框旋转的速度 n 快。

在旋转的磁场里,闭合导体会因发生电磁感应而成为通电导体,进而又受到电磁转矩作用而顺着磁场旋转的方向转动;实际的电动机中不可能用手去摇动永久磁铁产生旋转的磁场,而是通过其他方式产生旋转磁场,如在交流电动机的定子绕组(按一定排列规律排列的绕组)通入对称的交流电,便产生旋转磁场;这个磁场虽然看不到,但是人们可以感受到它所产生的效果,与有形体旋转磁场的效果一样。交流电动机的工作原理主要是产生旋转磁场。

(1) 旋转磁场

三相异步电机工作原理示意图如图 5-9 所示,定子上的三相绕组接到三相交流电源上,转子绕组自成闭合回路。

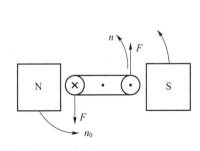

图 5-8　闭合金属框中受力示意图

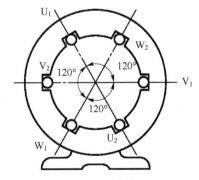

图 5-9　三相绕组排列示意图

从图 5-9 中可以很清楚地看到三相交流电产生旋转磁场的现象。图中所示的三组绕组在空间上相互间隔机械角度 120°(实际的电动机中一般都是相差电角度 120°),将绕组按 Y 形连接。图 5-10 所示为三相交流电产生旋转磁场的示意图。当三组绕组接通三相电源后,绕组中便通过三相对称的交流电流 $\dot{I}_U$-$\dot{I}_V$-$\dot{I}_W$,其波形如图 5-10(a)所示。现在选择几个特殊的运行时刻,看看三相电流所产生的合成磁场是怎样的。

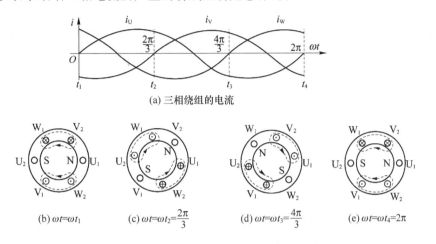

(a) 三相绕组的电流

(b) $\omega t=\omega t_1$　　(c) $\omega t=\omega t_2=\dfrac{2\pi}{3}$　　(d) $\omega t=\omega t_3=\dfrac{4\pi}{3}$　　(e) $\omega t=\omega t_4=2\pi$

图 5-10　三相交流电产生旋转磁场示意图

规定:电流取正值时,是由绕组始端流进(符号⊕),由尾端流出(符号⊙);电流取负值时,绕组中电流方向与此相反。

当 $\omega t=\omega t_1=0$,U 相电流 $\dot{I}_U=0$,V 相电流取为负值,即电流由 V_2 端流进,由 V_1 端流出;W 相电流 $\dot{I}_W$ 为正,即电流从 W_1 端流进,从 W_2 端流出。在图 5-10 的定子绕组图中,根据右手螺旋定则,可以判定此时电流产生的合成磁场如图 5-10(b)所示,此时好像有一个有形体的永久磁铁的 N 极放在导体 U_1 的位置上,S 极放在导体 U_2 的位置上。

当 $\omega t=\omega t_2=2\pi/3$ 时,电流已变化 1/3 周期。此时 $\dot{I}_U$ 为正,电流由 U_1 端流入,从 U_2 端流出;$\dot{I}_V$ 为零;$\dot{I}_W$ 为负,电流从 W_2 端流入,从 W_1 端流出。这一时刻的磁场如图 5-10(c)所示。磁场方向较 $\omega t=\omega t_1$ 时沿顺时针方向在空间转过 120°。

用同样的方法,继续分析电流在 $\omega t=\omega t_3$、$\omega t=\omega t_4$ 时的瞬时情况,便可得这两个时刻的磁场,如图 5-10(d)和(e)所示。在 $\omega t=\omega t_3=4\pi/3$ 时,合成磁场方向较 $\omega t=\omega t_2$ 时又顺时针转过 120°。在 $\omega t=\omega t_4=2\pi$ 时,磁场较 $\omega t=\omega t_3$ 时再转过 120°,即自 t_1 时刻起至 t_4 时刻,电流变化一个周期,磁场在空间也旋转一周。电流继续变化,磁场也不断地旋转。从上述分析可知,三相对称的交变电流通过对称分布的三组绕组产生的合成磁场是在空间旋转的磁场,而且是一种磁场幅值不变的圆形旋转磁场。

① 旋转磁场的速度

旋转磁场的速度用 n_1 表示,其单位是 r/min。

图 5-10 所举的例子是只能产生一对磁极的电动机,电流变化一个周期,旋转磁场转一圈。每当交流电变化一个周期,一对旋转磁场就在空间转过 360°机械角度。由图 5-11 可知,四磁极的旋转磁场在电流变化一周中,在空间只转过 180°机械角度。由此类推,当旋转磁场具有 p 对磁

极时,交流电每变化一周,磁场就在空间转过 $1/p$ 转,旋转磁场的转速(同步转速)n 为

$$n_1 = \frac{60f}{p} \qquad (5-2)$$

式中,f 为电流的频率,p 为定子绕组产生的磁极对数。不同磁极对数时的旋转磁场转速如表 5 - 2 所列。

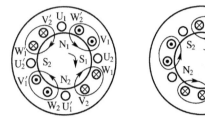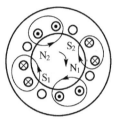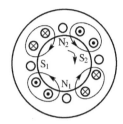

图 5 - 11　四磁极旋转磁场

表 5 - 2　不同磁极对数时的旋转磁场转速

p	1	2	3	4	5	6
$n_1/(\mathrm{r \cdot min^{-1}})$	3 000	1 500	1 000	750	600	500

② 旋转磁场的方向

交流电动机旋转磁场的旋转方向,与接入定子绕组的电流相序有关。如前面所举的两个例子(图 5 - 10 和图 5 - 11),场都是按顺时针方向旋转的,这与三相电源通入三相绕组的电流相序 $\dot{I}_U$ - $\dot{I}_V$ - $\dot{I}_W$(正序电流)是一致的。

若要使磁场按逆时针方间旋转,只需改变通入三相绕组中的电流相序,也就是说,通入三相绕组的电流相序为 $\dot{I}_U$ - $\dot{I}_W$ - $\dot{I}_V$ 是反(负)序的,即只要把三相绕组的 3 根引出线头任意调换两根后再接电源就可实现,如图 5 - 12 所示。从图中可以明确看到,旋转磁场的旋转方向是逆时针的,与图 5 - 10 所示的旋转磁场的顺时针方向相反。

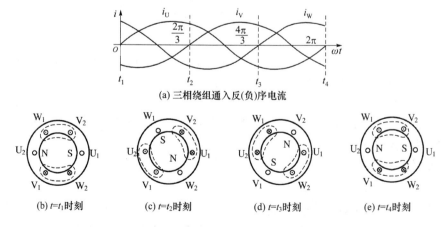

图 5 - 12　三相绕组通入反(负)序电流时的旋转磁场

三相异步电动机的基本原理是：把对称的三相交流电通入彼此间隔 120°电角度的三相定子绕组，可建立起一个旋转磁场。根据电磁感应定律可知，转子导体中必然会产生感应电流，该电流在磁场的作用下产生与旋转磁场同方向的电磁转矩，并随磁场同方向转动。

（2）转子的旋转速度

转子的旋转速度一般称为电动机的转速，用 n 表示。转子的转动方向和旋转磁场的转动方向一致。

根据其工作原理可知，转子是被旋转磁场拖动而运行的，在三相异步电动机处于电动状态时，它的转速恒小于同步转速 n_1，这是因为转子转动与磁场旋转是同方向的，转子比磁场转得慢，转子绕组才可能切割磁感线，产生感应电流，转子也才能受到磁力矩的作用。假如有 $n=n_1$ 情况，则意味着转子与磁场之间无相对运动，转子不切割磁感线，转子中就不会产生感应电流，它也就受不到磁力矩的作用了。如果真的出现这样的情况，转子会在阻力矩（来自摩擦或负载）作用下逐渐减速，使得 $n<n_1$。当转子受到的电磁力矩和阻力矩（摩擦力矩与负载力矩之和）平衡时，转子保持匀速转动。所以，异步电动机正常运行时，总是 $n<n_1$，这也正是此类电动机被称作"异步"电动机的由来。又因为转子中的电流不是由电源供给的，而是由电磁感应产生的，所以这类电动机也称为感应电动机。旋转磁场转速称为同步转速。

（3）转差率

把同步转速 n_1 和转子转速 n 的差值称为转差，转差与同步转速 n_1 的比值称为转差率，转差率用 s 来表示，即

$$s=\frac{n_1-n}{n_1} \tag{5-3}$$

转差率是异步电动机的一个基本变量，可表示异步电机的各种不同运行状态。

① 在电动机刚启动时，转子转速 $n=0$，则 $s=1$，转子切割旋转磁场的相对速度为最大，转子中的电动势及电流也最大。如果电动机产生的电磁转矩足以克服机械负载的阻力转矩，转子就开始旋转，转速会不断上升。

② 随着转子转速 n 的上升，转差率 s 减小，转子切割旋转磁场的相对速度减小，转子中的电动势及电流也减小。在额定状态下，转差率 s 的数值通常都是很小的，中小型异步电动机的转差率为 0.01～0.07，转子转速与同步转速相差并不很大。而空载时，因阻力矩很小，转子转速很高，转差率则更小，为 0.004～0.007，可以认为转子转速近似等于同步转速。

③ 假设 $n=n_1$，则转差率 $s=0$，此时转子导体不切割旋转磁场，转子中就没有感应电动势及电流，也不产生电磁转矩。

可见，作电动机运行时，转速 n 在 $(0,n_1)$ 范围内变化，而转差率则在 $(1,0)$ 范围内变化。

三相异步电动机的转速可用转差率来计算，即

$$n=\frac{60f}{p}(1-s) \tag{5-4}$$

5. 三相异步电动机的转速与运行状态

如图 5-13(a)所示，转子导条中的电动势与电流方向与电动机时一样，电磁转矩方向与旋转磁场方向一致，但与外转矩方向相反，即电磁转矩是制动性质。在这种情况下，一方面电动机吸取机械功率，另一方面因转子导条中电流方向并未改变，对定子来说，电磁关系和电动机状态一样，定子绕组中电流方向仍和电动机状态相同，也就是说，电网还对电动机输送电功率，因此异步

电动机在这种情况下,同时从转子输入机械功率、从定子输入电功率,两部分功率一起变为电动机内部的损耗。异步电动机的这种运行状态称为"电磁制动"状态,又称"反接制动"状态。

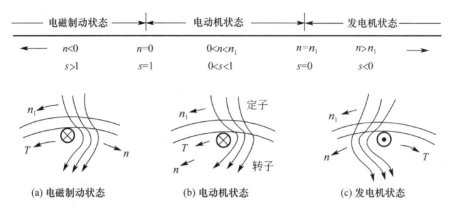

图 5 - 13　异步电动机的 3 种运行状态

如果用一原动机,或者由其他转矩(如惯性转矩、重力所形成的转矩)去拖动异步电动机,使它的转速超过同步转速,则在异步电动机中的电磁情况有所改变,因 $n > n_1$,$s < 0$,旋转磁场切割转子导条的方向相反,导条中的电动势与电流方向都反向。根据左手定则所决定的电磁力及电磁转矩方向都是与旋转磁场及转子的旋转方向相反。这种电磁转矩是一种制动性质的转矩,如图 5 - 13(c)所示,这时原动机就对异步电动机输入机械功率。在这种情况下,异步电动机通过电磁感应由定子向电网输送电功率,电动机就处在发电机状态。

5.1.3　项目的实现

1. 器　材

① 工具　拉具一套、螺钉旋具、活络扳手、紫铜棒、钢套刷、手锤、毛刷、煤油、润滑油脂等。

② 仪表　钳型电流表、兆欧表、转速表各一块。

③ 器材　三相笼型异步电动机一台。

2. 方　法

(1) 三相笼型异步电动机的拆卸

① 拆卸前的准备

拆卸前应备齐拆卸工具,选好电动机拆装的合适地点,并事先清洁和整理好现场环境,熟悉被拆电动机的结构特点、拆装要领及所存在的缺陷,做好标记。

拆卸前还应标出电源线在接线盒中的相序,标出联轴器或皮带轮与轴台的距离,标出机座在基础上的准确位置,标注绕组引出线在机座上的出口方向。

拆卸前还要拆除电源线和保护地线,并作好绝缘措施,拆下地脚螺母,将电动机拆离基础并运至解体现场。

② 拆卸步骤

如图 5 - 14 所示,依次拆下皮带轮或联轴器,卸下电动机尾部的风罩,拆下电动机尾部扇叶,拆下前轴承外盖和前、后端盖紧固螺钉,用木板(或铅板、铜板)垫在转轴前端,用手锤将转子和后端盖从机座中敲出,从定子中取出转子,用木棒伸进定子铁芯,顶住前端盖内侧,用手锤将前端盖敲离机座。最后拉下前后轴承及轴承内盖。

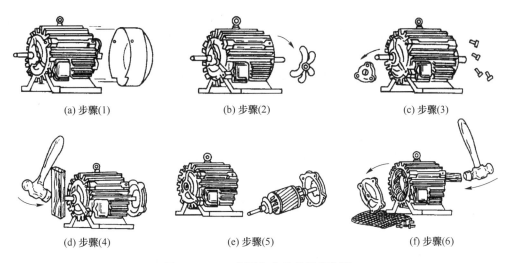

| (a) 步骤(1) | (b) 步骤(2) | (c) 步骤(3) |
| (d) 步骤(4) | (e) 步骤(5) | (f) 步骤(6) |

图 5 - 14　三相异步电动机拆卸步骤

③ 主要零部件的拆卸方法

a. 皮带轮或联轴器的拆卸

首先用粉笔在皮带轮的轴伸端上做好标记,再将皮带轮或联轴器上的定位螺钉或销子松脱取下,按图 5 - 15 所示的方法装好拉具。拉具的丝杠顶端要对准电动机轴端的中芯,使其受力均匀,转动丝杆,把皮带轮或联轴器慢慢拉出,切忌硬拆。若拉不出,可在定位螺丝孔内注入煤油,待几小时后再拉。若按此法拉出仍有困难,可用喷灯等急火在带轮外侧轴套四周均匀加热,使其膨胀后再拉出。在拆卸过程中,严禁用手锤直接敲击带轮,以免造成带轮或联轴器碎裂,或使转轴变形。

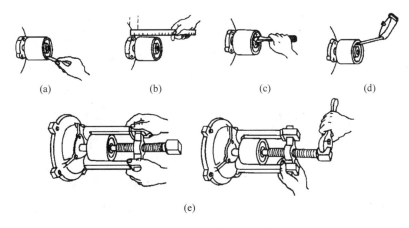

(a)　　　　　(b)　　　　　(c)　　　　　(d)

(e)

图 5 - 15　皮带轮或联轴器拆卸

b. 风罩和风叶的拆卸

首先,把外风罩螺栓松脱,取下风罩;然后把转轴尾部风叶上的定位螺栓或销子松脱、取下,用紫铜棒或手锤在风叶四周均匀地轻敲,风叶就可松脱下来。小型异步电动机的风叶一般不用卸下,可随转子一起抽出。对于采用塑料风叶的电动机,可用热水使塑料风叶膨胀后卸下。

c. 轴承盖和端盖的拆卸

如图 5 - 16 所示,首先把轴承的外盖螺栓松下,卸下轴承外盖。为便于装配时复位,在端盖与机座接缝处的任一位置做好标记,然后松开端盖的紧固螺栓,用锤子均匀地敲打端盖四周(需衬上垫木),把端盖取下。对于小型电动机,可先把轴伸端的轴承外盖卸下,再松开后端盖的固定螺栓,然后用木槌敲打轴伸端,这样可把转子连同后端盖一起取下。

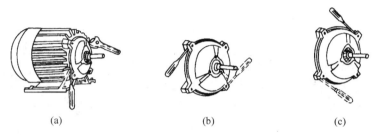

(a)　　　　　　　　　　(b)　　　　　　　　　　(c)

图 5 - 16　前端盖的拆卸图

d. 轴承的拆卸

轴承的拆卸可在两个部位进行:一是在转轴上拆卸,二是在端盖内拆卸。

在转轴上拆卸轴承常用 3 种方法:第一种是用拉具按拆皮带轮的方法将轴承从轴上拉出;第二种方法如图 5 - 17 所示,在没有拉具的情况下,用端部呈楔形的铜棒,在倾斜方向顶住轴承内圈,边用榔头敲打,边将铜棒沿轴承内圈移动,以使轴承周围均匀受力,直到卸下轴承;第三种方法如图 5 - 18 所示,用两块厚铁板在轴承内圈下边夹住转轴,并用能容纳转子的圆筒或支架支住,在转轴上端垫上厚木板或铜板,敲打取下轴承。

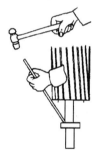

图 5 - 17　用铜棒敲打拆卸轴承

在端盖内拆卸轴承:有的电动机端盖轴承孔与轴承外圈的配合比轴承内圈与转轴的配合更紧,在拆卸端盖时,使轴承留在端盖轴承孔中。如图 5 - 19 所示,拆卸时将端盖自口面向上平稳放置,在端盖轴承孔四周垫上木板,但不能抵住轴承,然后用一根直径略小于轴承外沿的铜棒或其他金属棒,抵住轴承外圈,从上方用榔头将轴承向下敲出。

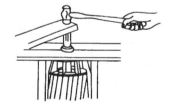

图 5 - 18　搁在圆筒上拆卸轴承

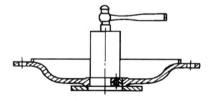

图 5 - 19　拆卸端盖内轴承

e. 抽出转子

小型电动机的转子,如上所述,可以连同端盖一起取出。抽出转子时,应小心谨慎、动作缓慢,要求不可歪斜,以免碰伤定子绕组。

(2)三相笼型异步电动机的装配

① 轴承的装配

装配前应检查轴承滚动件是否转动灵活而又不松旷。再检查轴承内与轴颈,外圈与端盖轴承座孔之间的配合情况和光洁度是否符合要求。

敲打法:在干净的轴颈上抹一层薄薄的机油。把轴承套上,按如图 5-20(a)所示方法用一根内径略大于轴颈直径、外径略大于轴承内圈外径的铁管,将铁管的一端顶在轴承的内圈上,用手锤敲打铁管的另一端,将轴承敲进去。最好是用压床压入。

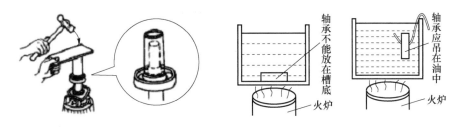

(a) 用铁管敲打轴承　　　　　　　　(b) 用油加热轴承

图 5-20　轴承装配

热装法:若配合较紧,为了避免把轴承内环胀裂或损伤配合面,可采用此法。如图 5-20(b)所示,可将轴承加热到 100 ℃左右,油浸 30~40 min 趁热迅速套上轴颈。安装轴承时,标号必须向外,以便下次更换时查对轴承型号。

在轴承内外圈里和轴承盖里装的润滑脂应洁净,塞装要均匀,一般电动机装满 1/3~2/3 空间容积。轴承内外盖的润滑脂一般为盖内容积的 1/3。注意,若润滑油加得过多,会导致运转中轴承发热等弊病。

② 转子的安装

安装时转子要对准定子的中心,小心往里送放,端盖要对准机座的标记,旋上后盖的螺栓,但不要拧紧。

③ 端盖的安装

安装端盖时,先将端盖洗净、吹干,铲去端盖口和机座口的脏物;然后将前端盖对准机座标记,用木桦轻轻敲击端盖四周。套上螺栓,按对角线一前一后把螺栓拧紧,切不可有松有紧,以免损坏端盖;最后装前轴承外盖时,可先在轴承外盖孔内用手插入一根螺栓,另一只手缓慢转动转轴,当轴承内盖的孔转得与外盖的孔对齐时,即可将螺栓拧入轴承盖的螺孔内,再装另外两根螺栓。也可先用两根硬导线通过轴承外盖孔插入轴承内盖孔中,旋上一根螺栓,挂住内盖螺钉扣,然后依次抽出导线,旋上螺栓。

④ 风扇叶、风罩的安装

风叶和风罩安装完毕后,用手转动转轴,转子应转动灵活、均匀,无停滞或偏重现象。

⑤ 带轮或联轴器的安装

安装带轮时,将抛光布卷在圆木上,把带轮或联轴器的轴孔打磨光滑,用抛光布把转轴的表面打磨光滑,然后对准键槽把带轮或联轴器套在转轴上,调整好带轮或联轴器与键槽的位置,将木板垫在键的一端,轻轻敲打,使键慢慢进入槽内。安装大型电动机的带轮时,可先用固定支持物顶住电动机的非负荷端和千斤顶的底部,再用千斤顶将带轮顶入。

(3) 电动机装配后的检验

① 检查电动机的转子转动是否轻便灵活,若转子转动比较沉重,可用紫铜棒轻敲端盖,同时调整端盖紧固螺栓的松紧程度,使之转动灵活。

② 检查电动机的绝缘电阻值,摇测电动机定子绕组相与相之间、各相对地之间的绝缘电阻。

③ 根据电动机的铭牌与电源电压正确接线,并在电动机外壳上安装好接地线,用钳形电流表分别检测三相电流是否平衡。

④ 用转速表测量电动机的转速。

⑤ 让电动机空转运行半个小时后,检测机壳和轴承处的温度,观察振动和噪声。

专题 5.2 三相异步电动机的定子绕组

教学目标:

1) 了解三相绕组的基本概念;

2) 了解三相绕组的感应电动势和磁动势。

三相异步电动机的旋转磁场是依靠定子绕组中通入交流电流来建立的。因此,定子绕组必须保证当它通入三相交流电流以后,所建立的旋转磁场接近正弦波形,并且由旋转磁场所产生的感应电动势是对称的。本节主要介绍定子绕组的基本概念、交流绕组的电动势和磁动势等知识。

交流绕组是按一定规律排列和连接的线圈的总称。是电机实现机电能量转换的一个主要部件。交流绕组的种类很多,不同类型的绕组,其构成规则既有不同又有一定的相似性。

5.2.1 交流绕组基本知识

1. 交流绕组的构成原则

在制造线圈,构成绕组时,对交流绕组提出如下原则:

① 在一定导体数下,获得较大的电动势和磁动势。

② 对于三相绕组,各相电势和磁动势要对称,各相阻抗要平衡。

③ 绕组的合成电势和磁动势在波形上力求接近正弦波。

④ 用铜量少,绝缘性能和机械强度高,散热好。

⑤ 制造检修方便。

一个电动机的绕组首先由绝缘漆包线经绕线机绕制成单匝或多匝线圈;再由若干个线圈组成线圈组。各线圈组电动势的大小和相位相同,根据需要,各相线圈可并联或串联,从而构成一相绕组;三相绕组之间可接成 Y 形或 △ 形。在此构成过程中,需要遵循交流绕组的构成原则。

线圈是组成绕组的元件,每一嵌放好的绕组元件都有两条切割磁感线的边,称为有效边。有效边嵌放在定子铁芯的槽内。在双层绕组中,一条有效边在上层,另一条在下层,故分别称为上元件边、下元件边,也称为上圈边、下圈边,在槽外用于连接上、下圈边的部分称为端接。如图 5-21 和图 5-22 所示。

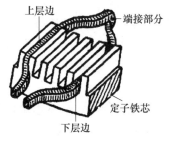

图 5-21 双层迭绕组元件构成

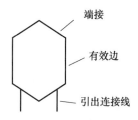

图 5-22 绕组元件示意图

2. 分　类

同步电机和异步电机的电枢绕组都是交流绕组,交流绕组的种类很多。

按相数,可分为单相、两相和三相绕组;按槽内层数,可分为单层、双层和单双层绕组;根据绕法,可分为叠绕组和波绕组;根据节距是否等于极距,可分为整距绕组和短距绕组,根据每极每相槽数是整数还是分数,可分为整数槽和分数槽绕组。但是构成绕组的原则是一致的。本节以单层和双层绕组为主,研究三相绕组的连接规律,通过绘制槽电势星形图和绕组展开图研究绕组分布情况。

5.2.2　交流绕组基本术语

1. 电角度与机械角度

电机圆周在几何上分为 360°,这个角度称为机械角度。从电磁的观点看,一对极所占空间为 360°,这是电角度。若磁场在空间上为正弦分布,则一对 N－S 极的分布范围刚好是一个磁场的分布周期。若导体切割磁场,经过一对 N－S 极时,感应产生的电势的变化也是一个周期,即 360°。根据以上观念,则电角度＝p×机械角度。

若电机的磁极对数为 p,则电机定子内腔整个圆周有 $p×360°$ 电角度。

2. 线　圈

线圈是构成交流绕组的基本单元,它由一匝或多匝导线串联而成。线圈有两个出现端,一个称为首端,另一个称为末端。一个线圈有两条有效边,连接两条有效边的导线称为端接线,端接线不切割磁感线,不产生感应电动势和电磁转矩,仅起连接有效边的作用。交流绕组的线圈相当于直流绕组的元件。

3. 极距与节距

相邻的一对磁极,轴线间沿气隙圆周即电枢表面的距离叫极距 τ。极距可用电角度及定子表面长度表示,一般用每个极面下所占的槽数表示。

当用电角度表示时,极距 $\tau=180°$ 电角度。

若定子槽数为 Z,极对数为 p(极数为 $2p$),则极距用槽数表示时为

$$\tau=\frac{Z}{2p} \tag{5-5}$$

同一线圈的两个有效边间的距离称为第一节距,用 y_1 表示;第一个线圈的下层边与第二个线圈的上层边间的距离称为第二节距,用 y_2 表示;第一个线圈与第二个线圈对应边间的距离称为合成节距,用 y 表示。可见 $y_1=y+y_2$,如图 5-23 所示。$y_1=\tau$ 称为整距绕组,$y_1<\tau$ 称为短距绕组,$y_1>\tau$ 称为长距绕组。长距绕组与短距绕组均能削弱高次谐波电势或磁势。但长距绕组的端接较长,很少采用。短距绕组由于其端接较短,采用较多。

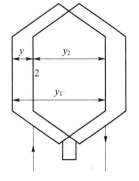

图 5-23　绕组节距

4. 槽距角

槽距角 α 是相邻槽间的电角度。电机定子的内圆周是 $p×360°$ 电角度,被其槽数 Z 所除,可得槽距角。即

$$\alpha=\frac{p×360°}{Z} \tag{5-6}$$

5．每极每相槽数与线圈组

每相绕组在每个磁极下平均占有的槽数为每极每相槽数 q。即

$$q = \frac{Z}{2mp}$$

(5 - 7)

式中，Z 为总槽数，p 为磁极对数，m 为相数。

将同一相带的 q 个线圈按一定规律连接起来构成一个极相组。

将属于同一相的所有极相组并联或串联起来，构成一相绕组。

6．相　带

相带即每个极面下每相连续占有的电角度。交流电机一般采用 60°相带。

5.2.3　三相单层绕组

单层绕组每槽只有一个线圈边，所以线圈数等于槽数的一半。

按绕组元件的形状和连接方式，三相单层绕组可分为等元件式（链式）、同心式和交叉式。

1．等元件单层绕组

等元件绕组的元件节距相等，即元件大小一样。如图 5 - 24 所示，电机定子的槽数 $Z = 36$，极数 $2p = 4$，并联支路数 $a = 1$。

槽距角为 α，故槽电势在相位上互差一个槽距角 α。

$$\alpha = \frac{p \times 360°}{Z} = \frac{2 \times 360°}{36} = 20°$$

每极每相极距和槽数分别为

$$\tau = \frac{Z}{2p} = \frac{36}{2 \times 2} = 9$$

$$q = \frac{Z}{2mp} = \frac{36}{2 \times 3 \times 2} = 3$$

如图 5 - 25 所示，先将 36 槽按极数和极距分成 4 段，然后以 U 相为例，在 4 个极下属于该极的 4 组相邻槽分别为：1、2、3，10、11、12，19、20、21 和 28、29、30，每组 3 槽，而且在不同极下分别处于相同的位置。

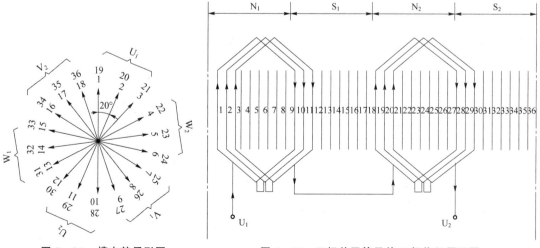

图 5 - 24　槽电势星形图　　　　**图 5 - 25　三相单层等元件 U 相绕组展开图**

2. 单层绕组的其他连接方式

单层绕组的其他连接方式是在等元件绕组的基础上发展而来的。常见的有交叉式和同心式两种绕组,这两种绕组槽电势的分配与等元件绕组是一样的,如图 5-26 和图 5-27 所示。若同为 36 槽、4 极的绕组,分配给 A 相的 4 组槽均为 1、2、3、10、11、12、19、20、21 和 28、29、30,根据槽电势星形图,由于线圈连接次序并不影响电势大小,故交叉式和同心式两种绕组的每相电势与等元件绕组的是一样的。

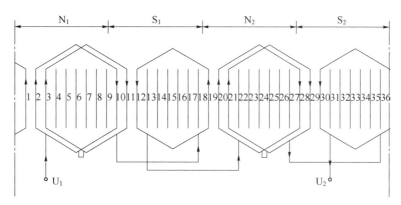

图 5-26　单层交叉式 U 相绕组展开图

如图 5-26 所示,交叉式绕组的线圈的节距均小于极距,从而节省了端部铜线。

如图 5-27 所示,同心式线圈两边可以同时嵌入槽内,不影响其他线圈的嵌放,嵌线方便,但端部连线较长,一般用于功率较小的两极异步电机。

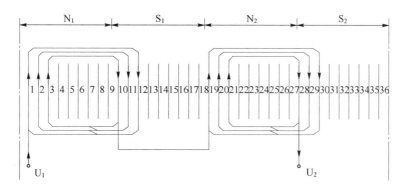

图 5-27　单层同心式 U 相绕组展开图

单层绕组的优点是:槽内无层间绝缘,槽利用率较高,对小功率电机来说具有很大意义,线圈数只是双层绕组的一半,且嵌线方便。主要缺点是:不能制成短距绕组来削弱高次谐波电势和高次谐波磁势,因此单层绕组一般用于功率在 10 kW 以下的异步电机。

5.2.4　三相双层绕组

双层绕组的每个线圈,一个边放在一个槽的上层,另一个边放在另一个槽的下层,线圈的形式相同,线圈数等于槽数。双层绕组的节距可以根据需要来选择,一般做成短距以削弱高次谐波,改善电势波形。容量较大的电机均采用双层短距绕组。

5.2.5　三相绕组的感应电动势

一相绕组由属于该相的所有线圈组组成,线圈组可以串联也可以并联,所以一相电势等于一条并联支路的总电势。对于双层绕组一共有 $2p$ 个线圈组,单层绕组则有 p 个线圈组。当一相的并联支路数为 a 条时,单层绕组则有 p 个线圈组,将一条支路中各线圈组电势相加起来,便可得到一相电势(一般情况下,每条支路所串联的线圈组电势都是同大小同相位的)。N_c 为单个线圈的匝数,N 为每相绕组串联的匝数。k_{w1} 为绕组系数。

对于双层绕组
$$N = \frac{2pqN_c}{a} \tag{5-8}$$

对于单层绕组
$$N = \frac{pqN_c}{a} \tag{5-9}$$

$$E_{\Phi_1} = 4.44N\,k_{w1}\,f\Phi_1 \tag{5-10}$$

5.2.6　交流电机绕组的磁场

当交流电机的绕组有电流流过时,绕组就会产生磁动势。在异步电机中,由于交流绕组磁势的作用,产生电机的主磁场;在同步电机中,电枢磁势会对主磁极磁场产生影响,从而对运行产生重要作用。

1. 单相绕组的磁势——脉振磁场

在一个整距线圈中通以一个随时间正弦变化的电流时,所产生的磁势在定子内圆空间作矩形波分布,这个矩形波的幅值又随正弦变化。当电流达到正的最大值时,矩形波的幅值也达到正的最大值;当电流为零时,矩形波的幅值也为零;当电流为负值时,矩形波的幅值也随之改变。这种幅值位置固定不动,波幅大小和正负随时间变化的磁势称为"脉振磁势"。

一个单相脉振磁势,可以分解出两个转速相同、转向相反的旋转磁势,每个旋转磁势的幅值为脉振磁势的一半,转速为同步转速。

2. 三相绕组的磁势——旋转磁场

对称的三相绕组在空间彼此相差 120°电角度,通以对称的三相电流在时间上也彼此相差 120°电角度。其合成磁势的基波是一个旋转磁势波。在空间上按正弦规律分布且幅值不变,随时间的变化整个波沿正方向旋转。三相合成磁势基波的转速为同步转速,转向可由三相绕组电流的相序决定。

专题 5.3　三相异步电动机的运行原理

教学目标:

1)掌握三相异步电动机的空载运行;

2)掌握三相异步电动机的堵转运行(短路);

3)掌握三相异步电动机的负载运行。

5.3.1　三相异步电动机的空载运行

1. 空载电流

当电机空载,定子三相绕组接到对称的三相电源时,在定子绕组中流过的电流称为空载电

流 $\dot{I}_0$。$\dot{I}_0$ 也称为励磁电流,大小为额定电流的 $20\%\sim50\%$。异步电动机的空载电流比变压器的励磁电流大,这是因为异步电动机的磁路中有气隙存在,因而磁阻较大,要求的空载励磁磁势也就比较大。

由于电动机空载,电动机轴上没有任何机械负载,所以电动机的空载转速非常接近同步转速,在理想空载情况下,可以认为空载转速为同步转速,此时转差率为 0,因而,转子导体中的电动势为 $0(E_2=sE_1)$,转子导体中的电流 $\dot{I}_2$ 为 0,所以空载时电动机气隙磁场完全由定子空载磁动势 F_0 产生。空载时的定子磁动势即为励磁磁动势,空载时的定子电流即为励磁电流。它的有功分量 $\dot{I}_{0p}$ 用来供给空载损耗,包括空载时的定子铜损耗、定子铁芯损耗和机械损耗。无功分量 $\dot{I}_{0q}$ 用来产生气隙磁场,也称为磁化电流,它是空载电流的主要部分。$\dot{I}_0$ 也可写为:$\dot{I}_0=\dot{I}_{0p}+\dot{I}_{0q}$。

励磁电流产生的磁通绝大部分同时与定子、转子绕组相交链,称为主磁通,用 Φ_m 表示。主磁通参与能量转换,在电动机中产生有用的电磁转矩。主磁通的磁路由定子、转子铁芯和气隙组成,它受饱和的影响,为非线性磁路。此外,还有一小部分磁通仅与定子绕组相交链,成为定子漏磁通。漏磁通不参与能量转换,并且主要通过空气隙闭合,受磁路饱和的影响较小,在一定条件下,漏磁通的磁路可以看做是线性磁路。

2. 定子电压平衡关系

设定子绕组上每相所加的端电压为 $\dot{U}_1$,相电流为 $\dot{I}_0$,主磁通 $\dot{\Phi}_m$ 在定子绕组中感应的每相电动势为 $\dot{E}_1$,定子漏磁通在每相绕组中感应的电动势为 $\dot{E}_{\sigma1}$,定子的每相电阻为 R_1,则电动机空载时每相的定子电压平衡方程式为

$$\dot{U}_1=-\dot{E}_1-\dot{E}_{\sigma1}+\dot{I}_0R_1 \tag{5-11}$$

与变压器类似

$$\dot{E}_1=-\dot{I}_0(R_m+jX_m) \tag{5-12}$$

$$\dot{E}_{\sigma1}=-j\dot{I}_0X_{\sigma1} \tag{5-13}$$

于是电压平衡方程可改写为

$$\dot{U}_1=-\dot{E}_1+\dot{I}_0(R_1+jX_{\sigma1})=-\dot{E}_1+\dot{I}_0Z_1 \tag{5-14}$$

故 $Z_1=R_1+jX_{\sigma1}$,称为定子漏阻抗。

当漏阻抗忽略不计时,可近似认为

$$\dot{U}_1=-\dot{E}_1 \quad 或 \quad U_1=E_1$$

三相异步电动机空载时的等效电路如图 5-28 所示。

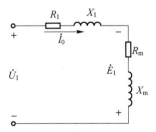

图 5-28 三相异步电动机空载时的等效电路和相量图

5.3.2 三相异步电动机的短路运行

电动机运行在短路状态,定子绕组电流会明显变大,运行时间一长,电动机发热严重,可能会烧毁电机。所以电动机不允许长期运行在短路状态。当拖动负载过大时,电动机会出现堵转现象,这时电动机也会短路。短路试验又叫堵转试验,主要是检测电动机的启动转矩和启动电流。

异步电动机在工厂的出厂试验中,必须每台进行空载和堵转试验。空载试验时,可以从空载电流和空载损耗中检查定子绕组、磁路、气隙、装配等方面的质量问题。堵转试验时,一般将堵转电流调到额定电流,从堵转电压、堵转功率中检查鼠笼式转子的结构参数。

5.3.3 三相感应电动机的负载运行

负载运行时,电动机将以低于同步转速的速度 n 旋转,其转向仍与 n_1 的方向相同。因此,气隙磁场与转子的相对速度为 $\Delta n = n_1 - n = s n_1$,$\Delta n$ 也就是气隙磁场切割转子绕组的速度。于是在转子绕组中感应出电势,产生电流,其频率为:

$$f_2 = \frac{p \Delta n}{60} = s \frac{n_1 p}{60} = s f_1 \tag{5-15}$$

对于异步电动机,一般 $s = 0.02 \sim 0.06$,当 $f_1 = 50\ \text{Hz}$ 时,f_2 仅为 $1 \sim 3\ \text{Hz}$。

负载运行时,除了定子电流产生一个磁动势外,转子电流也产生一个磁动势,总的磁动势由它们合成,称为转子磁动势 F_2。

不论是绕线式异步电动机还是鼠笼式异步电动机,其转子绕组都是对称的。对于绕线式异步电动机而言,转子的极对数可以通过转子绕组的接法做到和定子绕组一样;而鼠笼式异步电动机,转子导条中的电动势和电流由气隙磁场感应产生,因此转子导条中电流分布所形成的磁极数必然等于气隙磁场的极数。由于气隙磁场的极数取决于定子绕组的极数,所以鼠笼式异步电动机转子的极数和定子绕组的极数相等,而与转子导条的数目无关。实际上,任何电动机,其定子、转子极数相等是产生恒定平均电磁转矩的条件。

无论是鼠笼式异步电机还是绕线式异步电动机,其转子绕组都是一个对称的多相系统。转子中的电流也一定是一个对称的多相电流,产生的磁势必是一个旋转磁势,因为转子电流的频率为 $s f_1$,转子绕组的磁极对数 $p_2 = p_1$,转子合成磁动势相对于转子的转速为 $n_2 = s n_1$,且方向与定子磁动势的方向一致。

转子磁动势在空间的(相对于定子)旋转速度为

$$n_2 + n = s n_1 + n = n_1 \tag{5-16}$$

即等于定子磁动势 F_1 在空间的旋转速度。

式(5-16)是在任意转速下得到的,这就说明,无论电动机的转速如何变化,定子磁动势与转子磁动势相对静止。这是一切电机正常运行的必要条件。

1. 磁动势平衡

由于定、转子磁动势相对静止,因此可以合并成一个磁动势 F_m,即

$$F_1 + F_2 = F_m \tag{5-17}$$

F_m 也称为励磁磁动势,它产生气隙中的旋转磁场。

式(5-17)的物理意义为:在转子绕组中通过电流产生磁动势 F_2 的同时,定子绕组中必

然要增加一个分量,使这一分量产生磁势,抵消转子电流产生的磁动势 F_2,从而保持总磁动势 F_m 近似不变,显然 F_m 等于空载时的定子磁动势 F_0。

2. 电动势平衡方程式

负载时,定子电流为 $\dot{I}_1$,则负载时定子的电动势平衡方程式为

$$\dot{U}_1 = -\dot{E}_1 + \dot{I}_1(R_1 + jX_{\sigma1}) = -\dot{E}_1 + \dot{I}_1 Z_1 \qquad (5-18)$$

$$E_1 = 4.44 f_1 N_1 K_{w1} \Phi_m \qquad (5-19)$$

有负载时,转子电动势的频率为 $f_2 = \dfrac{p\Delta n}{60} = s\,\dfrac{pn_1}{60} = sf_1$,转子电动势的大小为

$$E_2 = 4.44 f_2 N_2 K_{w2} \Phi_m \qquad (5-20)$$

转子的电动势平衡方程为

$$\dot{E}_{2s} - \dot{I}_2(R_r + jX_{\sigma2s}) = 0 \qquad (5-21)$$

转子电流的有效值为

$$I_2 = \frac{E_{2s}}{\sqrt{R_r^2 + X_{\sigma2s}^2}} \qquad (5-22)$$

专题 5.4　三相异步电动机的功率转换

教学目标:

1)了解三相异步电动机的功率转换原理;

2)掌握三相异步电动机的转矩平衡公式。

三相异步电动机的机电能量转换过程和直流电动机相似。其机电能量转换的关键在于作为耦合介质的磁场对电系统和机械系统的作用和反作用。在直流电动机中,这种磁场由定、转子双边的电流共同激励,而异步电动机的耦合介质磁场仅由定子一边的电流来建立。异步电动机的气隙磁场基本上与负载无关,故无电枢反应可言。尽管如此,异步电动机由定子绕组输入电功率,从转子轴输出机械功率的总过程和直流电动机还是一样的。不过在异步电动机中的电磁功率却在定子绕组中发生,然后经由气隙送给转子,扣除一些损耗以后,在轴上输出。在机电能量转换过程中,不可避免地要产生一些损耗,其种类和性质也和直流电动机相似。

5.4.1　功率平衡

三相异步电动机将电能转换为机械能。当三相异步电动机以转速 n 稳定运行时,从电源输入的电功率 P_1 为

$$P_1 = \sqrt{3}\, U_1 I_1 \cos\varphi_1 \qquad (5-23)$$

定子铜损 p_{Cu1} 为

$$p_{Cu1} = 3 I_1^2 r_1 \qquad (5-24)$$

由于异步电动机正常运行时,转子频率为 $f_2 = sf_1$,为 $1\sim3$ Hz,转子铁耗很小,所以定子铁耗实际也是整个电动机的铁损 p_{Fe} 为

$$p_{Fe} = 3 I_0^2 r_m \qquad (5-25)$$

传输给转子回路的电磁功率 P_M 为

$$P_{\text{M}} = P_1 - p_{\text{Cu1}} - p_{\text{Fe}} = 3I_2'^2 \frac{r_2'}{s} \tag{5-26}$$

式中，等号的右边是转子回路全部电阻上的损耗。

转子绕组中的铜损 p_{Cu2} 为

$$p_{\text{Cu2}} = m_1 I_2'^2 r_2' = s P_{\text{M}} \tag{5-27}$$

输出给转轴的总机械功率为

$$P_{\text{m}} = P_{\text{M}} - p_{\text{Cu2}} = m_1 I_2'^2 \frac{1-s}{s} r_2' = (1-s) P_{\text{M}} \tag{5-28}$$

输出轴的真正输出功率（异步电动机铭牌功率）为

$$P_2 = P_{\text{m}} - p_{\text{m}} - p_{\text{ad}} \tag{5-29}$$

式中，p_{ad} 为附加损耗。

综上所述，从电源输入电功率到转轴上输出的机械功率的功率平衡方程式为

$$P_2 = P_1 - \sum p = P_1 - (p_{\text{Cu1}} + p_{\text{Fe}} + p_{\text{Cu2}} + p_{\text{m}} + p_{\text{ad}}) \tag{5-30}$$

功率传递过程用功率流程图表示，如图 5-29 所示。

从以上功率分析可知，异步电动机运行时电磁功率、转子回路铜损耗和总机械功率三者之间的关系为

$$P_{\text{M}} : p_{\text{Cu2}} : P_{\text{m}} = 1 : s : (1-s) \tag{5-31}$$

异步电动机的运行效率为

$$\eta = \frac{P_2}{P_1} = \frac{P_1 - \sum p}{P_1} = 1 - \frac{\sum p}{P_1}$$

$$= 1 - \frac{\sum p}{P_2 + \sum p} \tag{5-32}$$

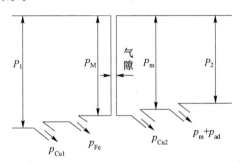

图 5-29　异步电动机功率流程图

式中，$\sum p$ 为电机总损耗。

由此可见，从气隙传递到转子的电磁功率分为两部分，一小部分变为转子铜损耗，绝大部分转变为总机械功率。转差率越大，转子铜损耗就越多，电动机效率越低。因此正常运行时电动机转差率均很小。

5.4.2　转矩平衡

通过电磁感应作用产生的转矩称为电磁转矩。定子电磁功率除以定子旋转磁场角速度就是定子的电磁转矩，即

$$T = \frac{P_{\text{M}}}{\omega} \tag{5-33}$$

将功率平衡方程式两边同时除以旋转磁场角速度可得

$$\frac{P_2}{\omega} = \frac{P_{\text{m}}}{\omega} - \frac{(p_{\text{m}} + p_{\text{ad}})}{\omega} \tag{5-34}$$

定义转子的输出转矩

$$T_2 = \frac{P_2}{\omega} \tag{5-35}$$

空载转矩 $$T_0 = \frac{(p_m + p_{ad})}{\omega} \quad (5-36)$$

则转矩平衡方程式 $$T_2 = T - T_0 \quad (5-37)$$

因为 $\omega = \dfrac{2\pi n}{60}$，则有

$$T_2 = \frac{P_2}{\omega} = \frac{P_2}{\dfrac{2\pi n}{60}} = 9.55\frac{P_2}{n} \quad (5-38)$$

式中，T_2 的单位为 kN/m。

【例 5-1】 一台三相六极异步电动机，额定数据为：$U_{1N} = 380$ V，$f_1 = 50$ Hz，$P_N = 7.5$ kW，$n_N = 962$ r/min，$\cos\varphi_{1N} = 0.827$，定子绕组为△连接，定子铜损耗 470 W，铁损耗 234 W，机械损耗 45 W，附加损耗 80 W。计算在额定负载时的转差率、转子电流频率、转子铜损耗、效率及定子电流。

解： $$s_N = \frac{n_1 - n_N}{n_1} = \frac{(1\,000 - 962)\text{r/min}}{1\,000\ \text{r/min}} = 0.038$$

$$f_2 = s_N f_1 = 0.038 \times 50\ \text{Hz} = 1.9\ \text{Hz}$$

由 $$P_M = P_N + p_{cu2} + p_m + p_{ad} = P_N + s_N P_M + p_m + p_{ad}$$

得 $$P_M = (P_N + p_m + p_{ad})/(1 - s_N) = (7\,500 + 45 + 80)\text{W}/(1 - 0.038) = 7\,926\ \text{W}$$

$$p_{cu2} = s_N P_M = 0.038 \times 7\,926\ \text{W} = 301\ \text{W}$$

$$\eta_N = \frac{P_N}{P_1} \times 100\% = \frac{P_N}{P_M + p_{cu1} + p_{Fe}} \times 100\% = \frac{7\,500\ \text{W}}{(7\,926 + 470 + 234)\text{W}} \times 100\% = 86.9\%$$

$$I_{1N} = \frac{P_N}{\sqrt{3} U_{1N} \cos\varphi_{1N} \eta_N} = \frac{7\,500\ \text{W}}{\sqrt{3} \times 380\ \text{V} \times 0.827 \times 0.869} = 15.85\ \text{A}$$

项目 5.5　三相异步电动机的工作特性、空载和短路试验

教学目标：

1) 了解三相异步电动机的工作特性；
2) 熟悉三相异步电动机的空载试验；
3) 熟悉三相异步电动机的短路实验。

5.5.1　项目介绍

通过三相异步电动机的空载和堵转试验，掌握试验方法，了解空载和堵转特性，并对三相异步电动机的工作特性有进一步的认识。

5.5.2　项目相关知识

1. 三相感应电动机的工作特性

三相异步电动机的工作特性是指电源电压、频率均为额定值的情况下，电动机的定子电流、转速（或转差率）、功率因数、电磁转矩、效率与输出功率的关系，即在 $U_1 = U_{1N}$、$f = f_N$ 时，

I_1、n、$\cos \varphi_1$、T_{em}、η 与 P_2 的关系曲线。工作特性指标在国家标准中都有具体规定,设计和制造都必须满足这些性能指标。工作特性曲线可用等值电路计算,也可以通过实验和作图方法求得。图 5-30 所示是一台三相异步电动机的典型工作特性曲线。

(1) 定子电流特性 $I_1 = f(P_2)$

输出功率变化时,定子电流变化情况如图 5-30 所示。空载时,$P_2 = 0$,转子转速接近同步转速,即 $n \approx n_1$,此时定子电流就是空载电流,因为转子电流 $I_2' \approx 0$,所以 $\dot{I}_1 = \dot{I}_0 + (-\dot{I}_2') \approx \dot{I}_0$,几乎全部为励磁电流。随着负载的增大,转子转速略有降低,转子电流增大,为了磁动势平衡,定子电流的负载分量也相应地增大,I_1 随着 P_2 增大而增大。

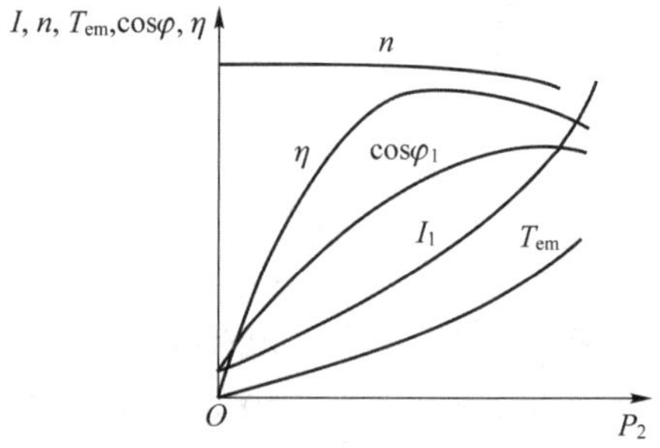

图 5-30 三相异步电动机的工作特性

(2) 转速特性 $n = f(P_2)$

由 $T_2 = \dfrac{P_2}{\Omega}$ 可知,当 P_2 增加时。T_2 也增加,T_2 增加会使转速 n 降低,但是异步电动机转速变化范围较小,所以转速特性是一条稍有下降的曲线。

(3) 转矩特性 $T_{em} = f(P_2)$

异步电动机稳定运行时,电磁转矩应与负载制动转矩 T_L 相平衡,即 $T_{em} = T_L = T_2 + T_0$,电动机从空载到额定负载运行,其转速变化不大,可以认为是常数。所以,T_2 与 P_2 成比例关系。而空载转矩 T_0 可以近似认为不变,这样,T_{em} 和 P_2 的关系曲线也近似为一直线,如图 5-30 所示。

(4) 功率因数特性 $\cos \varphi_1 = f(P_2)$

异步电动机空载运行时,定子电流基本上是产生主磁通的励磁电流,功率因数很低,约为 0.1~0.2。随着负载的增大,电流中的有功分量逐渐增大,功率因数也逐渐提高。在额定负载附近,功率因数 $\cos \varphi_1$ 达到最大值。如果负载继续增加,电动机转速下降较快,转子漏抗和转子电流中的无功分量迅速增加,反而使功率因数下降,这样就形成了如图 5-30 所示的功率因数特性曲线。

(5) 效率特性 $\eta = f(P_2)$

由于损耗包括不变损耗和可变损耗两大部分,所以电动机效率随负载的变化而变化,当损耗增加较慢时,效率特性上升较快。当不变损耗等于可变损耗时,电动机的效率达到最大值。以后负载继续增加,可变损耗增加很快,效率开始下降。异步电动机在空载和轻载时,效率和功率都很低;接近满载,即 $(0.7 \sim 1)P_N$ 时,η 和 $\cos \varphi_1$ 都很高。在选择电动机容量时,不能使它长期处于轻载运行状态。

2. 三相异步电动机参数测定

和变压器一样,异步电动机也有两类参数,一类是表示空载状态的励磁参数,即 R_m、X_m;另一类是表示短路状态的短路参数,即 R_1、R_1'、X_1、X_1'。这两种参数不仅大小悬殊,性质也不同。前者决定于电动机主磁路的饱和程度,所以是一种非线性参数;后者基本上与电动机的饱和程度无关,是一种线性参数。和变压器等值电路中的参数一样,励磁参数、短路参数可分别通过简便的空载试验和短路试验测定。

（1）空载试验

空载试验的目的是确定电动机的励磁参数及铁损耗和机械损耗。试验时，电动机轴上不带任何负载，定子接到额定频率的对称三相电源上，将电动机运转一段时间（30 min）使其机械损耗达到稳定值，然后用调压器改变电源电压的大小，使定子端电压从 $(1.1 \sim 1.3)U_{1N}$ 开始，逐渐降低到最低电压（约为 $0.2U_{1N}$）为止，测取 8～10 点。每次记录电动机的端电压 U_{0L}、空载电流 I_{0L}、空载输入功率 P_0 和转速 n，即可得电动机的空载特性，如图 5-31 所示。

空载时，转子铜损耗和附加损耗很小，可忽略不计。此时电动机的三相输入功率全部用以补偿定子铜损耗、铁损耗和转子的机械损耗，即

$$P_0 = p_{cu1} + p_{Fe} + P_\Omega \tag{5-39}$$

所以从空载功率中减去定子铜损耗，就可得到铁损耗和机械功率损耗两项之和，即

$$P_0' = p_{Fe} + P_\Omega \tag{5-40}$$

由于铁损耗 p_{Fe} 与磁通密度的平方成正比，因此可认为它与 U_1^2 成正比，而机械损耗的大小仅与转速有关，与端电压高低无关，可认为 P_Ω 是个常数。因此，把不同电压下的机械损耗和铁损耗两项之和与端电压的平方值画成曲线 $p_{Fe} + P_\Omega = f(U_1^2)$，并把这一曲线延长到 P_0' 处，如图 5-32 虚线所示。虚线以下部分表示与电源电压大小无关的机械损耗，虚线以上部分就是铁损耗。

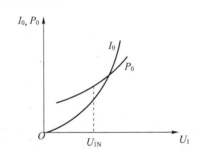

图 5-31　异步电动机的空载特性

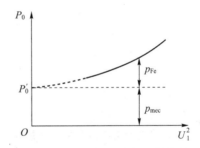

图 5-32　机械损耗与铁损耗的求法

（2）短路试验

异步电动机短路时，总机械功率的附加电阻为

$$\left(\frac{1-s}{s}\right)R_r = 0 \tag{5-41}$$

在这种状态下，$s=1$，$n=0$，即电动机在外施电压下处于静止状态。因此，短路实验必须在电动机堵转情况下进行，故短路试验亦称为堵转试验。为了使短路实验时电动机的短路电流不致过大，可降低电源电压进行，一般从 $U_1 = 0.4U_N$ 开始，逐渐降低电压进行，为避免定子绕组过热，试验应尽快进行。测量 5～7 点，每次记录端电压、定子短路电流和短路功率，并测量定子绕组的电阻，根据记录数据，绘制短路特性曲线，如图 5-33 所示。

由于电源电压 U_1 较低（E_1、Φ_1 很小），故励磁电

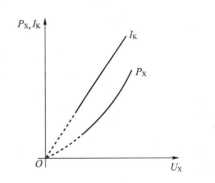

图 5-33　三相异步电动机的短路特性

流很小,等值电路的励磁支路可以忽略。因而电动机的铁损耗很小,可认为 $p_{Fe}=0$,由于堵转,机械损耗 $p_{mec}=0$。所以,定子输入功率都消耗在定、转子的电阻上。

5.5.3 项目的实现

1. 实验仪器和设备

实验仪器和设备如表 5-3 所列。

表 5-3 实验仪器

序 号	型 号	名 称	数量/件
1	DD01	三相调压交流电源	1
2	D33	数/模交流电压表	1
3	D32	数/模交流电流表	1
4	D34-3	智能型功率、功率因数表	1
5	DD03-3	涡流测功机导轨	1
6	DJ16	三相鼠笼异步电动机	1

2. 实验内容及操作步骤

(1)三相异步电动机的空载实验

① 把三相调压交流电源调至电压最小位置,按下控制屏上的启动按钮,接通电源,调节控制屏左侧的调压器旋钮,使电压为 220 V。

② 按图 5-34 接线。电机用 DJ16($U=$ 220 V,$I=0.5$ A,△接法),电压表量程 300 V,电流表量程 1 A。

③ 保持电动机在额定电压下空载运行数分钟,使机械损耗达到稳定后再进行试验。

④ 调节电压由 $1.2U_N$(264 V)开始逐渐降低电压,直至电流或功率显著增大为止。在此范围内读取空载电压、空载电流、空载功率。

⑤ 在测取空载实验数据时,在额定电压附近多测几点,共取数据 7~9 组,记录于表 5-4 中。

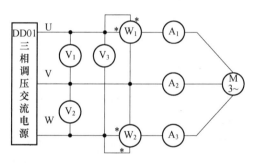

图 5-34 三相异步电动机空载实验接线图

表 5-4 三相异步电动机空载实验

序号	U_{0L}/V				I_{0L}/A				P_0/W			$\cos\varphi_0$
	U_{AB}	U_{BC}	U_{CA}	U_{0L}	I_A	I_B	I_C	I_{0L}	P_1	P_2	P_0	
①												
②												
⋮												
⑦												

表中：$U_{0L} = \dfrac{U_{AB} + U_{BC} + U_{CA}}{3}$，$I_{0L} = \dfrac{I_A + I_B + I_C}{3}$，$P_0 = P_1 + P_2$，$\cos\varphi_0 = \dfrac{P_0}{\sqrt{3}\,U_{0L}I_{0L}}$。

（2）三相异步电动机的堵转实验

① 测量接线图同图 5 - 34。用手握住电机转子，使电机不旋转。

② 将调压器退至零，按下控制屏上的启动按钮，接通交流电源。调节控制屏左侧调压器旋钮，使之逐渐升压至短路电流达到 $1.2I_N$（0.6 A），再逐渐降压至 $0.3I_N$（0.36 A）为止。

③ 在此范围内读取短路电压、短路电流、短路功率。

④ 共取数据 5～6 组，记录于表 5 - 5 中。

⑤ 测量完后，把调压器推到零，再松开握电机的手。

表 5 - 5 　三相异步电动机短路实验

序号	U_{ZTL}/V				I_{ZTL}/A				P_{ZT}/W			$\cos\varphi_K$
	U_{AB}	U_{BC}	U_{CA}	U_{KL}	I_A	I_B	I_C	I_{KL}	P_1	P_2	P_K	
①												
②												
⋮												
⑥												

表中：$U_{KL} = \dfrac{U_{AB} + U_{BC} + U_{CA}}{3}$，$I_{KL} = \dfrac{I_A + I_B + I_C}{3}$，$P_K = P_1 + P_2$，$\cos\varphi_K = \dfrac{P_K}{\sqrt{3}\,U_{KL}I_{KL}}$。

3. 实验报告

（1）作空载特性曲线：I_{0L}、P_0、$\cos\varphi_0 = f(U_{0L})$。

（2）作短路特性曲线：I_{KL}、$P_K = f(U_{KL})$。

习题与思考题

5 - 1　异步电动机中的空气隙为什么做得很小？

5 - 2　异步电动机为什么又称感应电动机？

5 - 3　什么是异步电动机的转差率？如何根据转差率判断异步电机的运行状态？

5 - 4　假如有一台星形联结的三相异步电动机，在运行中突然切断三相电流，并同时将任意两相定子绕组（如 U 相、V 相）立即接入直流电源，这时异步电动机的工作状态如何？试画图分析。

5 - 5　当异步电动机运行时，设外加电源的频率为 f_1，电机运行时转差率为 s，问：定子电动势的频率是多少？转子电动势的频率是多少？由定子电流所产生的旋转磁场以什么速度截切定子？又以什么速度截切转子？由转子电流产生的旋转磁场以什么速度截切转子？又以什么速度截切定子？定、转子旋转磁场的相对速度为多少？

5 - 6　三相异步电动机主磁通和漏磁通是如何定义的？主磁通在定、转子绕组中感应电动势的频率一样吗？两个频率之间数量关系如何？

5 - 7　当三相异步电动机在额定电压下正常运行时，如果转子突然被卡住，会产生什么后果？为什么？

5-8 三相异步电机的极对数 p、同步转速 n_1、转子转速 n、定子频率 f_1、转子频率 f_2、转差率 s 及转子磁动势 F_2 相对于转子的转速 n_2 之间的相互关系如何？试填入下表空格中。

p	$n_1/(\text{r} \cdot \text{min}^{-1})$	$n/(\text{r} \cdot \text{min}^{-1})$	f_1/Hz	f_2/Hz	s	$n_2/(\text{r} \cdot \text{min}^{-1})$
1			50		0.03	
2		1 000	50			
	1 800		60	3		
5	600	−500				
3	1 000				−0.2	
4			50		1	

5-9 已知某异步电动机的额定频率为 50 Hz，额定转速为 970 r/min，问该电机的极数是多少？额定转差率是多少？

5-10 一台 50 Hz、8 极的三相感应电动机，额定转差率 $s_N = 0.043$，问该机的同步转速是多少？当该机运行在 700 r/min 时，转差率是多少？当该机运行在 800 r/min 时，转差率是多少？当该机启动时，转差率是多少？

5-11 已知一台型号为 JO$_2$-82-4 的三相异步电动机的额定功率为 55 kW，额定电压为 380 V，额定功率因数为 0.89，额定效率为 91.5%，试求该电动机的额定电流。

5-12 一台 50 Hz 三相绕线式异步电动机，定子绕组 Y 连接，在定子上加额定电压。当转子开路时，其滑环上测得电压为 72 V，转子每相电阻 $R_2 = 0.6\ \Omega$，每相漏抗 $X_{2\sigma} = 4\ \Omega$。忽略定子漏阻抗压降，额定运行 $s_N = 0.04$，时，试求：

(1) 转子电流的频率；

(2) 转子电流的大小；

(3) 转子每相电动势的大小。

5-13 一台三相感应电动机，$P_N = 7.5$ W，额定电压 $U_N = 380$ V，定子 △ 接法，频率为 50 Hz。额定负载运行时，定子铜耗为 474 W，铁耗为 231 W，机械损耗为 45 W，附加损耗为 37.5 W，$n_N = 960$ r/min，$\cos\varphi_N = 0.824$。试计算转子电流频率、转子铜耗、定子电流和电机效率。

5-14 一台三相 4 极 50 Hz 感应电动机，$P_N = 75$ kW，$n_N = 1\ 450$ r/min，$U_N = 380$ V，$I_N = 160$ A，定子 Y 接法。已知额定运行时，输出转矩为电磁转矩的 90%，$p_{Cu1} = p_{Cu2}$，$p_{Fe} = 2.1$ kW。试计算额定运行时的电磁功率、输入功率和功率因数。

5-15 一台三相异步电动机，额定电压为 380 V，Y 连接，频率为 50 Hz，额定功率为 28 kW，额定转速为 950 r/min，额定负载时的功率因数为 0.88，定子铜损耗及铁损耗共为 2.2 kW，机械损耗为 1.1 kW，忽略附加损耗。计算额定负载时的：(1) 转差率；(2) 转子铜损耗；(3) 效率；(4) 定子电流；(5) 转子电流的频率。

模块 6　三相异步电动机的电力拖动

本模块主要讲述三相异步电动机的机械特性,并以此为理论基础,分别介绍三相异步电动机的启动、调速和制动的种类及实现方法,并对各种方法的特性做简单分析。

专题 6.1　三相异步电动机的机械特性

教学目标:

1)掌握三相异步电动机的机械特性曲线图;

2)掌握三相异步电动机机械特性的 3 个公式;

3)掌握固有机械特性和人为机械特性的变化规律;

4)熟悉三相异步电动机稳定运行的条件。

6.1.1　三相异步电动机的机械特性概述

1. 定　义

三相异步电动机的运行特性就是三相异步电动机在运行工作时的机械特性。是指在一定条件下,电动机的转速 n 与电磁转矩 T_{em} 之间的关系 $n=f(T_{em})$。由于异步电动机的转速 n 与转差率 s 及旋转磁场的同步速 n_1 之间的关系为 $n=(1-s)n_1$,所以异步电动机的机械特性往往用 $T_{em}=f(s)$ 的形式表示,简称为 T-s 曲线。

2. 三种表达式

(1)物理表达式

电磁转矩的公式为

$$T_{em}=\frac{P}{\omega}=C_T\Phi_m I_2'\cos\varphi_2 \tag{6-1}$$

式中,C_T 为三相异步电动机的转矩系数,是一常数;Φ_m 为三相异步电动机的气隙每极磁通量;I_2'、$\cos\varphi_2$ 分别为转子电路的电流和功率因数。

式(6-1)清楚表明了 T_{em} 和 I_2'、$\cos\varphi_2$ 之间的物理关系,故称为物理表达式。虽然 I_2'、$\cos\varphi_2$ 与 n 密切相关,但此式不能直接清楚反映出 T 与 n 的关系。

(2)参数表达式

$$T_{em}=\frac{3pU_1^2\dfrac{r_2'}{s}}{2\pi f_1\left[\left(r_1+\dfrac{r_2'}{s}\right)^2+(x_1+x_2')^2\right]} \tag{6-2}$$

给定 U_1、f_1 及阻抗 r_1、r_2、x_2 等参数,根据式(6-2)可以画出 $T_{em}=f(s)$ 曲线,即机械特性曲线,如图 6-1 所示。

图 6-1 所示机械特性中几个特征点如下:

① 同步转速点 A。其特点是 $n=n_1(s=0)$、$T=0$。A 点为理想空载运行点,没有外界转矩的作用,异步电动机本身不可能达到同步转速点。

② 额定运行点 B。其特点是电磁转矩和转速均为额定值,分别用 T_N 和 n_N 表示,相应的额定转差率用 s_N 表示,异步电动机可长期运行在额定状态。

③ 最大转矩点 C。其特点是对应的电磁转矩为最大值 T_m,称为最大转矩,对应的转差率用 s_m,称为临界转差率。把式(6-2)中的 T 对 s 求导,并令导数为零,即可得到最大转矩 T_m 和临界转差率 s_m 为

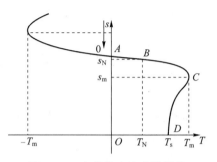

图 6-1　由参数表达式绘制的三相异步电动机机械特性曲线

$$T_m = C\frac{U_1^2}{2x_2} \tag{6-3}$$

$$s_m = \frac{r_2}{2x_2} \tag{6-4}$$

式中,C 为一个与电机结构有关的常数。

可见:

a. 当电动机参数和电源频率不变时,$T_m \propto U_1^2$,而 s_m 与 U_1 无关;

b. 当电源电压和频率不变时,s_m 和 T_m 近似与 x_2 成反比;

c. 增大转子回路电阻 r_2,只能使 s_m 相应增大,而 T_m 保持不变。

最大转矩 T_m 与额定转矩 T_N 之比称为最大转矩倍数,也称过载能力,用 λ_m 表示为

$$\lambda_m = \frac{T_m}{T_N} \tag{6-5}$$

最大转矩倍数 λ_m 是异步电动机的重要数据之一,可在产品目录中查到。一般异步电动机的 $\lambda_m = 1.6 \sim 2.2$,对于冶金起重机械用的电动机,λ_m 可达 $2.2 \sim 2.8$。

④ 启动点 D。其特点是,对应的转速和转差率 $n=0$,$s=1$,对应的转矩 T_s 称为启动转矩,又称为堵转转矩,它是异步电动机接通电源开始启动时的电磁转矩。将相关参数代入式(6-2),可得启动转矩 T_{st} 的公式为

$$T_{st} = C\frac{U_1^2 r_2'}{(r_1 + r_2')^2 + (x_1 + x_2')^2} \tag{6-6}$$

可见,对绕线式异步电动机,转子回路串接适当大小的附加电阻(即适当加大 r_2'),就能加大启动转矩 T_{st},从而改善启动性能。对于鼠笼式电动机,不能用转子串接电阻的方法改善启动转矩,在设计电动机时就要根据不同负载的启动要求考虑启动转矩的大小。

启动转矩 T_{st} 与额定转矩 T_N 之比,称为启动转矩倍数,用 λ_s 表示,即

$$\lambda_s = \frac{T_{st}}{T_N} \tag{6-7}$$

一般电动机的启动转矩倍数 $\lambda_s = 1.0 \sim 2.0$,对于冶金起重机械用的电动机 λ_s 为 $2.8 \sim 4.0$。

(3)实用表达式

参数表达式在理论分析时很有用,但定、转子参数在产品目录中找不到,使用起来不方便。

为此,还需导出便于用户实际使用的实用表达式

$$T = \frac{2T_m}{\dfrac{s}{s_m} + \dfrac{s_m}{s}} \qquad (6-8)$$

使用该公式时,先由电动机产品目录查得的数据 P_N,n_N,λ_N,算出 T_m 和 s_m,就可得到 T 与 $s(n)$ 的关系曲线。具体解法如下:

额定输出转矩:
$$T_N = 9\,550 \times \frac{P_N}{n_N} \qquad (6-9)$$

最大转矩:
$$T_m = \lambda_m T_N \qquad (6-10)$$

额定转差率:
$$s_N = \frac{n_1 - n_N}{n_1} \qquad (6-11)$$

临界转差率:
$$s_m = s_N(\lambda_m + \sqrt{\lambda_m^2 - 1}) \qquad (6-12)$$

机械特性的 3 种表达式,其应用场合各有不同。物理表达式适用于定性分析 T 与 Φ_m 及 $I_2' \cos\varphi_2$ 之间的物理关系;参数表达式适用于分析各参数变化对电动机机械特性的影响;实用表达式适用于进行机械特性的工程计算。

【例 6-1】　一台三相异步电动机额定值如下:$P_N = 95$ kW,$n_N = 960$ r/min,$U_N = 380$ V,Y 接法,$\cos\varphi_N = 0.86$,$\eta_N = 90.5\%$,过载能力 $\lambda_m = 2.4$。试求电动机机械特性的实用表达式。

解:

额定转差率
$$s_N = \frac{n_1 - n_N}{n_1} = \frac{(1\,000 - 960)\,\text{r/min}}{1\,000\,\text{r/min}} = 0.04$$

额定转矩
$$T_N = 9\,550 \times \frac{P_N}{n_N} = 9\,550 \times \frac{95\,\text{kW}}{960\,\text{r/min}} = 945\,\text{N} \cdot \text{m}$$

最大转矩　　　$T_{max} = \lambda_m T_N = (2.4 \times 945)\,\text{N} \cdot \text{m} = 2\,268\,\text{N} \cdot \text{m}$

当 $s = s_N$ 时,$T = T_N$,由式(6-8)得

$$T_N = \frac{2T_{max}}{\dfrac{s_m}{s_N} + \dfrac{s_N}{s_m}}$$

解得　　　$s_m = s_N(\lambda_m + \sqrt{\lambda_m^2 - 1}) = 0.04 \times (2.4 + \sqrt{2.4^2 - 1}) = 0.183\,2$

机械特性的实用表达式为

$$T = \frac{2T_{max}}{\dfrac{s}{s_m} + \dfrac{s_m}{s}} = \frac{2 \times 2\,268\,\text{N} \cdot \text{m}}{\dfrac{s}{0.183} + \dfrac{0.183}{s}} = \frac{4\,536\,\text{N} \cdot \text{m}}{\dfrac{s}{0.183} + \dfrac{0.183}{s}}$$

6.1.2　固有机械特性

三相异步电动机的固有机械特性是指异步电动机工作在额定电压和额定频率下,按规定的接线方式接线,定、转子外接电阻为零时,n 与 T_{em} 的关系。根据电磁转矩的参数表达式可绘出三相异步电动机的固有机械特性,如图 6-2 所示。

三相异步电动机的固有机械特性可以利用实用表达式计算得到。方法是先利用实用表达

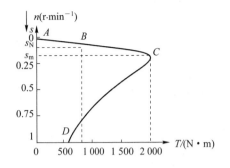

图 6 - 2 　三相异步电动机固有特性的绘制

式计算出同步转速点 A、额定转速点 B、最大转矩点 C 和启动点 D 这几个特殊点，然后将这些点连接起来，便得到固有机械特性曲线。当然计算的点越多，做出的曲线就越精确。

【例 6 - 2】 某三相异步电动机，$P_N = 60\ kW$，$n_N = 725\ r/min$，$f_1 = 50\ Hz$，$\lambda_m = 2.5$，试绘出电动机的固有机械特性。

解： 同步转速点 A：$s = 0$ 时，$n_N = 725\ r/min$，$T = 0$。

额定运行点 B：

$$s_N = \frac{n_1 - n_N}{n_1} = \frac{(750 - 725)\,r/min}{750\ r/min} = 0.033$$

$$T_N = 9\,550 \times \frac{P_N}{n_N} = 9\,550 \times \frac{60\ kW}{750\ r/min} = 790\ N \cdot m$$

最大转矩点 C：

$$s_m = s_N(\lambda_m + \sqrt{\lambda_m^2 - 1}) = 0.033 \times (2.5 + \sqrt{2.5^2 - 1}) = 0.16$$

$$T_m = \lambda_m T_N = 2.5 \times 790\ N \cdot m = 1\,975\ N \cdot m$$

启动点 D：将 $s = 1$ 代入公式得

$$T = \frac{2T_m}{\dfrac{s}{s_m} + \dfrac{s_m}{s}} = \frac{2 \times 1\,975\ N \cdot m}{\dfrac{1}{0.16} + \dfrac{0.16}{1}} = 616\ N \cdot m$$

6.1.3　人为机械特性

人为机械特性是指人为地改变电机参数或电源参数而得到的机械特性。由式（6 - 2）可见，可以改变的量有：加到定子端的电源电压 U_1、电源频率 f_1、磁极对数 p，定子电路的电阻或电抗、转子电路的电阻或电抗等。所以三相异步电动机的人为机械特性种类很多，这里介绍几种常见的人为机械特性。

1. 降低定子电压时的人为机械特性

当定子电压 U_1 降低时，由式（6 - 2）可见，电动机的电磁转矩将与 U_1^2 成正比地降低，但产生最大转矩的临界转差率 s_m 与电压无关，因此同步转速 n_1 也不变。可见降低电压的人为特性是一组通过同步速点的曲线簇。图 6 - 3 绘出了 $U_1 = U_N$ 的固有特性和 $U_1 = 0.8U_N$ 及 $U_1 = 0.5U_N$ 时的人为机械特性曲线。

由图可见，当电动机在某一负载下运行时，若降低电压，将使电机转速降低，转差率增大；

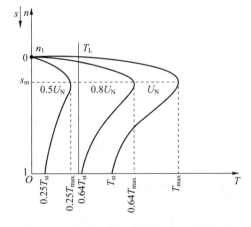

图 6 - 3　降低定子电压时的人为机械特性

而转子电流将因转子电势 $E_{2s} = sE_2$ 的增大而增大，从而引起定子电流的增大。若电流超过额定值,则电动机的最终温升将超过允许值,导致电动机寿命缩短,如果电压降低过多,致使最大转矩小于负载转矩,则会导致电动机的停转。

2. 转子电路串接对称电阻时的人为机械特性

在绕线转子异步电动机转子电路内,三相分别串接大小相等的电阻,由前述分析可知,此时电动机的同步转速 n_1 不变,最大转矩 T_m 也不变,临界转差率 s_m 则随外接电阻 R_s 的增大而增大。人为特性是一组通过同步点的曲线簇,如图 6-4 所示。

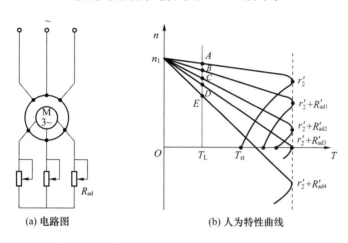

(a) 电路图　　　　　　　　　(b) 人为特性曲线

图 6-4　转子电路串接对称电阻时的人为特性

在一定范围内增加转子电阻,显然可以增大电机的启动转矩,若所串接的附加电阻如图中的 R_{ad},使 $s=s_m=1$,对应的启动转矩 T_{st} 等于最大转矩 T_m。如果再增大转子电阻,启动转矩反而会减小。

3. 定子电路串接电阻或电抗的人为机械特性

在鼠笼式异步电动机定子电路三相分别串接对称电抗 X,如图 6-5 所示。定子电路串接电抗一般用于鼠笼式异步电动机的降压启动,以限制电动机的启动电流。

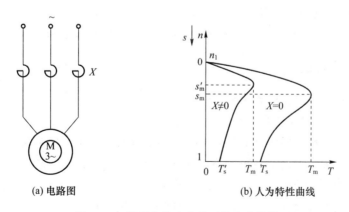

(a) 电路图　　　　　　　　　(b) 人为特性曲线

图 6-5　定子电路串电抗时的人为特性

6.1.4　三相异步电动机的稳定运行

稳定运行定义:从运动方程分析,电力拖动系统运行在工作点上,就是一个平衡的运行状态。但是,实际运行的电力拖动系统,经常会出现一些小的干扰,比如电源电压或负载转矩的波动等。这样就存在下面的问题:系统在工作点上稳定运行时,若突然出现干扰,待干扰消除后,该系统是否仍能够回到原来工作点上继续稳定运行? 如果能,系统处于稳定运行状态,该工作点就是稳定工作点;如果不能,则系统是不稳定运行状态,该工作点称为不稳定工作点。

稳定运行的充分必要条件:存在 $T_{em} = T_L$ 的交点,且在 $T_{em} = T_L$ 处,存在

$$\frac{\mathrm{d}T_{em}}{\mathrm{d}t} > \frac{\mathrm{d}T_L}{\mathrm{d}t} \qquad (6-13)$$

对于恒转矩负载(图 6-6 中的负载转矩特性 1),不难判定它在 A 点能够平衡稳定运转,而在 B 点却只能平衡而不能稳定运转,所以线性段对恒转矩负载为稳定运行区,非线性段为不稳定运行区。

对于通风机类负载(图 6-6 中的负载特性 2),C 点虽然处于特性曲线的非线性段,但仍满足稳定运行条件,所以整条特性曲线都可以平衡稳定运行。

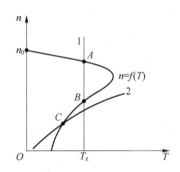

图 6-6 异步电动机拖动系统稳定运行点

项目 6.2 三相异步电动机的启动

教学目标:

1)掌握鼠笼式三相异步电机的直接启动和降压启动方法;

2)掌握绕线式三相异步电机的启动方法;

3)熟悉绕线式三相异步电机转子串接电阻分级启动的级数及各级电阻。

6.2.1 项目简介

通过检测直接启动、定子回路串接电阻降压启动、Y-△降压启动和自耦变压器降压启动等启动方法的启动电流,帮助读者理解三相异步电动机的启动方法和性能。

6.2.2 项目相关知识

1. 对异步电动机启动性能的要求

对异步电动机启动性能有如下要求:

① 具有足够大的启动转矩 T_{st},以保证生产机械能够正常地启动;

② 在保证一定大小的启动转矩的前提下,电动机的启动电流 I_{st} 越小越好;

③ 启动设备力求结构简单,运行可靠,操作方便;

④ 启动过程的能量损耗越小越好,启动时间 t_{st} 越短越好。

以上启动性能中最主要的是要求在启动电流比较小的情况下得到较大的启动转矩。这是因为对电网而言,过大的启动电流冲击可能引起电网电压的大幅度下降。电动机的启动电流流过具有一定内阻抗的发电机、变压器和供电线路会造成电压降落,特别是对于那些小容量的电网更为显著。电网电压的降低会影响接在同一电网上其他负载(主要是其他异步电动机)的

正常运行。对电动机本身来说,当工作在频繁启动的情况下,过大的启动电流将造成电动机严重发热,以致加速绝缘老化,大大缩短电动机的使用寿命;同时在大电流的冲击下,电动机绕组(尤其是端部)受电动力作用易发生位移和变形,甚至烧毁,另一方面,启动转矩小会拖长启动时间。

2. 鼠笼式异步电动机的启动

鼠笼式电动机有直接启动和降压启动两种方法。

(1) 直接启动——小容量电动机启动方法

直接启动也称为全压启动。这种启动方法最简便,不需要复杂的启动设备,但因启动电流较大,只允许在小容量电动机中使用。在一般电网容量下,7.5 kW 的电动机就认为是小容量,所以 $P_N \leqslant 7.5$ kW 的异步电动机可以直接启动。但是所谓小容量也是相对的,如果电网容量大,则可以允许容量较大的电动机直接启动。因此,对容量较大的电动机,若能满足下列要求,也允许直接启动。

$$\frac{I_{st}}{I_N} \leqslant \frac{1}{4}\left[3 + \frac{\text{电源总容量(kV·A)}}{\text{启动电机容量(kW)}}\right] \tag{6-14}$$

式中,$I_{st}/I_N = K_I$ 为笼型异步电动机的启动电流倍数,其值可根据电动机的型号和规格从有关手册中查得。

(2) 降压启动——大中容量电动机轻载启动方法

对于不允许直接启动的笼型异步电动机,为限制启动电流,只有降低加在绕组上的电压 U_1。

但是由于 T 和 U_1^2 成正比,因此,这种方法只适用于空载或轻载启动的负载。降压启动时,可以采用近几年得到应用的电机软启动器,也可以采用传统的降压启动方法。

① 定子电路串接电阻或电抗降压启动。

a. 启动线路

定子串接电阻启动、串接电抗启动的原理线路图如图 6-7 所示。

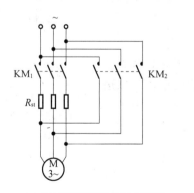 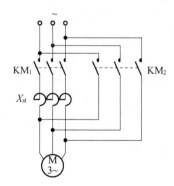

(a) 定子串电阻降压启动原理图　　　(b) 定子串电抗降压启动原理图

图 6-7　笼型异步电动机电阻减压启动原理图

KM$_1$ 闭合时,电机开始启动。此时启动电阻 R_{st} 串入定子电路中,较大的启动电流在 R_{st} 上产生较大的电压降,从而降低了加到定子上的电压,限制了启动电流。当转速升高到一定数值时,将 KM$_1$ 断开,KM$_2$ 闭合,切除启动电阻,电动机全压启动,启动结束后将运行于某一稳定转速。

b. 启动电流和启动转矩

设加在定子绕组上的额定电压为 U_N，降压后的电压为 U_2，并令

$$\alpha = \frac{U_N}{U_2} \tag{6-15}$$

令三相异步电动机的等效总阻抗为 z_k，降压后的电流为 I'_{st}，则

$$I'_{st} = \frac{U_2}{z_k} = \frac{U_N}{\alpha z_k} = \frac{I_{st}}{\alpha}$$

直接启动时

$$I_{st} = \frac{U_N}{z_k} \tag{6-16}$$

降压启动时

$$I'_{st} = \frac{U_2}{z_k} = \frac{U_N}{\alpha z_k} = \frac{I_{st}}{\alpha} \tag{6-17}$$

由式(6-17)得

$$T'_{st} = \frac{T_{st}}{\alpha^2} \tag{6-18}$$

可知，降压后，启动电流降低到全压时的 $1/\alpha$，启动转矩将会降到全压时的 $1/\alpha^2$。

② 自耦变压器降压启动。

a. 启动线路

这种启动方法是利用自耦变压器降低加到电动机定子绕组上的电压，以减小启动电流。图 6-8 为其接线图。

启动时，将 KM_2 和 KM_3 闭合，这时电动机定子电压仅为抽头部分的电压值，电动机减压启动。待转速接近稳定时，再把 KM_2 和 KM_3 断开，同时将 KM_1 闭合，这样就把自耦变压器切除，电动机全电压运行，启动结束。

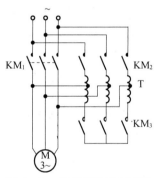

图 6-8 异步电动机自耦变压器减压启动原理线路图

b. 启动电流和启动转矩

自耦变压器降压启动时，自耦变压器原边电压为 U_N，原边电流为 I_1，亦为电源提供给三相异步电动机的启动电流。副边电压为 U_2，副边电流为 I_2，亦为通入三相异步电动机的定子电流。设自耦变压器的变比为 k_A，R 为等效负载。即

$$k_A = \frac{U_N}{U_2} \tag{6-19}$$

此时副边电流为

$$I_2 = \frac{U_2}{R} = \frac{U_N}{k_A R} \tag{6-20}$$

原边电流为

$$I_1 = \frac{I_2}{k_A} = \frac{U_N}{k_A^2 R} = \frac{1}{k_A^2} I_{st} \tag{6-21}$$

式中，I_{st} 为额定电压下直接启动时的启动电流。

启动转矩与加在电子绕组上的电压平方成正比，因此

$$T'_{st} = \frac{T_{st}}{k'_A} \tag{6-22}$$

式(6-19)、式(6-21)和式(6-22)表明，采用自耦变压器降压启动与直接启动相比较，电压降低到 $1/k_A$，启动电流和启动转矩都降低到全压启动时的 $1/k_A^2$。与定子串电抗(或电阻)的启动方法比较，在同样的启动电流下，采用自耦变压器降压启动时，电动机可产生较大的启动转矩。故这种降压启动可带较大的负载。

自耦变压器启动适用于容量较大的低压电动机作降压启动用。由于这种方法可获得较大的启动转矩，加上自耦变压器副边一般有 3 个抽头，可以根据允许的启动电流和所需的启动转矩选用，故这种启动方法在 10 kW 以上的三相鼠笼式异步电动机得到广泛应用。其缺点是启动设备体积较大，初投资大，需维护检修。

常用的启动用自耦变压器有 QJ₃ 和 QJ₂ 两种系列。QJ₂ 型的 3 个抽头分别为电源电压的 55％、64％ 和 73％；QJ₃ 型的 3 个轴头分别为电源电压的 40％、60％ 和 80％。自耦变压器容量的选择与电动机的容量、启动时间和连续启动次数有关。

③ Y-△启动

用这种方法启动的异步电动机，运行时定子绕组必须是△接法，启动时改接成 Y 接法。

a. 启动线路

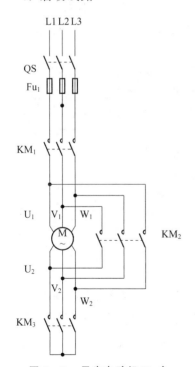

**图 6-9　异步电动机 Y-△
启动原理线路图**

图 6-9 所示为 Y-△启动时的原理线路图。启动时，将 QS 闭合，KM₁ 和 KM₃ 闭合，定子绕组接成 Y 型，每相的电压为 $U_N/\sqrt{3}$，实现降压启动。待转速接近额定值时，将 KM₃ 断开，同时 KM₂ 闭合，使定子绕组接成△形全压运行，启动结束。

b. 启动电流和启动转矩

如图 6-9 所示，设△接法时电网供给的启动电流为

$$I_{st} = \sqrt{3}\frac{u_N}{z_k} \tag{6-23}$$

Y 接法时电网供给的启动电流为

$$I'_{st} = \frac{u_N}{\sqrt{3}z_k} \tag{6-24}$$

$$\frac{I'_{st}}{I_{st}} = \frac{1}{3} \tag{6-25}$$

式(6-25)表明，用 Y-△降压启动时，启动电流降为直接启动时的 1/3。三相异步电动机的转矩和电流成正比，启动转矩降为直接启动时的 1/3。

Y-△启动操作方便，启动设备简单，应用较为广泛。但由于以下几点使其应用有一定的限制：

a. 只适用于正常运行为△连接电动机，为便于推广 Y-△启动方法，Y 系列中，容量为 4 kW 以上的电动机，绕组都是△连接，额定电压为 380 V。

b. 由于启动转矩减小到直接启动时的 1/3,故只适用于空载或轻载启动。

c. 这种启动方法的电动机定子绕组必须引出 6 个出线端,这对于高电压电动机有一定的困难,所以 Y-△启动只限于 500 V 以下的低压电动机上。

④ 降压启动方法的比较

表 6-1 列出了上述 3 种降压启动方法的主要数据,为便于说明问题,现将直接启动也列于表内。

表 6-1　降压启动方法比较

启动方法	U'/U_N	I'_{st}/I_{st}	T'_{st}/T_{st}	优缺点
直接启动	1	1	1	启动最简单,但启动电流大, 启动转矩小,只适用于小容量轻载启动
串电阻或电抗启动	$\dfrac{1}{\alpha}$	$\dfrac{1}{\alpha}$	$\dfrac{1}{\alpha^2}$	启动设备较简单,启动转矩较小, 适用于轻载启动
自耦变压器启动	$\dfrac{1}{k_A}$	$\dfrac{1}{k_A^2}$	$\dfrac{1}{k_A^2}$	启动转矩较大,有 3 种抽头可选, 启动设备较复杂,可带较大负载启动
Y-△启动	$\dfrac{1}{\sqrt{3}}$	$\dfrac{1}{3}$	$\dfrac{1}{3}$	启动设备简单,启动转矩较小, 适用于轻载启动;只用于△连接电机

表中,U'/U_N、I'_{st}/I_{st} 和 T'_{st}/T_{st} 分别为启动电压、启动电流和启动转矩的相对值。

U'/U_N 表示降压启动加于定子一相绕组上的电压与直接启动时加于定子的额定相电压之比;

I'_{st}/I_{st} 表示降压启动时电网向电动机提供的线电流与直接启动时的线电流之比;

T'_{st}/T_{st} 为降压启动时电动机产生的启动转矩与直接启动时启动转矩之比。

【例 6-3】 一台三相笼型异步电动机,$P_N=75$ kW,$n_N=1\,470$ r/min,$U_N=380$ V,定子△连接,$I_N=137.5$ A,$\eta_N=2\%$,$\cos\varphi_N=0.90$,启动电流倍数 $K_I=6.5$,启动转矩倍数 $\lambda_s=1.0$,拟带半载启动,电源容量为 1 000 kV·A,选择适当的启动方法。

解:(1)直接启动。电源允许电动机直接启动的条件是

$$K_I=\frac{I_{st}}{I_N}\leqslant\frac{1}{4}\left(3+\frac{\text{电源总容量}}{\text{电动机容量}}\right)=\frac{1}{4}\left(3+\frac{1\,000}{75}\right)\approx4$$

因 $K_I=6.5>4$,故该电动机不能采用直接启动法启动。

(2)半载指 50% 额定负载转矩,尚属轻载,拟用降压启动。

① 定子串电抗(电阻)启动

由(1)的计算可知,电源允许该电动机的启动电流倍数 $K'_I=I'_{st}/I_N=4$,而电动机直接启动的电流倍数 $K_I=I_{st}/I_N=6.5$。当定子串接电抗(电阻)减压满足启动电流条件时,对应的 a 为

$$a=\frac{I_{st}}{I'_{st}}=\frac{K_I}{K'_I}=\frac{6.5}{4}=1.625$$

对应的启动转矩 T'_{st} 为

$$T'_{st}=\frac{1}{a^2}T_{st}=\frac{1}{a^2}\lambda_s T_N=\frac{1}{1.625^2}\times1\times T_N=0.38T_N$$

取 $a=1.625$，虽满足了电源对启动电流的要求，但因 $T'_{st}=0.38T_N<T_{st}=0.5T_N$，启动转矩不能满足要求，故不能用定子串接电抗（或电阻）的启动方法。

② Y -△启动

$$I'_{st}=\frac{1}{3}I_{st}=\frac{1}{3}K_I I_N=\frac{1}{3}\times6.5I_N=2.17I_N<4I_N$$

$$T'_{st}=\frac{1}{3}T_{st}=\frac{1}{3}\lambda_s T_N=\frac{1}{3}\times1\times T_N=0.33T_N<0.5T_N$$

同样，启动电流可满足启动要求，而启动转矩不满足，故不能用 Y -△启动法。

③ 自耦变压器启动

设选用 QJ_2 系列，其电压抽头为 55%、64%、73%。

若选用 64%一挡抽头，则

$$k_A=1/0.64=1.56$$

$$I'_{st}=\frac{1}{k_A^2}I_{st}=\frac{1}{1.56^2}\times6.5I_N=2.66I_N<4I_N$$

$$T'_{st}=\frac{1}{k_A^2}T_{st}=\frac{1}{1.56^2}\times1\times T_N=0.41T_N>T_{st}=0.5T_N$$

启动转矩不能满足要求。

若选用 73%一挡，则

$$k_A=\frac{1}{0.73}=1.37$$

$$I'_{st}=\frac{1}{1.37^2}\times6.5I_N=3.46I_N<4I_N$$

$$T'_{st}=\frac{1}{1.37^2}\times1\times T_N=0.53T_N>T_{st}=0.5T_N$$

根据计算结果，可以选用电压抽头为 73%的自耦变压器减压启动。

3. 三相绕线转子异步电动机的启动

这种电动机的启动方法，适用于大中容量异步电动机重载启动。这是因为，当绕线转子异步电动机转子串入适当电阻启动时，既可增大启动转矩，又可限制启动电流，可以同时解决鼠笼式异步电动机启动时存在的两个问题。绕线转子异步电动机启动有转子串接频敏变阻器和转子串接电阻两种启动方法。

6.2.3 项目的实现

测量鼠笼式异步电动机直接启动、串电阻启动、Y -△降压启动、自耦变压器降压启动时的电流和转矩。

1. 器 材

三相鼠笼式异步电动机、三相调压器、交流电流表、交流电压表、万用表、Y -△转换开关（双向开关或倒顺开关）、三相电阻箱、转速表。

2. 方 法

① 直接启动（全压启动）。按图 6 - 10 接线，闭合 KM_2，读取瞬时启动电流数值，记录于表 6 - 2 中。

② 定子回路串电阻(或电抗)降压启动。仍按图 6-10 接线,KM₁ 闭合,定子回路串入对称电阻启动,并测量不同电阻值时的启动电流,记录于表 6-2 中。待电机转速稳定后,将 KM₂ 闭合,电动机正常运行。

③ Y-△降压启动。按图 6-11 接线,先闭合 KM₁ 和 KM₃,定子绕组为 Y 连接,读取启动电流数值,记录于表 6-2 中,待电机转速稳定后,将开关 KM₃ 拉开,并将 KM₂ 迅速闭合,定子绕组接成△而转入正常运行。

④ 自耦变压器降压启动。按图 6-12 接线,先将 KM₂ 和 KM₃ 闭合,降压启动电动机,测量启动电流,记录于表 6-2 中,待电动机转速稳定后,将 KM₂ 和 KM₃ 断开,并将 KM₁ 迅速闭合,转入全压运行中。

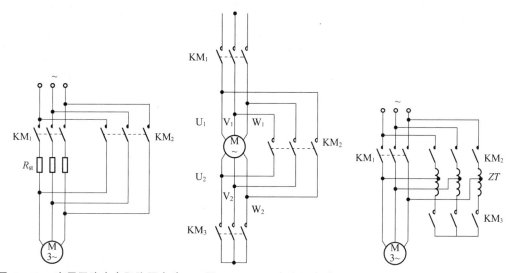

图 6-10 定子回路串电阻降压启动　　图 6-11 Y-△降压启动　　图 6-12 自耦变压器降压启动

表 6-2　三相鼠笼式异步电动机各种启动方法的启动电流

启动条件	直接启动	定子回路串电阻降压启动			Y-△降压启动		自耦变压器降压启动		
		$R=$ /Ω	$R=$ /Ω	$R=$ /Ω	Y接	△接	$U=$ /V	$U=$ /V	$U=$ /V
启动电流									

3. 注意事项:

① 安全;

② Y-△降压启动只适用于正常运行时是△连接的三相鼠笼式异步电动机;

③ Y-△切换时动作要迅速;

④ 电流表的位置不要接错。

专题 6.3　三相异步电动机的调速

教学目标：

1）掌握三相异步电动机的调速原理；

2）熟悉三相异步电动机常见的调速方法。

近年来，随着电力电子技术的发展，异步电动机的调速性能大有改善，交流调速应用日益广泛，在许多领域有取代直流电动机调速系统的趋势。

从异步电动机的转速关系式 $n = n_1(1-s) = \dfrac{60f_1}{p}(1-s)$ 可以看出，异步电动机的调速可分为 3 大类：

① 改变定子绕组的磁极对数 p，称为变极调速；

② 改变供电电源的频率 f_1，称为变频调速；

③ 改变电动机的转差率 s，其方法有改变电压调速、绕线式电动机转子串电阻调速和串级调速。

6.3.1　变极调速

在电源频率不变的条件下，改变电动机的极对数，电动机的同步转速就会发生变化，从而改变电动机的转速。若磁极对数减少一半，同步转速就提高一倍，电动机转速也几乎升高一倍。通常用改变定子绕组的接法来改变磁极对数，这种电动机称为多速电动机。多速电动机转子均采用笼式转子，转子感应的磁极对数能自动与定子相适应。这种电动机在制造时，从定子绕组中抽出一些线头，以便于使用时调换。

调速方法为改变定子绕组接法，即将每相定子绕组分成两个"半相绕组"，改变它们之间的接法，使其中一个"半相绕组"中的电流反向，极对数就成倍改变。

下面以一相绕组来说明变极原理。先将两个半相绕组 $a_1 x_1$ 与 $a_2 x_2$ 采用顺向串联，如图 6-13 所示，产生两对磁极。若将 U 相绕组中的一半相绕组 $a_2 x_2$ 反向，如图 6-14 所示，则产生一对磁极。

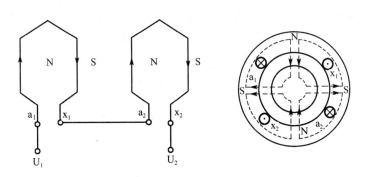

图 6-13　三相四极电动机定子 U 相绕组

目前，在我国多极电动机定子绕组联绕方式最多有 3 种，常用的有两种：一种是从星形改成双星形，写作 Y/YY，另一种是从三角形改成双星形，写作 △/YY，如图 6-15 所示。这两种接法可使电动机极数减少一半。在改接绕组时，为了使电动机转向不变，应把绕组的相序改接一下。

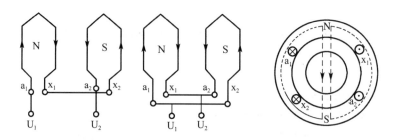

图 6-14   三相两极电动机 U 相绕组

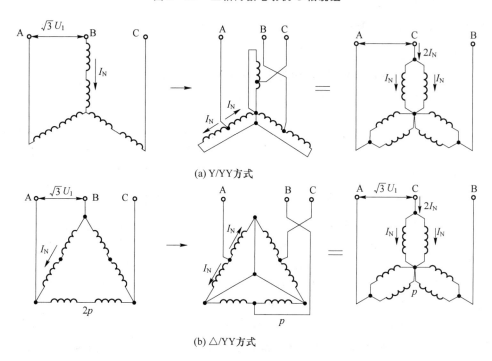

(a) Y/YY方式

(b) △/YY方式

图 6-15   常用的两种三相绕组的改接方法

Y/YY 变频调速方法属于恒转矩调速方法。△/YY 变极调速方法近似为恒功率调速方法。两种方式的机械特性分别如图 6-16 和图 6-17 所示。

优缺点及适用场合:方法简单,操作方便,调速范围小且为有级调速。变极调速的电动机称为多速电动机,适用于功率不大,对调速要求不高的场合。

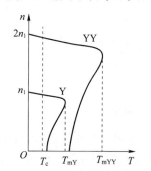

图 6-16   Y/YY 变极调速的机械特性

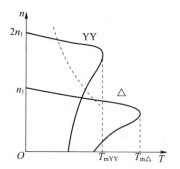

图 6-17   △/YY 变极调速的机械特性

6.3.2　变频调速

改变 f_1，即改变 n_1，从而调节 n。

变频调速时，一般希望磁通 Φ_m 保持不变。根据

$$U_1 \approx E_1 = 4.44 f_1 N_1 k_{w1} \Phi_m = C_1 f_1 \Phi_m \tag{6-26}$$

为使 Φ_m 保持不变，就要保持 U_1/f_1 为定值，即改变 f_1 的同时按比例改变 U_1。这时电动机容许输出的转矩不变，为恒转矩调速方式。一般在额定频率往下调时，采取这种调速方式。但从额定频率往上调时，电压不容许按比例上升而只能保持额定，此时，f_1 越高，Φ_m 越弱，容许输出的转矩越小，而输出转速越高，故为恒功率调速方式。

6.3.3　改变转差率调速

改变定子电压调速，转子电路串电阻调速和串级调速都属于改变转差率调速。这些调速方法的共同特点是在调速过程中都产生大量的转差功率。前两种调速方法都是把转差功率消耗在转子电路里，很不经济，而串级调速则能将转差功率加以吸收或大部分反馈给电网，提高了经济性能。

1. 改变定子电压调速

对于转子电阻大、机械特性曲线较软的鼠笼式异步电动机而言，如加在定子绕组上的电压发生改变，负载 T_L 对应于不同的电源电压 U_1、U_2、U_3，可获得不同的工作点 a_1、a_2、a_3，如图 6-18 所示，显然电动机的调速范围很宽。缺点是低压时机械特性太软，转速变化大，可采用带速度负反馈的闭环控制系统来解决该问题。

改变电源电压调速，这种方法主要应用于鼠笼式异步电动机，靠改变转差率 s 调速。过去都采用定子绕组串电抗器来实现，目前已广泛采用晶闸管交流调压线路来实现。

2. 转子串电阻调速

绕线式异步电动机转子串电阻的机械特性如图 6-19 所示。

转子串电阻时最大转矩不变，临界转差率加大。所串电阻越大，运行段特性斜率越大。若带恒转矩负载，原来运行在固有特性曲线 1 的 a 点上，在转子串电阻 R_1 后，就运行的 b 点上，转速由 n_a 变为 n_b，依此类推。

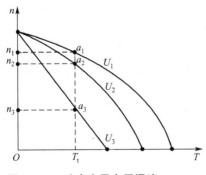

图 6-18　改变定子电压调速

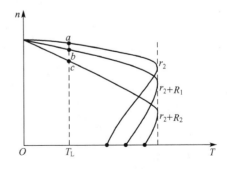

图 6-19　转子串电阻调速机械特性

转子串电阻调速的优点是方法简单，主要用于中、小容量的绕线式异步电动机如桥式启动

机等。

3. 串级调速

所谓串级调速,就是在异步电动机的转子回路中串入一个三相对称的附加电动势 E_f,其频率与转子电动势 sf_1 相同,改变 E_f 的大小和相位,就可以调节电动机的转速。它也是适用于绕线转子异步电动机,靠改变转差率 s 调速。

串级调速性能比较好,近年来,随着晶闸管技术的发展,串级调速有了广阔的发展前景。现已广泛用于水泵和风机的节能调速,应用于不可逆轧钢机、压缩机等很多生产机械。

专题 6.4　三相异步电动机的制动和反转

教学目标:

1)掌握三相异步电机的反转;

2)掌握三相异步电动机制动的原理和方法。

6.4.1　三相异步电动机的反转

从三相异步电动机的工作原理可知,电动机的旋转方向取决于定子旋转磁场的旋转方向。因此只要改变旋转磁场的旋转方向,就能使三相异步电动机反转。图 6-20 是利用控制开关 SA 来实现电动机正、反转的原理线路图。当 SA 向上合闸时,L1 接 U 相,L2 接 V 相,L3 接 W 相,电动机正转。当 SA 向下合闸时,L1 接 V 相,L2 接 U 相,L3 接 W 相,即将电动机任意两相绕组与电源接线互调,则旋转磁场反向,电动机跟着反转。

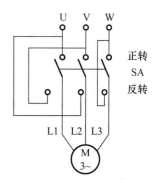

图 6-20　异步电动机正、反转原理线路图

6.4.2　三相异步电动机的制动

电动机除了电动状态外,还存在电动机的制动状态。如在负载转矩为位能转矩的机械设备中(例如起重机下放重物时,运输工具在下坡运行时),使设备保持一定的运行速度。在机械设备需要减速或停止时,电动机能实现减速和停止的情况下,电动机的运行属于制动状态。

三相异步电动机的制动方法有 2 类:机械制动和电气制动。

机械制动是利用机械装置使电动机从电源切断后能迅速停转。机械制动装置的结构有好几种形式,应用较普遍的是电磁抱闸,主要用于起重机械上吊重物时,使重物迅速而又准确地停留在某一位置上。

电气制动是使异步电动机所产生的电磁转矩和电动机的旋转方向相反。电气制动通常可分为能耗制动、反接制动和回馈制动(再生制动)3 类。

1. 能耗制动

方法:将运行着的异步电动机的定子绕组从三相交流电源上断开后,立即接到直流电源上,如图 6-21 所示,用断开 QS、闭合 SA 来实现。

当定子绕组通入直流电源时,在电动机中将产生一个恒定磁场。转子因机械惯性继续旋转时,转子导体切割恒定磁场,在转子绕组中产生感应电动势和电流,转子电流和恒定磁场的作用是产生电磁转矩,根据右手定则可以判电磁转矩的方向与转子转动的方向相反,为制动转矩。在制动转矩作用下,转子转速迅速下降,当 $n=0$ 时,$T=0$,制动过程结束。这种方法是将转子的动能转变为电能,消耗在转子回路的电阻上,所以称为能耗制动。如图 6-22 所示,电动机正向运行时工作在固有机械特性曲线 1 的 a 点上。定子绕组改接直流电源后,因电磁转矩与转速反向,因而能耗制动时机械特性位于第二象限,如曲线 2 所示。电动机运行点也移至 b 点,并从 b 点顺曲线 2 减速到 O 点。

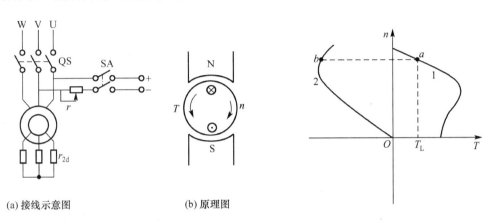

图 6-21　三相异步电动机能耗制动示意图　　　图 6-22　能耗制动机械特性

对于采用能耗制动的异步电动机,既要求有较大的制动转矩,又要求定、转子回路中电流不能太大使绕组过热。

根据经验,能耗制动时直流励磁电流的选取:

对于鼠笼式异步电动机,取 $(3.5\sim5)I_0$;

对于绕线式异步电动机,取 $(2\sim3)I_0$。

制动所串电阻为

$$R=(0.2\sim0.4)\frac{E_{2N}}{\sqrt{3}\,I_{2N}}\qquad(6-27)$$

能耗制动的优点是制动力强,制动较平稳。缺点是需要一套专门的直流电源供制动用。

2. 反接制动

反接制动分为电源反接制动和倒拉反接制动两种。

(1) 电源反接制动

方法:改变电动机定子绕组与电源的连接相序,如图 6-23 所示,断开 QS1,接通 QS2 即可。

电源的相序改变,旋转磁场立即反转,而使转子绕组中感应电动势、电流和电磁转矩都改变方

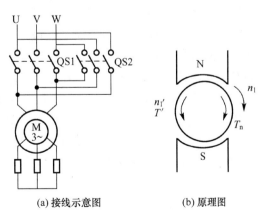

图 6-23　电源反接制动示意图

向,因机械惯性,转子转向未变,电磁转矩与转子的转向相反,电动机处于制动状态,称为电源反接制动。

如图 6-24 所示,制动前,电动机工作在曲线 1 的 a 点;电源反接制动时,$n_1 < 0, n > 0$,相应的转差率 $s = \dfrac{-n_1 - n}{-n_1} = \dfrac{n_1 + n}{n_1} > 1$,且电磁转矩 $T < 0$,机械特性如曲线 2 所示。因机械惯性,转速瞬时不变,工作点由 a 点移至 b 点,并逐渐减速,到达 c 点时 $n = 0$,此时切断电源并停车,如果是位能性负载须使用抱闸,否则电动机会反向启动旋转。一般为了限制制动电流和增大制动转矩,绕线式转子异步电动机可在转子回路串入制动电阻,特性如曲线 3 所示,制动过程同上。

（2）倒拉反接制动

方法:当绕线转子异步电动机拖动位能性负载时,在其转子回路串入很大的电阻。其机械特性如图 6-25 所示。

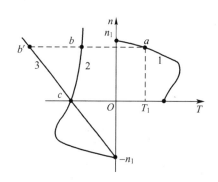

图 6-24　电源反接制动机械特性

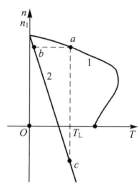

图 6-25　倒拉反接制动的机械特性

当异步电动机提升重物时,其工作点为曲线 1 上的 a 点。如果在转子回路串入很大的电阻,机械特性变为斜率很大的曲线 2,因机械惯性,工作点由 a 点移到 b 点,电磁转矩小于负载转矩,转速下降。当电动机减速至 $n = 0$ 时,电磁转矩仍小于负载转矩,在位能负载的作用下,电动机反转,直至电磁转矩等于负载转矩,电动机才稳定运行于 c 点。因这是由于重物倒拉引起的,所以称为倒拉反接制动(或称为倒拉反接运行)。

3. 回馈制动

方法:使电动机在外力作用下(如起重机下放重物),其转速超过旋转磁场的同步转速,如图 6-26 所示。起重机下放重物,在下放开始,$n < n_1$ 电动机处于电动状态,如 6-26(a)所示。在位能转矩作用下,当电动机的转速大于同步转速时,转子中感应电动势、电流和转矩的方向都发生变化,如图 6-26(b)所示,转矩方向与转子转向相反,成为制动转矩。此时电动机将机械能转化为电能回馈给电网,所以称为回馈制动。

制动时工作点如图 6-27 的 a 点所示,转子回路所串电阻越大,电动机下放重物的速度越快,如图 6-27 中虚线 a' 点所示。为了限制下放速度,转子回路不应串入过大的电阻。

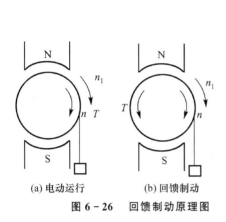

(a) 电动运行　　　　(b) 回馈制动

图 6-26　回馈制动原理图

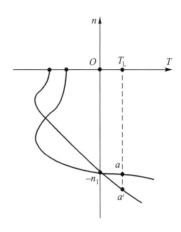

图 6-27　回馈制动的机械特性

习题与思考题

6-1　三相异步电机转速为 n,定子旋转磁场的转速为 n_1,当 $n < n_1$ 时为_____运行状态;当 $n > n_1$ 时为_____运行状态;当 n 与 n_1 反向时为_____运行状态。

6-2　三相异步电动机启动时,转差率 $s =$ _____,此时转子电流 I_2 的值为_____,启动转矩为_____。

6-3　增加绕线式异步电动机启动转矩的方法有_____,_____。

6-4　一台频率为 $f = 60$ Hz 的三相感应电动机,用在频率为 50 Hz 的电源上(电压不变),电动机的最大转矩为原来的_____,启动转矩变为原来的_____。

6-5　绕线式感应电动机转子串入适当的电阻,会使启动电流_____,启动转矩_____。

6-6　一台三相 4 极异步电动机额定功率为 28 kW,$U_N = 380$ V,$\eta_N = 90\%$,$\cos \varphi = 0.88$,定子为三角形连接。在额定电压下直接启动时,启动电流为额定电流的 6 倍,试求用 Y-△启动时,启动电流是多少?

6-7　三相异步电动机启动时,如果电源一相断线,电动机能否启动? 若绕组一相断线,电动机能否启动? Y 连接和△连接情况是否一样? 如果运行中电源或绕组一相断线,能否继续旋转? 有何不良后果?

6-8　一台三相 4 极绕线式异步电动机,$f_1 = 50$ Hz,转子每相电阻 $R_2 = 0.015$ Ω,额定运行时转子相电流为 200 A,转速 $n_N = 1\ 475$ r/min,试求:

(1) 额定电磁转矩;

(2) 在转子回路串入电阻将转速降至 1 120 r/min,所串入的电阻值(保持额定电磁转矩不变);

(3) 转子串入电阻前后达到稳定时定子电流、输入功率是否变化? 为什么?

6-9　一台三相四极 50 Hz 绕线式感应电动机,转子每相电阻 $R_2 = 0.015$ Ω。额定运行时,转子相电流为 200 A,$n_N = 1\ 475$ r/min,计算额定电磁转矩。若保持额定负载转矩不变,在转子回路串入电阻,使转速降低到 1 200 r/min,求转子每相应串入的电阻值。

6-10　一台 50 Hz、380 V 的异步电动机的数据为:$P_N = 260$ kW,$U_N = 380$ V,$f_1 = $

50 Hz，$n_N = 722$ r/m，过载能力 $k_m = 2.13$。试求：(1) 产生最大转矩时的转差率；(2) $S = 0.02$ 时的电磁转矩。

6-11 一台三相六极 50 Hz 鼠笼式异步电动机，$P_N = 3$ kW，$U_{1N} = 380$ V，定子 Y 接法，定子额定电流 $I_{1N} = 6.81$ A，频率 50 Hz，额定转速 $n_N = 957$ r/min，启动时等效阻抗为 6.8 Ω。试求：

（1）直接启动时的启动电流倍数和启动转矩倍数；

（2）若自耦变压器降压启动，自耦变压器的变比 $k_A = 2$，启动电流倍数和启动转矩倍数为多少？

（3）若定子串电抗器降压启动，降压值与(2)相同，其启动电流和启动转矩倍数是多少？

（4）一般当应用 Y-△换接降压启动时，电网供给的启动电流和启动转矩减小为直接启动的多少？该电机能否应用 Y-△启动？

模块 7　单相异步电动机

本模块主要介绍单相异步电动机的结构和工作原理、启动方法、反转和调速原理。单相交流电源供电的电动机称为单相异步电动机。由于只需要单相电源供电,使用方便,因此被广泛应用于工业和人们生活的各个方面,尤其在家用电器、医疗器械和一些工业设备上使用较多。与相同容量的三相异步电动机相比,单相异步电动机结构简单,成本低廉,维修方便,噪声低,但体积较大,运行性能稍差,一般只能做成几瓦到几百瓦之间的小容量产品。

专题 7.1　单相异步电动机的结构和工作原理

教学目标:

1)了解单相异步电动机的基本结构;

2)理解单相异步电动机的铭牌参数的含义;

3)理解单相异步电动机的工作原理和机械特性。

7.1.1　单相异步电动机的结构

单相异步电动机的类型很多,其结构各有特点,但就其共性而言,都由定子和转子 2 部分组成。定子部分由机座、定子铁芯、定子绕组、端盖等组成。转子部分主要由转子铁芯、转子绕组等组成。

1. 分相式单相异步电动机结构

图 7-1 为电容分相异步电动机的基本结构。

分相式单相异步电动机的定子铁芯与普通三相异步电动机类似,在定子铁芯上装有主绕组和启动绕组,两者在空间上相差 90°。主绕组用以产生主磁场并从电源中获取电能;启动绕组一般只在启动时接通,当转速达到同步转速的 70%～85% 时,由离心开关或继电器断开。由于定子内径较小,绕组的嵌入比较困难,故大多采用单层绕组,也有电机为改善启动性能而采用双层绕组或正弦绕组。在采用电容分相的单相异步电动机中,主绕组占定子总槽数的 2/3,启动绕组占总槽数的 1/3。

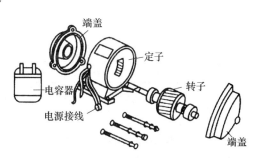

图 7-1　单相异步电动机的基本结构

单相异步电动机的转子绕组都是鼠笼式。

2. 罩极式单相异步电动机结构

罩极式单相异步电动机的铁芯具有凸起的磁极,每个磁极上都装有主绕组。在主磁极的极靴一侧 1/3～1/4 的部位开一个凹槽,凹槽将磁极分为大小 2 部分,如图 7-2 所示。在较小的磁极部分套装一个短路铜环,把部分磁极"罩"起来,此短路铜环也称为罩极线圈。短路铜环起到启动绕组的作用,也可称为启动绕组。转子仍为鼠笼式。

除了凸极式的,罩极式电动机还有隐极式的。隐极式电动机的定子铁芯与三相异步电动机一样,定子槽中嵌放两套绕组,即主绕组和罩极绕组。罩极绕组一般只有2~6匝,其导线较粗,且自行短路,罩极绕组的轴线和主绕组的轴线错开一定的角度(一般为30°~50°),作用与短路铜环相同。隐极式电动机的过载能力很小,只能轻载启动。

罩极式单相异步电动机具有结构简单,制造方便,工作可靠的特点,但是启动转矩小,只能用于转矩要求不高的小容量风扇、风机中。

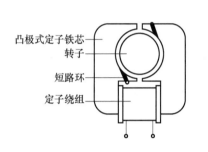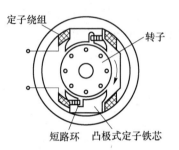

(a) 凸极式集中绕组罩极电动机　　　　(b) 凸极式分布绕组罩极电动机

图 7 - 2　罩极式异步电动机结构简图

7.1.2　单相异步电动机的铭牌

同其他电机一样,每台单相异步电动机的机座上也都有一个铭牌,它标记着电动机的名称、型号、出厂编号、各种额定值等信息,如图 7 - 3 所示。

单相电容运行异步电动机			
型　　号	DO2 - 6314	电　流	0.94 A
电　　压	220 V	转　速	1 400 r/min
频　　率	50 Hz	工作方式	连续
功　　率	90 W	标准号	
编号、出厂日期 ××××		××××电机厂	

图 7 - 3　单相异步电动机的铭牌

1. 型　　号

型号指电动机的产品代号、规格代号、使用环境等。图 7 - 3 中电动机型号 DO2 - 6314 各部分含义如图 7 - 4 所示。

2. 电　　压

电压是指电动机在额定状态下运行时加在定子绕组上的电压,单位为 V。根据国家规定,电源电压在范围内变动时,电动机应能正常工作。我国单相异步电动机的标准电压有 12 V、24 V、36 V、42 V 和 220 V。

3. 频　　率

频率是指加在电动机上的交流电源的频率,单位为 Hz。由单相异步电动机的工作原理可知,电动机的转速与交流电源的频率直接相关,频率高,转速高,因此电动机应接在规定频率的

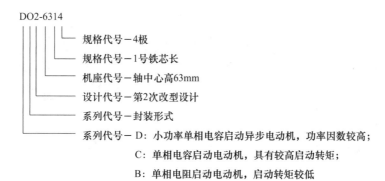

图 7 - 4　电机型号各部分含义

电源上使用。

4. 功　率

功率是指单相异步电动机轴上输出的机械功率,单位为 W。铭牌上的功率是指电动机在额定电压、额定频率和额定转速下运行时输出的功率,即额定功率。我国常用的单相异步电动机的标准额定功率有 6 W、10 W、16 W、25 W、40 W、60 W、90 W、120 W、180 W、250 W、370 W、550 W 和 750 W。

5. 电　流

在额定电压、额定功率和额定转速下运行的电动机,流过定子绕组的电流值,称为额定电流,单位为 A。电动机在长期运行时电流不允许超过该值。

6. 转　速

电动机在额定状态下的转速,称为额定转速,单位为 r/min。每台电动机在额定运行时的实际转速与铭牌规定的额定转速有一定的偏差。

7. 工作方式

工作方式是指电动机的工作是连续式还是间断式。连续运行的电动机可以间断工作,但间断运行的电动机不能连续工作,否则会烧坏电动机。

7.1.3　单相异步电动机的工作原理

1. 主绕组(单相绕组)单独通电时的机械特性

如果仅将单相异步电动机的运行绕组接通单相电源,绕组流过交流电流时,电机中将产生脉振磁动势。首先分析一下脉振磁动势的磁场情况。

如图 7 - 5 所示,假设在单相交流电的正半周时,电流从单相定子绕组的左半侧流入,从右半侧流出,则电流产生的磁场如图 7 - 4(b)所示,该磁场的大小随电流的大小而变化,方向则保持不变。当电流过零时,磁场也为零。当电流变为负半周时,产生的磁场方向也随之发生变化,如图 7 - 5(c)所示。由此可见,单相异步电动机的定子主绕组接通单相交流电源后,产生的磁场大小和方向在不断变化,但磁场的轴线(图中的垂直轴线)却固定不变;这种磁场称为脉振磁场。

如果磁场只是脉振而不旋转,电机转子如果原来静止,则转子导体和磁场没有相对运动,不会产生感应电动势和电流,也就没有电磁力作用,因此转子不会转动。也就是说,单相异步

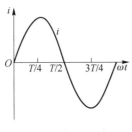
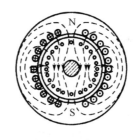

(a) 交流电流波形　　　(b) 电流正半周产生的磁场　　　(c) 电流负半周产生的磁场

图 7-5　单相脉动磁场的产生

电动机一个定子主绕组没有启动转矩,不能自行启动。这是单相异步电动机的一个主要缺点。

如果有外力帮助转子运动一下,则转子可切割脉振磁场,从而产生恒定方向的电动势和电流,将受到电磁力作用,与三相异步电动机原理一样,转子会顺着受力方向转动起来。因此,必须解决启动问题,单相异步电动机才具有实际使用价值。

由于一个脉振磁动势可以分解成两个转向相反、大小相等、转速相同的旋转磁动势 F_+ 和 F_-,所以单相异步电动机的转子在脉振磁动势作用下的电磁转矩 T_{em} 应该等于正转磁动势 F_+ 和反转磁动势 F_- 分别作用下的电磁转矩之和。

鼠笼式转子在旋转磁动势作用下产生的电磁转矩在三相异步电动机中已经分析过,并得出相应的机械特性。单相异步电动机的鼠笼式转子在正转磁动势和反转磁动势分别作用下产生的电磁转矩,也可直接用三相异步电动机的机械特性来分析。其大小与转差率关系和三相异步电动机相同。若电动机的转速为 n,则对正转旋转磁场而言,转差率 s_+ 为

$$s_+ = \frac{n_1 - n}{n_1} = s \qquad (7-1)$$

而对反转旋转磁场而言,转差率 s_- 为

$$s_- = \frac{-n_1 - n}{-n_1} = 2 - s \qquad (7-2)$$

即当 $s_+ = 0$ 时,相当于 $s_- = 2$;当 $s_- = 0$ 时,相当于 $s_+ = 2$。

设在正转磁动势作用下单相异步电动机的电磁转矩为 T_+,机械特性为 $T_+ = f(s_+)$ 或 $T_+ = f(n)$,如图 7-6 中曲线 3 所示,同步转速为 n_1。在反转磁动势作用下单相异步电动机的电磁转矩为 T_-,机械特性为 $T_- = f(s_-)$ 或 $T_- = f(n)$,如图 7-6 中曲线 2 所示,同步转速为 $-n_1$。由于 $F_+ = F_-$,两条特性曲线是对称的。合成转矩 $T = f(s)$ 或 $T = f(n)$ 就是一相绕组单独通电时的机械特性,如图 7-6 中曲线 1 所示。从合成机械特性 $T = f(n)$ 可知:

① 当转速 $n = 0$ 时,电磁转矩 $T_{em} = 0$,即一相绕组通电时,没有启动转矩,电机不能自行启动。

② 当 $n > 0$,$T_{em} > 0$ 时,只要电机已经正转,而且此转速下的电磁转矩大于轴上的负载转矩,就能在电磁转矩作用下升速至接近同步转速的某点

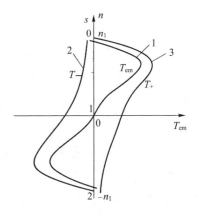

图 7-6　单相绕组通电时的机械特性

稳定运行。因此,单相异步电动机只有一相绕组可以运行,但不能自行启动。

③ 在 $s=1$ 的两边,合成转矩对称,单相异步电动机没有固定转向,两个方向都可以旋转,运行时的旋转方向由启动时的转动方向决定。只要外力把转子向任一方向驱动,转子就沿着该方向继续转动,直到接近同步转速。

2. 两相绕组通电时的机械特性

如前所述,单绕组单相异步电动机本身没有启动转矩,转子不能自行启动。为了解决启动问题,应该加强正向磁场,抑制反向磁场,使电动机在启动时气隙中能够形成一个旋转磁场。为实现此目的,可在定子上另装一个空间上与工作绕组不同相、阻抗不同的启动绕组。

如图 7-7 所示,在单相异步电动机定子上放置在空间上相差 90°的两相定子绕组 $U_1 U_2$ 和 $Z_1 Z_2$,向这两相绕组中通入相位上相差 90°的两相交流电 I_U 和 I_Z。用前面学习过的三相绕组中通入三相交流电产生旋转磁场的相同方法进行分析,可知此时产生的也是旋转磁场。由此可得出结论:向在空间相差 90°的两相定子绕组中通入在时间上相差一定角度的两相交流电,则其合成磁场也是沿着定子和转子气隙旋转的旋转磁场。

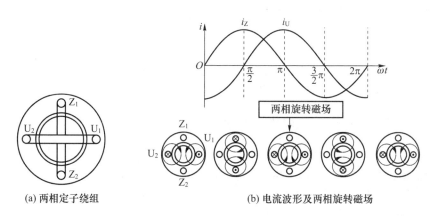

(a) 两相定子绕组　　　　　　　(b) 电流波形及两相旋转磁场

图 7-7　两相旋转磁场的产生

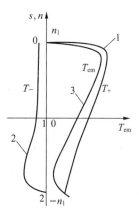

**图 7-8　椭圆旋转磁动势时的
机械特性**

单相异步电动机的运行绕组和启动绕组同时通入相位不同的交流电时,如果绕组在空间上不是相差 90°或两相交流电相位不是相差 90°,则一般产生的是椭圆旋转磁动势,可以分解为两个转向相反、转速相同、幅值不等的旋转电动势。设正转磁动势的幅值为 F_+,大于反转磁动势幅值 F_-,则 F_+ 单独作用于转子上的机械特性 $F_+ = f(s)$ 如图 7-8 中的曲线 1 所示,F_- 单独作用于转子上的机械特性 $F_- = f(s)$ 如图 7-8 中的曲线 2 所示,转子所产生的合成转矩 $T_{em} = T_+ + T_-$,合成机械特性如图 7-8 中的曲线 3 所示。从该机械特性可以看出:$F_+ > F_-$,即椭圆旋转磁动势正转的情况下,$n=0$ 时,$T_{em} > 0$,电机有启动转矩,能自行启动,并正向运行。显然,如果 $F_+ < F_-$,即椭圆旋转磁动势反转,则电动机能够反向启动,并反向运行。

如果电动机中产生的是圆形旋转磁动势,则单相异步电动机的机械特性与三相异步电动机情况相同。

以上分析表明,单相异步电动机自行启动的条件是电动机启动时的磁动势是椭圆或圆形旋转磁动势,因此必须具备两个条件:一是具有空间上不同相位的两个绕组;二是两相绕组中通入不同相位的电流。

启动后的单相异步电动机,可以将启动绕组断开,也可不断开。若需断开,可以在启动绕组回路串联一个开关,开关可装在电动机轴上,利用离心力,当转速达到同步转速的70%～80%时断开;也可用电流继电器来实现。

单相异步电动机启动绕组和工作绕组由同一单相电源供电,如何把这两个绕组中的电流的相位分开,及所谓的"分相"是很重要的。单相异步电动机也因分相方法不同而分为不同的类型。

专题 7.2　单相异步电动机的主要类型和启动方法

教学目标:
1) 掌握单相异步电动机的不同类型;
2) 理解不同类型单相异步电动机的启动方法。

由单相异步电动机的结构和工作原理分析可知,单相异步电动机产生启动转矩的关键是在启动时设法建立一个旋转磁场。根据获得旋转磁场的方式及本身的结构不同,单相异步电动机可分为电阻分相式、电容分相式和罩极式3种类型。

7.2.1　电阻分相式单相异步电动机及启动

分相式单相异步电动机定子铁芯上有运行绕组和启动绕组两套绕组,为分析方便,规定运行绕组(又称主绕组)用1表示,启动绕组(又称辅助绕组)用2表示。

如图7-9所示,电阻分相式单相异步电动机的启动绕组设计的匝数较少,使用较细、电阻率高的导线制成,与运行绕组相比,其电抗小而电阻大。运行绕组和启动绕组并联接电源时,由于两个绕组的阻抗角不同,启动绕组电流 $\dot{I}_2$ 和运行绕组电流 $\dot{I}_1$ 的相位也不同,$\dot{I}_2$ 超前 $\dot{I}_1$ 一个电角度,从而在空间产生椭圆旋转磁场,使电机能够自行启动。启动绕组只有在启动过程中接入电路,一般按短时工作设计,这时启动绕组回路中串有开关K,当转速上升接近稳定转速时自动断开,以保护启动绕组和减少损耗,由运行绕组维持运行。如果在启动绕组中串入适当的电阻R,让两个绕组电流的相位相差近似90°电

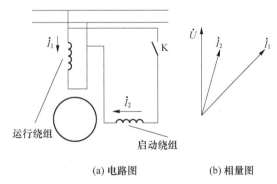

(a) 电路图　　　(b) 相量图

图 7 - 9　电阻分相式单相异步电动机原理图

角度,则可获得近似的圆形旋转磁场,使启动转矩相应增大。这种分相方法中,电流相量 $\dot{I}_1$ 和 $\dot{I}_2$ 位于电压相量 $\dot{U}$ 同一侧,相位差不大,因而启动转矩不大,只能用于空载和轻载启动场合,如医疗器械、电冰箱压缩机、小型机床等设备中。

7.2.2   电容分相式单相异步电动机及启动

电容分相式单相异步电动机是在启动绕组回路中串一电容器,使启动绕组中的电流 $\dot{I}_2$ 超前于电压 $\dot{U}$,从而与 $\dot{I}_1$ 之间产生较大的相位差,启动性能和运行性能均优于电阻分相式电动机。根据性能要求的不同,电容分相式单相异步电动机分为以下 3 种。

1. 电容启动单相异步电动机

如图 7 - 10 所示为电容启动单相异步电动机原理图,其接线如图 7 - 10(a)所示,启动绕组串联一个电容器 C 和一个启动开关 K,然后与运行绕组并联接电源。若电容选择恰当,有可能使启动绕组的电流超前运行绕组电流 90°,从而建立一个近似圆形的旋转磁场。相量图如图 7 - 10(b)所示。图 7 - 11 所示为电容启动单相异步电动机的机械特性,曲线 1 为接入启动绕组时的机械特性,曲线 2 为启动开关断开切除启动绕组后的机械特性。

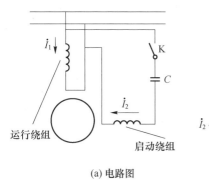

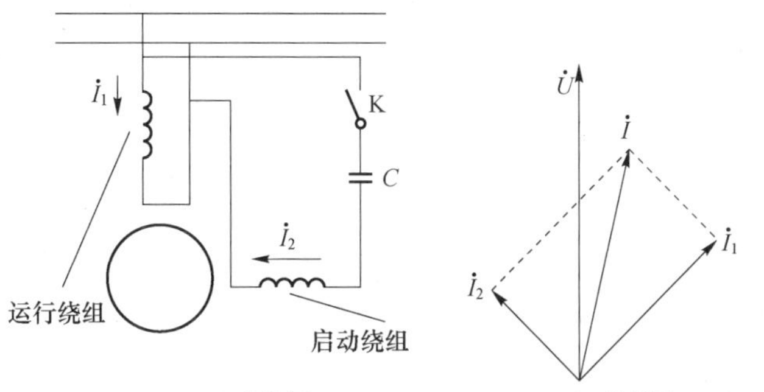

(a) 电路图　　　　　　(b) 相量图

图 7 - 10　电容启动单相异步电动机图

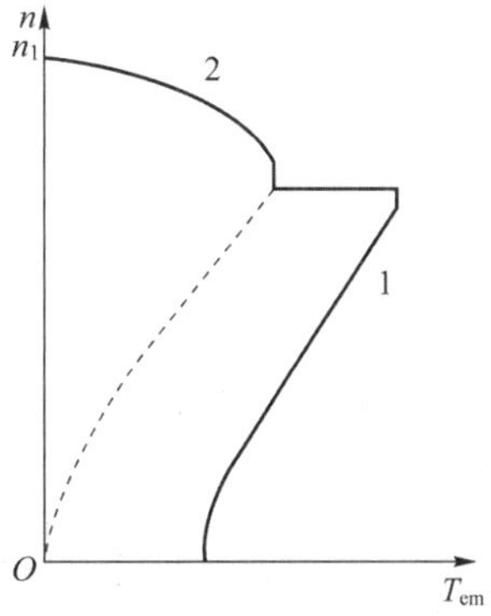

图 7 - 11　电容启动单相异步电
动机机械特性

电容启动绕组也是按短时工作设计,如果长期工作,会因过热而烧坏。因此,当转速达到 $70\%\sim85\%$ 的同步转速时,由离心开关 K 切除启动绕组,电动机作为单绕组运行。

电容启动单相异步电动机启动转矩较大,启动电流也较大,适用于各种满载启动的机械,如小型空气压缩机、水泵、磨粉机等。

2. 电容运转单相异步电动机

如图 7 - 12 所示,电容运转单相异步电动机在结构上与电容启动单相异步电动机一样,只是将启动开关去掉,并将启动绕组和电容器设计成可以长时间工作的,这样可以提高电动机运行时的功率因数和效率,所以运行性能优于电容启动单相异步电动机,这种类型电动机实际上是一台两相异步电动机。

适当选择电容器及两个绕组匝数,可使气隙磁场接近圆形旋转磁场。这种电动机结构简单,体积小,使用维护方便,但因电容量比电容启动单相异步电动机的电容量要小,因此启动转矩小,启动性能不及电容启动电动机好,故适用于电风扇、录音机、通风机等各种空载和轻载启动的机械。

3. 电容启动运转单相异步电动机

图 7 - 13 所示为电容启动运转单相异步电动机的接线图,在启动绕组中串入两个并联的电容器 C_1 和 C_2,其中电容器 C_2 串接启动开关 K。启动时,开关 K 闭合,两个电容器同时工

作,电容量为两者之和,电动机具有良好的启动性能。当转速上升到一定程度后,K 自动断开,切除电容器 C_2,电容器 C_1 与运行绕组共同运行,确保良好的运行性能。因此,电容启动运转单相异步电动机结构复杂,成本较高,维护工作繁琐,但启动转矩大,启动电流小,功率因数高,适用于空调机、水泵、小型空压机等设备。

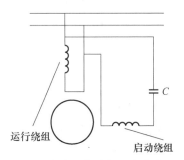

图 7-12　电容运转单相异步电动机图

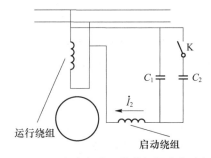

图 7-13　电容启动运转单相异步电动机

7.2.3　罩极式单相异步电动机及启动

罩极式单相异步电动机按磁极形式不同,分为凸极式和隐极式两种,其中凸极式最为常见。其基本结构在专题 7.1.1 中已经介绍,接下来主要讨论罩极式电动机的启动过程。

如图 7-14 所示,当定子主绕组接通单相交流电源时,电动机内将产生脉振磁动势,会有交变磁通穿过磁极。其中大部分为穿过未罩部分的磁通 $\dot{\Phi}_A$,另有一小部分与 $\dot{\Phi}_A$ 同相的磁通 $\dot{\Phi}'_A$ 穿过被罩部分。当 $\dot{\Phi}'_A$ 穿过短路环时,短路环内的感应电动势 $\dot{E}_K$ 相位上落后磁通 $\dot{\Phi}'_A$,$\dot{E}_K$ 在短路环内产生电流 $\dot{I}_K$,在相位上落后 $\dot{E}_K$ 一个不大的电角度,如图 7-14(b)所示。电流 $\dot{I}_K$ 产生的磁通 $\dot{\Phi}_K$ 与 $\dot{I}_K$ 同相,所以实际穿过被罩部分的

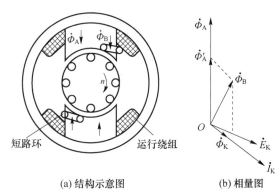

(a)结构示意图　　(b)相量图

图 7-14　罩极式单相异步电动机结构原理图

磁通 $\dot{\Phi}_B$ 应为 $\dot{\Phi}'_A$ 和 $\dot{\Phi}_K$ 的相量和,短路环内的感应电动势 $\dot{E}_K$ 应为 $\dot{\Phi}_B$ 感应产生,相位上落后 $\dot{\Phi}_B$ 90°电角度。

由图 7-14(b)可知,磁通 $\dot{\Phi}_A$ 和 $\dot{\Phi}_B$ 不但在空间上相差一个电角度,时间上也不同相,因而在电动机中形成的合成磁场为椭圆旋转磁场,旋转的方向总是从未罩部分转向被罩部分。电动机在此椭圆旋转磁场作用下,产生启动转矩自行启动,然后由运行绕组维持运行。由于 $\dot{\Phi}_A$ 和 $\dot{\Phi}_B$ 无论在空间位置还是时间相位上相差的电角度都远小于 90°,因此启动转矩小,效率和功率因数都较低,只能适用于空载或轻载启动,而且转向固定,不能改变。这种电动机的优点是结构简单,维护方便,价格低廉,经久耐用,适用于小型风扇、电钟、电唱机等。

专题 7.3　单相异步电动机的调速、反转及应用

教学目标：

1）理解不同类型单相异步电动机的反转控制方法；

2）理解单相异步电动机的常用调速方法；

3）熟悉单相异步电动机的日常应用。

7.3.1　单相异步电动机的调速

单相异步电动机的调速原理同三相异步电动机一样，平滑调速都比较困难。一般可以采用改变电源频率（变频调速）、改变电源电压（调压调速）、改变绕组磁极对数（变极调速）等方法。由于用变频无级调速设备复杂，成本高，所以使用最普遍的是改变电源电压调速。调压调速的特点是：电源电压只能从额定电压向下调，因此电动机的转速也只能从额定转速向低调；同时，因为电磁转矩与电源电压平方成正比，电压降低时，电动机的转矩和转速都下降，所以只能适用于转矩随转速下降而下降的负载，如风扇、鼓风机等。常用的调压调速方法有串电抗器调速、自耦变压器调速、串电容调速、绕组抽头法调速、晶闸管调压调速等。

1. 串电抗器调速

将电抗器与定子绕组串联，利用电流在电抗器上产生的压降，使加到电动机定子绕组上的电压低于电源电压，从而达到降压调速的目的。图 7-15(a)所示为罩极式电动机串电抗器调速电路图，图 7-15(b)所示为电容运转电动机调速电路图。

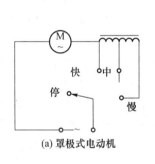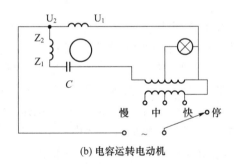

（a）罩极式电动机　　　　　　　　（b）电容运转电动机

图 7-15　单相异步电动机串电抗器调速电路

这种调速方法线路简单，操作方便，但是电压降低较大，输出转矩和功率明显降低，只适用于转矩和功率随转速降低而降低的场合，如吊扇和台扇。

2. 自耦变压器调速

如图 7-16 所示，加到电动机上的电压调节可以通过自耦变压器来实现。自耦变压器供电方式多样化，可以连续调节电压，采用不同的供电方式可以改善电动机性能。图 7-16(a)所示为调速时整台电动机降压运行，低挡时启动性能差。图 7-16(b)所示为调速时仅调节工作绕组电压，低挡时启动性能较好，但接线稍复杂。

3. 串电容调速

将不同容量的电容器串入电路中，也可以调节转速。由于电容器容抗与电容量成反比，电容量越大，容抗越小，相应电压降也低，电动机转速就高；反之电容量越小，容抗越大，电动机转

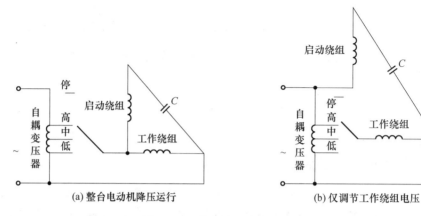

(a) 整合电动机降压运行　　(b) 仅调节工作绕组电压

图 7-16　自耦变压器调速电路

图 7-17　串电容调速电路

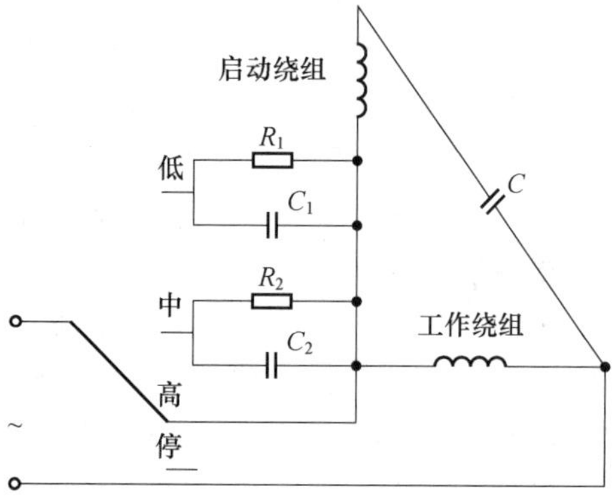

速就低。图 7-17 所示为具有 3 挡调速的串电容调速风扇电路，图中电阻器 R_1 和 R_2 为泄放电阻，在断电时将电容器中的电能泄放掉。

由于电容器两端电压不能突变，因此在电动机启动瞬间，电容两端电压为零，即电动机启动电压为电源电压，因此电动机启动性能好。正常运行时，电容上无功率损耗，效率较高。

4. 绕组抽头法调速

这种调速方法是在单相异步电动机定子铁芯上再嵌放一个中间绕组（又称调速绕组），如图 7-18 所示。为降低成本，也可将调速绕组和定子绕组做成一体。通过调速开关改变中间绕组与启动绕组及工作绕组的接线方法，从而达到改变电动机内部气隙磁场的大小，达到调速的目的。这种调速方法有 L 形接法和 T 形接法两种，其中 L 形接法调速时在低挡中间绕组只与工作绕组串联，启动时直接加电源电压，因此启动性能好，目前使用较多。T 形接法低挡时启动性能差，且中间绕组的电流较大。

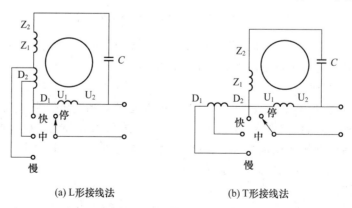

(a) L形接线法　　(b) T形接线法

图 7-18　绕组抽头法调速电路

这种方法的优点是不要电抗器,节省材料,耗电少;缺点是绕组嵌线复杂,调速开关接线多,不适合于吊扇。

5. 晶闸管调压调速

去掉电抗器,又不想增加定子绕组复杂程度,单相异步电动机还可以采用双向晶闸管调速。调速时,旋转控制线路中带开关的电位器可以改变双向晶闸管的控制角,使电动机得到不同电压,达到调速目的,如图 7 - 19 所示。具体原理在电力电子技术课程中介绍。这种方法可以实现无级调速,控制简单,效率高;缺点是电压波形差,存在电磁干扰。目前此方法常用于吊扇上。

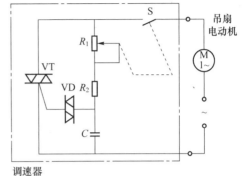

图 7 - 19　双向晶闸管调速原理图

7.3.2　单相异步电动机的反转

要使单相异步电动机反转必须使旋转磁场反转,由两相旋转磁场的原理可看出,有两种方法可以改变单相异步电动机的转向。

1. 将工作绕组或启动绕组的首末端对调

因为单相异步电动机的转向是由工作绕组和启动绕组所产生的磁场相位差来决定的,一般情况下,启动绕组的电流超前于工作绕组的电流,从而启动绕组的磁场也超前于工作绕组,所以旋转磁场是由启动绕组的轴线转向工作绕组的轴线。如果把其中一个绕组反接,相当于该绕组的磁场相位改变 180°。若原来启动绕组磁场超前于工作绕组 90°,则改接后变成滞后 90°,所以旋转磁场方向也随之改变,转子跟着反转。这种方法一般用于不需要频繁反转的场合。

2. 将电容器从一个绕组改接到另一个绕组

在电容运转单相异步电动机中,若两相绕组做成完全对称,即匝数相等,空间相位相差90°电角度,则串联电容器的绕组中的电流超前于电压,而不串联电容器的那相绕组中的电流滞后于电压。旋转磁场的转向由串联电容器的绕组转向不串联电容器的绕组。电容器的位置改接后,旋转磁场和转子的转向自然也跟着改变。这种转向方法电路比较简单,适用于需要频繁正反转的场合。

罩极式单相异步电动机和带有离心开关的电动机,一般不能反转。

7.3.3　单相异步电动机的日常应用

在日常生活中,很多家电都配有电动机,如洗衣机、电冰箱、电风扇、抽排油烟机等,此外还有很多电动工具、医疗器械等。这些设备中的电动机都有一个共同特点,即都是用单相交流电源,且功率不大。

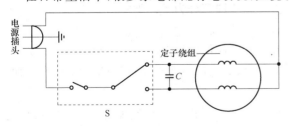

图 7 - 20　波轮式洗衣机电控原理图

1. 普通波轮式洗衣机

洗衣机以电动机为动力,类型很多,其中的波轮式洗衣机均采用电容运转电动机,其电控原理图如图 7 - 20 所示。洗衣机工作时靠定时转换开关 S 来改变电容器 C 与运行绕组和启动绕组的串联,从而实现电动机的正、反转。

波轮式洗衣机的电容运转电动机额定电压都为 220 V,电动机的两相绕组完全对称,两个绕组互为工作绕组。

2. 电风扇

电风扇的种类很多,规格各异,功能因场合不同而不同,但其原理和基本结构都相同,其中电动机是电风扇的心脏,其性能指标决定了电风扇的质量高低。

电风扇用电动机可分为直流电动机和交流电动机,一般使用的有电容运转单相异步电动机、罩极式电动机和直流电动机等,其中电容运转单相异步电动机占绝大多数。图 7-21 所示为电风扇的控制原理图,单相异步电动机定子铁芯上嵌放两套绕组,即运行绕组和启动绕组,它们结构基本相同,空间上位置相差 90°,在启动绕组中串入电容器 C 后再与运行绕组并联在单相电源上。当接入单相交流电时,将在绕组中形成旋转磁场。通过调节串入电抗的大小,可以控制定子绕组上的电压,从而达到调速的目的。

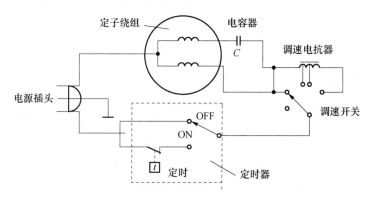

图 7-21　电风扇的控制原理图

3. 电冰箱

电冰箱要求电动机具有启动转矩大、功率因数高、效率高等性能,多采用电阻分相式单相异步电动机。

习题与思考题

7-1　请简述单相异步电动机的结构。

7-2　只有一个运行绕组的单相异步电动机为什么不能自行启动?

7-3　单相异步电动机按其启动和运行方式的不同可分为哪几类?

7-4　单相异步电动机的旋转方向如何改变?

7-5　单相异步电动机的调速方法有哪几种?目前使用较多的是哪一种?

7-6　一台吊扇采用电容运转单相异步电动机,通电后无法启动,而用手拨动风叶后即能运转,请分析其原因。

7-7　罩极式单相异步电动机的转向如何确定?若不拆卸重新装配转子,是否可以使其反转?

模块 8 同步电机

同步电机与异步电机一样,都属于交流旋转电机,主要用作发电机,现代发电厂中所发出的交流电能几乎都是同步发电机产生的。由于同步电机的转速不随负载转矩的变化而变化,且与定子电流的频率成严格的比例关系,因此对于有恒速要求的生产机械,可采用同步电动机作为动力,同步电机也可作为调相机用,向电力系统发出感性或容性无功功率,用于改善电力系统的功率因数及调整电网电压。

本模块主要介绍同步电机的工作原理、结构及其拖动运行的一些问题,同步发电机的励磁方式、运行特性及同步发电机的并联运行及有功、无功功率调节方式,说明同步电动机的功角特性和机械特性、工作特性及同步电动机的启动方法。

专题 8.1 同步电机的结构和工作原理

教学目标:
1) 理解同步电机的基本原理;
2) 了解同步电机的基本结构和分类;
3) 掌握同步电机的型号和额定值。

8.1.1 同步电机的结构与分类

电力系统广泛使用汽轮发电机和水轮发电机,其基本结构都包括定子和转子 2 部分,下面以隐极汽轮发电机为例说明同步电机的基本结构。

图 8-1 所示为汽轮发电机的基本结构图。

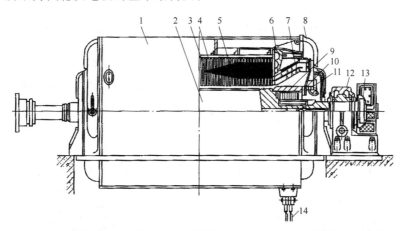

1—定子;2—转子;3—定子铁芯;4—定子铁芯的径向通风沟;5—定位筋;6—定子压圈;7—定子绕组;8—端盖;
9—转子护环;10—中心环;11—离心式风扇;12—轴承;13—集电环;14—定子绕组电流引出线

图 8-1 汽轮发电机的基本结构图

1. 定　子

定子又称为电枢,主要由定子铁芯、定子绕组、机座、端盖、轴承等部件组成。它是同步发电机实现机电能量转换的重要部件。

（1）定子铁芯

为减少铁芯损耗,定子铁芯由 0.5 mm 或 0.35 mm 厚的两面涂有绝缘漆膜的硅钢片叠成,沿轴向分成多段,每段厚 30～60 mm。各段叠片间装有 6～10 mm 厚的通风槽,以利于铁芯散热。当定子铁芯外圆直径大于 1 m 时,常将硅钢片冲成扇形,再将多片拼成一个整圆。整个铁芯固定在机座上,如图 8-2 所示。

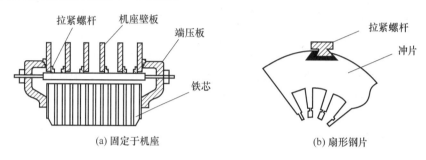

(a) 固定于机座　　　　　　　　　　(b) 扇形钢片

图 8-2　定子铁芯夹紧结构

（2）定子绕组

定子绕组又称为电枢绕组。其作用是产生对称三相交流电动势和旋转磁场,向负载输出三相交流电源,实现机电能量的转换。在定子铁芯内圆槽内嵌放定子线圈,按一定规律连接成三相对称绕组,一般均采用三相双层短距叠绕组。为了减小由于集肤效应引起的附加损耗,绕组导线常由若干股相互绝缘的扁铜线并联,并且在槽内及端部还要按一定方式进行编织换位。

（3）机　　座

机座是电机的外壳,有足够的强度和刚度,除了支撑定子铁芯外,还要满足通风散热的需要。机座一般都是由钢板焊接而成。

2. 转　子

转子由转子铁芯、励磁绕组、护环、中心环、滑环及风扇等部件组成,如图 8-3 所示。

（1）转子铁芯

转子铁芯既是电机磁路的主要组成部分,又承受着由于高速旋转产生的巨大离心力,因而要求其材料的机械强度高,磁化性能好,一般采用整块的含有镍、铬、铂、钒的优质合金锻成,与转轴锻成一个整体。

（2）励磁绕组

励磁绕组采用分布绕组,由若干个同心式线圈串联构成,如图 8-4 所示。励磁线圈放置在转子铁芯槽内,用不导磁高强度的硬铝或铝青铜槽楔固定。绕组的两端引出,连接到集电环上。

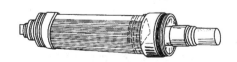

图 8-3　汽轮发电机的转子示意图

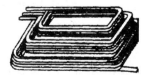

图 8-4　汽轮发电机励磁绕组

（3）护环和中心环

由于汽轮发电机转速高，励磁绕组端部受到很大的离心力，于是采用护环和中心环来固定。护环是一个圆环形的钢套，它把励磁绕组端部套紧，用以保护励磁绕组的端部不致因离心力而甩出。中心环是一个圆盘形的环，用来支撑护环，防止励磁绕组端部的轴向位移。

（4）滑 环

滑环分成正负两个，热套在轴上，与轴一起旋转，且与轴绝缘。通过静止的正负极性的电刷与滑环接触把直流电流引入到励磁绕组中。滑环可以布置在电机的一端，也可以布置在两端。

3．同步电机的分类

同步电机按运行方式，可分为发电机、电动机和调相机 3 类。发电机把机械能转换为电能；电动机把电能转换为机械能；调相机专门用来调节电网的无功功率，改善电网的功率因数。

同步电机按结构形式，可分为旋转电枢式和旋转磁极式。前者适用于小容量的同步电机，近来应用很少；后者应用广泛，成为同步电机的基本结构形式。旋转磁极式同步电机按磁极的形状，又可分为隐极式和凸极式两种，如图 8－5 所示。

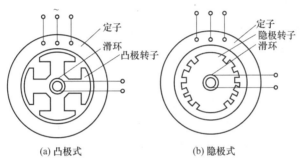

图 8－5 旋转磁极式同步电动机

隐极式气隙均匀，转子做成圆柱形。凸极式气隙不均匀，极弧底下气隙较小，极间部分气隙较大。

同步电机按原动机类别可分为汽轮发电机、水轮发电机和柴油发电机。汽轮发电机由于转速高，转子各部分受到的离心力很大，机械强度要求高，故一般采用隐极式；水轮发电机转速低，极数多，故都采用结构和制造上比较简单的凸极式；同步电动机、柴油发电机和调相机，一般做成凸极式。

8.1.2 同步电机的工作原理

在研究同步电动机的基本工作原理时，先引用一个模型来说明。如图 8－6 所示，一个马蹄形的磁铁可以围绕其中心以速度 ω_1 进行旋转。若在蹄形磁铁的磁场中安放另一个条形磁铁，则由于磁场之间的相互作用，条形磁铁必然也会以速度 ω_1 随马蹄形磁场一同旋转。

图 8－6 中的旋转的蹄形磁铁实际就是旋转磁。即在定子铁芯内圆均匀分布的槽内嵌放三相对称绕组，并在这三相绕组中通以一定频率的三相对称交流电，就可以产生与交流电频率成固定同步速度关系的旋转磁。

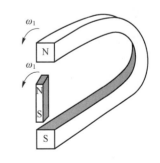

图 8－6 同步电动机的模型原理

图 8-6 中的条形磁铁实际就是在一定形状的转子铁芯上缠绕转子绕组,并在转子绕组中通以直流电以形成一个相对于转子稳定的磁场,随定子的旋转磁场一起同步运行。若同步电机作为发电机运行,当原动机拖动转子旋转时,其磁场切割定子绕组而产生交流电动势,该电动势的频率为

$$f = \frac{pn}{60} \tag{8-1}$$

式中,p 为电机的极对数;n 为转子每分钟转数,单位为 r/min。

若同步电机作为电动机运行,当在定子绕组上施以三相交流电压时,电机内部产生一个定子旋转磁场,其旋转速度为同步转速 n_1。转子将在定子旋转磁场的带动下,带动负载沿定子磁场的方向以相同的转速旋转,转子的转速为

$$n = n_1 = \frac{60f}{p} \tag{8-2}$$

综上所述,同步电机无论作为发电机还是作为电动机运行,其转速与频率之间都保持严格不变的关系。电网频率一定时,电机转速为恒定值,这是同步电机和异步电机的基本差别之一。

8.1.3 同步电机的铭牌数据

同步电机的铭牌数据一般包含如下内容:

(1)额定容量(或额定功率)

额定容量 S_N 是指电动机的视在功率,包括有功功率和无功功率,单位是 kV·A;额定功率 S_N 一般为有功功率,单位是 kW,对于电动机来说,是指机械功率,而对发电机来讲指输出的电功率。总之,额定功率必定是指电机的输出功率。

(2)额定电压

额定电压 U_N 指电机在额定运行时的三相定子绕组的线电压,常用 kV 为单位。

(3)额定电流

额定电流 I_N 指电机在额定运行时的三相定子绕组的线电流,单位为 A 或 kA。

(4)额定频率

额定频率 $\cos \varphi_N$ 指电机在额定运行时的功率因数。

(5)额定效率

额定效率 η_N 指电机额定运行时的效率。

综合上述定义,额定值间有下列关系:

对发电机:
$$P_N = \sqrt{3} U_N I_N \cos \varphi_N \tag{8-3}$$

对电动机:
$$P_N = \sqrt{3} U_N I_N \cos \varphi_N \eta_N \tag{8-4}$$

除上述额定值外,铭牌上还列出电机的额定频率 f_N、额定转速 n_N,额定励磁电流 I_N、额定励磁电压 U_N 和额定温升等。

专题 8.2 同步发电机

教学目标:

1)了解同步发电机的主要励磁方式和要求;

2）理解同步发电机的运行特性；

3）熟悉同步发电机的并联运行及有功、无功功率调节方式。

同步电机的励磁方式：同步发电机运行时必须在转子绕组中通入直流电流建立磁场，这个电流就叫励磁电流。把供给励磁电流的电源及其附属设备（励磁调节器、灭磁装置）统称为励磁系统。

励磁系统是同步发电机的重要部分。当水轮发电机组因故障甩负荷时，发电机的电压会过分升高，为防止事故继续扩大，励磁系统应能尽快地将发电机的励磁电流减到尽量小的程度，即所谓灭磁。当电力系统发生短路故障或其他原因使电机端电压严重下降时，励磁系统应能迅速增大励磁电流，以增大发电机的电动势，进而提高发电机的端电压，即所谓强行励磁。

目前，常用的励磁方式有：直流励磁机励磁、静止半导体励磁、旋转半导体励磁和三次谐波励磁。无论是哪种励磁系统，都应该满足以下基本要求：

① 在负载的可能变化范围内，励磁系统的容量应能保证调节的需要，且在整个工作范围内，调整应是稳定的。

② 当发电机组因故障甩负荷而电压升高时，励磁系统能快速、安全地灭磁。

③ 当电力系统有故障，发电机电压下降时，励磁系统应能迅速提高励磁到顶值，并要求励磁顶值大，励磁上升速度快。

④ 励磁系统的电源应尽量不受电力系统故障的影响。

⑤ 励磁系统本身工作应简单可靠。

8.2.1　同步发电机的运行特性

同步发电机的运行特性，是指在一定条件下，发电机两个电气量之间的函数关系。同步发电机的运行特性主要有空载特性、短路特性、外特性和调整特性。下面分别介绍这几种特性。

1. 同步发电机的空载运行与空载特性

同步发电机被原动机拖动到同步转速，励磁绕组中通以直流电流，定子绕组开路时的运行称为空载运行。这时电机定子电枢电流为零，电机内部唯一存在的磁场就是由直流励磁电流产生的主磁场，又称为空载磁场。其中一部分既交链转子，又经过气隙交链定子的磁通，称为主磁通，即空载时的气隙磁通，它的磁通密度波形是沿气隙圆周空间分布的近似正弦波，用 Φ_0 表示；而另一部分不穿过气隙，仅和励磁绕组本身交链的磁通称为主极漏磁通，这部分磁通不参与电机的机电能量转换。由于主磁通的路径（即主磁路）主要由定、转子铁芯和两段气隙构成，而漏磁通的路径主要由空气和非磁性材料组成，因此主磁路的磁阻比漏磁路的磁阻小很多。所以在磁极磁动势的作用下，主磁通远大于漏磁通。

同步发电机空载运行时，空载磁场随转子一同旋转，其主磁通切割定子绕组，在定子绕组中感应出频率为 f 的三相基波电动势，其有效值为

$$E_0 = 4.44 f N_1 k_{w1} \Phi_0 \qquad (8-5)$$

式中，Φ_0 为每极基波磁通，单位为 Wb；N_1 为定子绕组每相串联匝数；k_{w1} 为基波电动势的绕组系数。

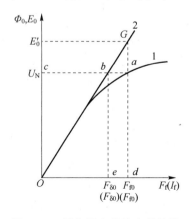

图 8-7　同步发电机的空载特性

如图 8-7 所示为同步发电机的空载特性曲线,改变转子的励磁电流 I_f,就可以相应地改变主磁通 Φ_0 和空载电动势 E_0。

2. 短路特性

短路特性是保持同步发电机在额定转速下运行,将定子三相绕组出线端持续稳态短路时,定子绕组的相电流 I_k(稳态短路电流)与转子励磁电流 I_f 的关系。短路特性是同步发电机的又一项基本特性。一台已制造好的同步发电机,求取它的同步电抗 x_d、短路比 K_C 及其他一些参数,都可在已知的短路特性的基础上进行。短路特性可通过同步发电机的短路试验方法来求取,求取短路特性的试验称为短路试验。根据《旋转电机定额和性能》(GB 755—2000)规定,短路试验既是电机型式试验的一个项目,也是电机检查的一个项目。因此,无论是制造好的新电机,或是大修后的电机,都必须做短路试验。

图 8-8 为同步电机的短路试验接线原理图,试验时,先将三相绕组的出线端通过低阻抗的导线短接。驱动转子保持额定转速不变,调节励磁电流 I_f,使定子短路电流从零开始逐渐增大,直到短路电流为额定电流的 1.25 倍为止,记录不同短路电流时的 I_k 和对应的励磁电流 I_f,作出短路特性 $I_k = f(I_f)$,如图 8-9 中的直线 1 所示。

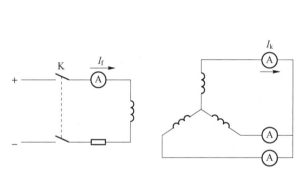

图 8-8　同步电机的短路试验接线原理图

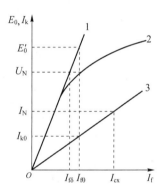

图 8-9　同步电机的短路特性

3. 同步发电机的外特性

(1) 外特性

外特性用以表示同步发电机电压的稳定性,是指发电机保持额定转速,转子励磁电流 I_f 不变和负载功率因数不变时,发电机的端电压 U 与负载电流 I 之间的关系。不同的负载功率因数有不同的外特性,如图 8-10 所示。

从图 8-10 中可以看出,在带纯电阻负载 $\cos\varphi = 1$ 和带感性负载 $\cos\varphi = 0.8$(滞后)时,外特性曲线都是下降的。这是因为这两种情况下电机内部的电枢反应都有去磁作用,随着负载电流 I 的增大,电枢磁场增大,去磁作用也增强;同时,定子绕组的电阻和漏电抗压降随负载电流 I 的增大而增大,致使发电机的端电压下降。但带容性负载时 $\cos\varphi = 0.8$(超前)时,由于电枢反应有助磁作用,一般随着负载电流 I 的增大,端

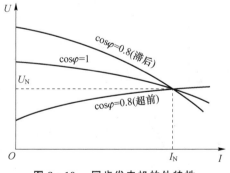

图 8-10　同步发电机的外特性

电压 U 是升高的,并可知在不同的功率因数下,额定负载时为了都能得到 $U=U_N$,感性负载需要较大的励磁电流,而容性负载的励磁电流则较小。

(2) 电压变化率

外特性曲线表明了发电机端电压随负载的变化情况,而电压变化率则用于定量表示发电机端电压的波动程度。

电压变化率是指单独运行的同步发电机,保持额定转速和励磁电流(额定负载时维持额定电压的励磁电流)不变,发电机从额定负载变为空载,端电压的变化量与额定电压的比值,用百分数表示,即

$$\Delta U = \frac{E_0 - U_N}{U_N} \tag{8-6}$$

电压变化率是表征同步发电机运行性能的数据之一,现代同步发电机多数装有快速自动调压装置,因此 ΔU 允许大些。但为了防止突然甩负荷时电压上升过高而危及绕组绝缘,最好 $\Delta U < 50\%$。一般汽轮发电机的 ΔU 为 $30\% \sim 48\%$,水轮发电机的 ΔU 为 $18\% \sim 30\%$。

4. 同步发电机的调整特性

从外特性曲线可知,当负载发生变化时,发电机的端电压也随之变化,对电力用户来说,总希望电压是稳定的。因此,为了保持发电机电压不变,必须随负载的变化相应调节励磁电流。

调整特性就是指发电机保持额定转速不变,端电压和负载的功率因数不变时,励磁电流 I_f 和负载电流 I 的关系如图 8-11 所示。图中表示不同负载功率因数对应不同的调整特性曲线。

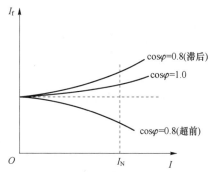

图 8-11　同步发电机的调整特性

8.2.2　同步发电机的并联运行

现代电力网都是由许多不同类型发电厂的发电机组并联而成的。采用多台发电机并联运行,有利于发电厂根据负荷的变化来调整投入并联运行机组的台数,这不仅可以提高机组的运行效率,减少机组的备用容量,而且能提高整个电力系统的稳定性、经济性和可靠性。

同步发电机投入电力系统并联运行,必须具备一定的条件,否则可能造成严重的后果。

1. 同步发电机并联运行的方法和条件

为了避免产生巨大的冲击电流,防止发电机组的转轴受到突然的冲击扭矩而遭损坏,防止电力系统受到严重的干扰,同步发电机与电网并联合闸时,需要满足如下的并联条件:

① 发电机和电网电压大小、相位要相同。

② 发电机的频率和电网频率要相等。

③ 发电机和电网的电压波形要相同,即均为正弦波。

④ 发电机和电网的相序要相同。

上述条件中第③项在制造电机时已得到保证。第④项要求一般在安装电机时,根据发电机规定的旋转方向,确定发电机的相序,因而得到满足。一般在并网运行时只需注意满足①和②项条件。事实上绝对地符合这两个条件只是一种理想情况,通常允许在小的冲击电流下将

发电机投入电网并联运行。

将发电机调整到基本符合上述 4 条并联条件后并入电网,这种方法称为准同期法。准同期法的优点是投入瞬间,发电机与电网间无电流冲击;缺点是手续复杂,需要较长的时间进行调整,尤其是电网处于异常状态时,电压和频率都在不断变化,此时要用准周期法并联就相当困难。为迅速将机组投入电网,可采用自同期法。所谓自同期法,是指同步发电机在不加励磁情况下投入电网,投入电网后,再立即加上直流励磁。这种方法的缺点是合闸及投入励磁时有电流冲击。

2. 并联运行时有功功率的调节

一台同步发电机并入电网后,必须向电网输送功率,并根据电力系统的需要随时进行调节,以满足电网中负载变化的需要。下面讨论如何使已并入电网的发电机增加或减少有功功率。

(1)功率平衡方程式

原动机从轴上输入给发电机的机械功率 P_1,扣除发电机的机械损耗 p_{mec}、铁耗 p_{Fe} 和励磁损耗 p_{Cuf} 后,其余的通过气隙磁场电磁感应作用转换为定子三相绕组中的电磁功率 P_M,电磁功率 P_M 扣除定子绕组的铜损耗 p_{Cu} 便得发电机输出的电功率 P_2。其能量转换过程如图 8-12 所示。则

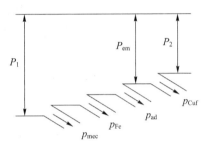

图 8-12 同步发电机的功率流程图

$$P_M = P_1 - (p_{mec} + p_{Fe} + p_{Cuf}) = P_1 - p_0$$
$$P_1 = p_0 + P_M \qquad (8-7)$$

式中,p_0 为空载损耗

$$p_0 = p_{mec} + p_{Fe} + p_{Cuf} \qquad (8-8)$$
$$P_2 = P_M - p_{Cu} \qquad (8-9)$$

因定子绕组的电阻很小,一般可略去绕组的铜耗 p_{Cu},则有

$$P_M \approx P_2 = mUI\cos\varphi \qquad (8-10)$$

(2)转矩平衡方程式

将式(8-7)两边同除以转子角速度 ω,得到发电机转矩平衡方程式为

$$\frac{P_1}{\omega} = \frac{p_0}{\omega} + \frac{P_M}{\omega}$$
$$T_1 = T_0 + T \qquad (8-11)$$

式中,T_1 为原动转矩(驱动性质);T_0 为空载转矩(制动性质);T 为电磁转矩(制动性质)。

(3)功角特性

式(8-11)说明,对于同步发电机,电磁转矩是以阻力矩的形式出现的,它对应于通过电磁感应关系传递给定子的电磁功率。那么电磁功率究竟和电机的哪些因素有关呢?下面介绍同步发电机电磁功率的另一种表达式,即功角特性。

对凸极电机,若忽略电枢绕组电阻,则电磁功率等于输出功率,即

$$P_{em} \approx P_2 = mUI\cos\varphi = mUI\cos(\psi - \delta)$$
$$= mUI(\cos\psi\cos\delta + \sin\psi\sin\delta)$$
$$= mI_q U\cos\delta + mI_d U\sin\delta$$

而
$$I_q = \frac{U\sin\delta}{X_q}, \quad I_d = \frac{E_0 - U\cos\delta}{X_d}$$

即
$$P_{em} = m\frac{E_0 U}{X_d}\sin\delta + m\frac{U^2}{2}\left(\frac{1}{X_q} - \frac{1}{X_d}\right)\sin 2\delta \tag{8-12}$$

式中,① 内功率因数角 ψ:空载电动势 E_0 和电枢电流 I_a 之间的夹角,与电机本身参数和负载性质有关;

② 外功率因数角 φ:与负载性质有关;

③ 功率角(功角)δ:E_0 和 U 之间的夹角;且有 $\psi = \varphi + \delta$(电感性负载);

④ 直轴(d 轴):主磁极轴线(纵轴);

⑤ 交轴(q 轴):转子相邻磁极轴线间的中心线为交轴(横轴);

⑥ $\frac{mE_0 U}{X_d}\sin\delta$ 为基本电磁功率,$m\frac{U^2}{2}\left(\frac{1}{X_q} - \frac{1}{X_d}\right)\sin 2\delta$ 为附加电磁功率(也称为磁阻功率)。

对于隐极同步发电机,由于 $X_d = X_q = X_t$,附加电磁功率为零,则电磁功率为
$$P_{em} = m\frac{E_0 U}{X_t}\sin\delta \tag{8-13}$$

由式(8-12)和式(8-13)可知:当电网电压 U 和频率恒定,参数 X_d 和 X_q 为常数,励磁电动势 E_0 不变(即 I_f 不变)时,同步发电机的电磁功率只取决于 $\dot{E}_0$ 与 $\dot{U}$ 的夹角 δ(δ 称为功角,又称为功率角),则 $P_{em} = f(\delta)$ 为同步电机的功角特性,如图 8-13 所示。

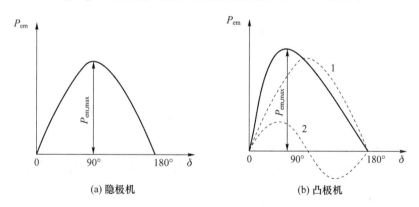

(a) 隐极机　　　　　(b) 凸极机

图 8-13　同步发电机的功角特性

从隐极同步发电机的功角特性可知,电磁功率 P_{em} 与功角 δ 的正弦函数 $\sin\delta$ 成正比。当 $\delta = 90°$ 时,功率达到极限值 $P_{em,max} = m\frac{E_0 U}{X}$;当 $\delta > 180°$ 时,电磁功率由正变负,此时,电机转入电动机运行状态,如图 8-13(a)所示。

从凸极同步发电机的功角特性可知,由于 $X_d \neq X_q$,附加的电磁功率不为零,且在 $\delta = 45°$ 时,附加电磁功率出现最大值,如图 8-13(b)中的曲线 2 所示。这部分功率与 E_0 无关,即只要定子绕组加有电压,功角不为零,即使转子绕组不加励磁电流(E_0 为零)也会有附加电磁功率。凸极同步发电机的功角特性即是基本电磁功率(图 8-13(b)中的曲线 1)和附加电磁功率两条特性曲线相加,如图 8-13(b)所示。凸极电机的最大电磁功率将比具有同样 E_0、U 和 X_d

（即 X_{t}）的隐极电机稍大一些，并且在 $\delta < 90°$ 时出现。

对功角的正负作如下规定：沿着转子旋转方向，若 $\dot{E}_0$ 超前 $\dot{U}$，则功角 δ 为正，这表明 $\vec{F}_{\mathrm{f}}$ 超前 $\vec{F}_{\mathrm{u}}$，对应的电磁功率 P_{em} 为正，同步电机输出有功功率，即工作于发电机状态；若 $\dot{E}_0$ 滞后于 $\dot{U}$，则功角为负值，这表明 $\vec{F}_{\mathrm{f}}$ 滞后于 $\vec{F}_{\mathrm{u}}$，对应的 P_{em} 为负，同步电机从电网吸收有功功率，同步电机工作于电动机状态。

（4）同步发电机有功功率的调节

为简化起见，设已并网的发电机为隐极电机，略去饱和的影响和电枢电阻，且认为电网电压和频率恒为常数，即认为发电机是"无穷大电网"并联。

一般当发电机处于空载运行状态时，发电机的输入机械功率 P_1 恰好和空载损耗 $p_0 = p_{\mathrm{mec}} + p_{\mathrm{Fe}} + p_{\mathrm{ad}}$ 相平衡，没有多余的部分可以转化为电磁功率，即 $P_1 = p_0$，$T_1 = T_0$，$P_{\mathrm{em}} = 0$，如图 8-14(a) 所示。此时虽然可以有 $E_0 > U$，且有电流 $\dot{I}$ 输出，但它是无功电流。此时气隙合成磁场和转子磁场的轴线重合，功角等于零。

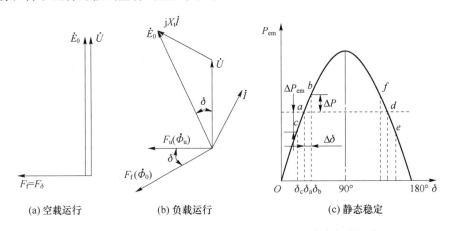

(a) 空载运行　　　　　(b) 负载运行　　　　　(c) 静态稳定

图 8-14　与无穷大电网并联时同步发电机有功功率的调节

当增加原动机的输入功率 P_1，即增大了输入转矩 T_1 时，$T_1 > T_0$，出现剩余转矩 $(T_1 - T_0)$ 使转子瞬时加速，主磁极的位置将沿转向超前气隙合成磁场，相应的 $\dot{E}_0$ 也超前 $\dot{U}$ 一个 δ 角，如图 8-14(b) 所示，使 $P_{\mathrm{em}} > 0$，发电机开始向电网输出有功电流，并同时出现与电磁功率 P_{em} 相对应的制动电磁转矩 T。当 δ 增大到某一数值使电磁转矩与剩余转矩 $(T_1 - T_0)$ 相平衡时，发电机的转子就不再加速，最后平衡在对应的功角 δ 值处。

由此可见，要调节同步发电机的有功功率的输出，就必须调节来自原动机的输入功率。在调节功率的过程中，转子的瞬时转速虽然稍有变化，但进入一个新的稳定状态后，发电机的转速仍将保持同步速度。

【例 8-1】　一台三相隐极同步发电机与无穷大电网并联运行，电网电压为 380 V，发电机定子绕组为 Y 形联连，每相同步电抗 $X_{\mathrm{t}} = 1.2\ \Omega$，此发电机向电网输出线电流 $I = 69.5\ \mathrm{A}$，空载相电动势 $E_0 = 270\ \mathrm{V}$，$\cos\varphi = 0.8$（滞后）。若减小励磁电流使相电动势 $E_0 = 250\ \mathrm{V}$，保持原动机输入功率不变，不计定子电阻，试求：（1）改变励磁电流前发电机输出的有功功率和无功功率；（2）改变励磁电流后发电机输出的有功功率、无功功率、功率因数及定子电流。

解：（1）改变励磁电流前，输出的有功功率为

$$P_3 = 3UI\cos\varphi = 3 \times 220\ \text{V} \times 69.5\ \text{A} \times 0.8 = 36\ 700\ \text{W}$$

输出的无功功率为

$$Q = 3UI\sin\varphi = 3 \times 220\ \text{V} \times 69.5\ \text{A} \times 0.6 = 27\ 500\ \text{V} \cdot \text{A}$$

（2）改变励磁电流后不计电阻，所以

$$P_2 = P_{\text{em}} = \frac{3E_0 U}{X_t}\sin\delta$$

$$\sin\delta = \frac{P_2 X_t}{3E_0 U} = \frac{36\ 700 \times 1.2}{3 \times 250 \times 220} = 0.267$$

所以　　　　　　　　　　　　　　　　　$\delta = 15.5°$

根据相量图知

$$\psi = \arctan\frac{E_0 - U\cos\delta}{U\sin\delta} = \arctan\frac{250 - 220\cos 15.5°}{220 \times 0.267} = 33.6°$$

$$\varphi' = \psi - \delta = 18.2°$$

故　　　　　　　　　　　$\cos\varphi' = \cos 18.2° = 0.95$

因为有功功率不变，即 $I\cos\varphi = I'\cos\varphi' = $ 常数，故改变励磁电流后，定子电流为

$$I' = \frac{I\cos\varphi}{\cos\varphi'} = \frac{69.5\ \text{A} \times 8}{0.95} = 58.5\ \text{A}$$

有功功率不变，即

$$P_2 = 3 \times 220\ \text{V} \times 58.5\ \text{A} \times 0.95 = 36\ 700\ \text{W}$$

向电网输出的无功功率，即

$$Q = 3UI'\sin\varphi' = 3 \times 220\ \text{V} \times 58.3\ \text{V} \times \sin 18.2° = 12\ 000\ \text{V} \cdot \text{A}$$

专题 8.3　同步电动机

教学目标：

1）了解同步电动机的功角特性和机械特性；

2）熟悉同步电动机的工作特性；

3）掌握同步电动机的启动方法。

同步电动机是常用的三大类电动机（直流、异步、同步电动机）中又一类最重要的电动机。同步电动机与异步电动机一样，都属于交流电动机。同步电动机转速不随负载转矩的变化而变化，且与定子电流的频率成严格的比例关系。这一特点，使它在电力拖动系统中占有越来越重要的地位。

8.3.1　同步电动机的功角特性和机械特性

同步电动机在正常运行时，定子端输入电功率 P_1，这部分功率在定子端绕组上消耗一部分（也就是定子铜耗）后，被送到转子端，同感应电动机一样，这部分功率称为电磁功率 P_{m}。电磁功率在消耗掉定子铁耗 p_{Fe}、转子机械损耗 p_{mec}、附加损耗 p_{ad} 后，剩下的才是电动机输出的机械功率，可用公式表示为

$$P_1 = P_{\text{m}} + p_{\text{cul}} = P_2 + p_{\text{Fe}} + p_{\text{mec}} + p_{\text{ad}} + p_{\text{cul}} \qquad (8-14)$$

通常把 $p_0 = p_{Fe} + p_{mec} + p_{ad}$ 称为空载损耗。

电磁功率为 $\qquad P_m = P_1 - p_{Cu1} = mE_\sigma I\cos\varphi \approx mUI\cos\varphi$

式中，m 为定子边产生旋转磁场的交流电源的相数；U 为定子电压；I 为定子电流；E_σ 为气隙磁动势所等效的电动势；φ 为定子端的功率因数角。

对于凸极电动机，有

$$P_m = mUI_q\cos\theta + mUI_d\sin\theta \qquad (8-15)$$

由凸极式同步电动机的简化相量图的图形关系可知

$$I_q x_q = U\sin\theta$$
$$I_d x_d = E_0 - U\cos\theta$$

由此可得

$$I_q = \frac{U\sin\theta}{x_q} \qquad (8-16)$$

$$I_d = \frac{E_0 - U\cos\theta}{x_d} \qquad (8-17)$$

把式(8-16)和式(8-17)代入式(8-15)可得

$$P_m = m\frac{E_0 U}{x_d}\sin\theta + m\frac{U^2}{2}\left(\frac{1}{x_q} - \frac{1}{x_d}\right)\sin 2\theta \qquad (8-18)$$

式中，第一项 $m\dfrac{E_0 U}{x_d}\sin\theta$ 称为基本电磁功率；第二项 $m\dfrac{U^2}{2}\left(\dfrac{1}{x_q} - \dfrac{1}{x_d}\right)\sin 2\theta$ 称为附加电磁功率。

对于隐极同步电动机，由于 $x_d = x_q = x_1$，所以式中第二项为零，则隐极式同步电动机的功率表达式为

$$P_m = m\frac{E_0 U}{x_t}\sin\theta \qquad (8-19)$$

式(8-18)和式(8-19)称为凸极式和隐极式同步电动机的攻角特性表达式。图 8-15 为凸极式和隐极式同步电动机的攻角特性曲线。

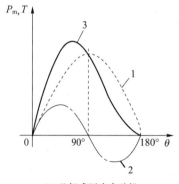

(a) 凸极式同步电动机

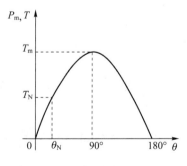

(b) 隐极式同步电动机

图 8-15 同步电动机的功角与机械特性曲线

有了同步电动机的攻角特性表达式，就可以根据功率和转矩的关系得出同步电动机的机械特性，只需要将功率表达式除以转动的同步角速度即可。

对于凸极式同步电动机：

$$T_m = m \frac{E_0 U}{\Omega_1 x_d} \sin\theta + m \frac{U^2}{2\Omega_1} \left(\frac{1}{x_q} - \frac{1}{x_d}\right) \sin 2\theta \qquad (8-20)$$

与功角特性相对应,式中第一项 $m \dfrac{E_0 U}{\Omega_1 x_d} \sin\theta$ 称为基本电磁转矩;第二项 $m \dfrac{U^2}{2\Omega_1} \left(\dfrac{1}{x_q} - \dfrac{1}{x_d}\right) \sin 2\theta$ 称为附加电磁转矩。

对于隐极式同步电动机：

$$T_m = m \frac{E_0 U}{\Omega_1 x_t} \sin\theta$$

由于机械特性与攻角特性相比,只相差一个比例系数 Ω_1,所以机械特性曲线和攻角特性曲线的形状基本一致,所以一起表示在图 8-15 中。图(a)为凸极式同步电动机的机械特性曲线;图(b)为隐极式同步电动机的机械特性曲线。

8.3.2　同步电动机的工作特性

同步电动机运行的工作特性是指在保持定子端电枢电压、频率不变、转子端励磁电流不变的情况下,电枢电流 I、电磁转矩 T、转子转速 n、电机效率 η 以及功率因数 $\cos\varphi$ 与输出功率 P_2 之间的关系。

1. 电枢电流特性

电枢电流特性为 $I = f(P_2)$,当电动机空载运行时,电动机存在一个空载电流 I_0。当电动机拖动负载运行时,随着输出功率的增加,电枢电流不断增大,近似于一条正比直线。

2. 电磁转矩特性

电磁转矩特性为 $T = f(P_2)$。由电动机的转矩平衡公式 $T = T_0 + T_2 = T_0 + \dfrac{P_2}{\Omega}$ 可知:当电动机空载运行时,电动机存在一个空载转矩 T_0;当电动机拖动负载运行时,随着输出功率的增加,电磁转矩不断增大,是一条纵轴截距为 T_0、斜率为 $\dfrac{1}{\Omega}$ 的线性正比直线。

3. 转子转速特性

转子转速特性为 $n = f(P_2)$。根据同步电动机的运行原理可知,无论电动机的功率与转矩如何变化,电动机转子的转速 n 将与定子频率保持严格同步关系,不随功率与转矩变化,是一条平行于 P_2 轴线的直线。

4. 电动机效率特性

电动机效率特性为 $\eta = f(P_2)$。电动机空载时,效率为零,随着功率增加效率也上升,直到达到电动机额定值附近,其效率最大。如果继续增大输出功率,电动机效率就会随之减小,是一条非单调曲线。

以上 4 个工作特性如图 8-16 所示。

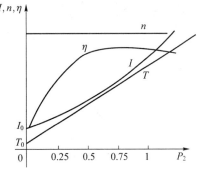

图 8-16　同步电动机的 4 个工作特性

5. 功率因数

功率因数为 $\cos \varphi = f(P_2)$。由于同步电动机的功率从定、转子端送入，因此功率因数特性与感应电动机有很大不同，调节励磁端的供电情况，同步电动机的功率因数会发生不同的变化。图 8-17 所示为功率因数特性随输出功率及励磁电流变化的趋势。

由图 8-17 可知，在励磁电流较小、电动机空载、功率因数 $\cos \varphi = 1$ 时，随着负载的增加，功率因数从 1 逐渐下降，使功率因数变为滞后，如图 8-17 中曲线 1 所示；随着励磁电流增大，直至半载、功率因数 $\cos \varphi = 1$ 时，轻载的功率因数变为超前，在超过半载后，功率因数又逐渐变为滞后，如图 8-17 曲线 2 所示；励磁电流继续增大，至满载、功率因数 $\cos \varphi = 1$ 时，轻载的功率因数变为超前更多，直至超过满载后，功率因数才逐渐变为滞后，如图 8-17 中的曲线 3 所示。

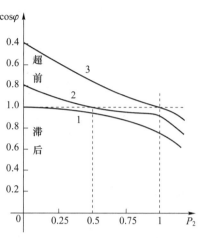

图 8-17　励磁电流对同步电动机功率因数特性的影响

8.3.3　同步电动机的启动方法

同步电动机的电磁转矩是定子旋转磁场与转子励磁磁场间产生吸引力而形成的，只有两个磁场相对静止时，才能得到恒定方向的电磁转矩。若给同步电动机加励磁并直接投入电网，由于转子在启动时是静止的，则转子磁场静止不动，定子旋转磁场以同步转速 n_1 对转子磁场作相对运动，在一瞬间定子旋转磁场将吸引转子磁场向前，由于转子所具有的转动惯量还来不及转动，另一瞬间定子磁场又排斥转子磁场向后，转子受到的便是一个方向在交变的电磁转矩，如图 8-18 所示。转子所受的平均转矩为零，故同步电动机不能自行启动，须另外使用辅助方法才能使电动机启动运转。一般来说，同步电动机的启动方法大致分为 3 种：辅助电动机启动、异步电动机启动和变频启动。

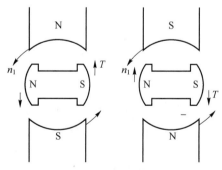

图 8-18　同步电动机启动时定子磁场
对转子磁场的影响

1. 辅助电动机启动

这种启动方法，需要有另外一台电动机作为启动的辅助电动机才能工作。考虑到电网及其他一些工程问题，辅助电动机一般采用功率较小的感应电动机。在启动时，辅助电动机首先开始运转，将同步电动机的转速拖动到接近同步转速时，给同步电动机加入励磁并投入电网运行。由于辅助电动机的功率一般较小，故而这种启动方法只适用于空载启动。

2. 异步启动

这种方法是在同步电动机的主极上设置类似感应电动机的笼式绕组，称为启动绕组。在启动时，先将转子端的励磁断开，电枢接额定电网，这时笼式启动绕组自行闭合，启动绕组中产生感应电流及转矩，相当于一台小型笼式感应电动机，电动机转子就启动起来了，这个过程叫异步启动。当转速接近同步转速时，将励磁电流通入转子绕组，电动机就可以同步运转，这个过程叫牵入同步。

3. 变频启动

这种方法是首先将定子电枢的频率降低,并在转子端加上励磁,这时电动机将会逐渐启动并低速运转,待其进入稳定运行状态后逐渐升高其电枢频率,电动机转速进一步升高。如此反复交替,直至电动机的转速达到同步转速。近几年随着电力电子技术的发展,变频器、交频电源的广泛运用,变频启动这种方法越来越显示出优点。

【例 8-2】 某工厂电源电压为 6 000 V,厂中使用了多台异步电动机,设其总输出功率为 1 500 kW,平均功率为 70%,功率因数为 0.7(滞后),由于生产需要又增添一台同步电动机。设当同步电动机的功率因数为 0.8(超前)时,已将全厂的功率因数调整到 1,求此同步电动机承担多少视在功率和有功功率。

解:这些异步电动机中的视在功率 S 为

$$S = \frac{P_2}{\eta \cos \varphi} = \frac{1\ 500\ \text{kW}}{0.7 \times 0.7} = 3\ 061\ \text{V} \cdot \text{A}$$

由于 $\qquad \cos \varphi = 0.7, \qquad \sin \varphi = 0.713$

故这些异步电动机总的无功功率 Q 为

$$Q = S \sin \varphi = 3\ 061\ \text{V} \cdot \text{A} \times 0.713 = 2\ 182\ \text{V} \cdot \text{A}$$

同步电动机运行后,$\cos \varphi = 1$,故全厂的感性无功功率全由该同步电动机提供,即有

$$Q' = Q = 2\ 182\ \text{V} \cdot \text{A}$$

因 $\qquad \cos \varphi' = 0.8, \qquad \sin \varphi' = 0.6$

故同步电动机的视在功率为

$$S' = \frac{Q'}{\sin \varphi'} = \frac{2\ 182\ \text{V} \cdot \text{A}}{0.6} = 3\ 637\ \text{kV} \cdot \text{A}$$

有功功率为 $\qquad P' = S' \cos \varphi' = 3\ 637\ \text{kV} \cdot \text{A} \times 0.8 = 2\ 910\ \text{kW}$

项目 8.4　同步电动机的故障诊断与维修

教学目标:

1)了解同步电动机常见故障及排除方法;

2)掌握同步电机的修理方法。

8.4.1　项目简介

利用同步电动机,常用电工工具、万用电表等设备来完成故障诊断与维修的实训,通过实训了解同步电动机运行过程中存在的问题,掌握诊断的方法和维修的方法。

8.4.2　同步电动机常见故障及排除方法

1. 同步电动机不能启动

① 电动机轴承损坏或端盖螺钉松动,致使端盖与机座移位,转子下沉与定子铁芯相擦。处理方法:更换轴承或分别按对角紧固端盖螺钉,使电动机定、转子间的气隙保持均匀。

② 电枢绕组故障。处理方法:可参照直流电动机电枢故障处理。

③ 启动绕组开焊,断条或端环接触不良。处理方法:可直观检查,看启动绕组导条有无电弧灼痕,有无断裂和细小裂纹,以及端环连接接触是否良好;也可用小锤轻击启动绕组导条和端环,听是否有断裂声,还可用断笼侦察器检查。如果发现断笼或开焊,可用银焊补焊。导条断裂时,可用焊接的方法焊接或更换同规格、同材质的导条。对于端环连接处接触不良,一般是先把接触处刮研好,并重新挂锡,使全部面积有效接触,然后旋紧螺钉。

④ 控制装置故障。大多是由于励磁装置直流输出不当或无输出,引起定子电流过大,使保护装置动作跳闸或引起电动机失磁运行。处理方法:对控制装置进行检查,找出故障点并进行修复。

⑤ 电源电压太低。处理方法:提高电源电压,使其达到额定值。

⑥ 被拖动机械故障,如运转不良或被卡住。处理方法:打开与被拖动机械的连接器或皮带,盘动转轴,若转动不灵活甚至转不动,说明机械部件卡住,应请机械工进行修理。

2. 同步电动机异步启动后投励牵入困难

① 励磁装置投励环节过早投入励磁,转子转速与同步转速相差较大。处理方法:检修励磁装置投励环节。

② 交流电网电压降落过大,同步电动机启动后励磁装置强励磁环节未工作;或者励磁装置故障,不能投入额定励磁。处理方法:检查励磁装置或电网降落原因,空载时检查励磁装置是否正常,若有故障应修理好后重试。

③ 励磁绕组开路或短路。处理方法:先用万用表检查各励磁绕组电阻,看有无断路绕组;然后在励磁绕组中通入额定励磁电流,测量各励磁绕组的电压降,压降小的即为短路绕组。短路绕组必须重绕。

④ 励磁绕组重绕或修理后,绕制的方向、匝数、接线有错误。处理方法:对新修过的电机,一定要将电机拆开,检查各绕组修理中是否有错误。

3. 同步电动机运行时振动过大

① 励磁绕组有匝间短路,或接线错误。处理方法:检查绕组接线是否有错误,有无短路现象。

② 励磁绕组松动或有移位。处理方法:把励磁绕组调正并进行加固。

③ 定子与转子间的气隙不均匀。处理方法:用塞尺测量气隙,并计算转子各磁极顶部与定子间最大、最小气隙与平均气隙之差对平均气隙之比,一般不应超过±5%,对低速电机不应超过10%。处理时应根据气隙测量情况校正定子和转子间的同心度,以保证气隙均匀。

④ 转子不平衡。处理方法:检查不平衡原因,排除后重新进行静平衡和动平衡校验。

⑤ 所拖动的机械部分振动,带动电动机振动。处理方法:将电机和机械设备分离,检查机械设备消除振动。

⑥ 底座固定螺钉松动或基础强度不够。处理方法:检查基座是否牢固,电动机固定螺钉是否松动。

⑦ 机座或轴承支架安装调试有偏差。处理方法:重新调试机座或轴承支架,使其达到运行标准。

4. 电刷与集电环异常磨损

① 电刷压力不正常。处理方法:调整压力在 1 540 kPa。

② 电刷型号选用不当。处理方法:一般应选用电化石墨电刷和金属石墨电刷。

③ 集电环粗糙度太低,或表面潮湿。处理方法:修理集电环,保持清洁。

④ 转子与电刷振动过大。处理方法:检查转子平衡,找出振动原因。

5. 电动机运行中失磁

同步电动机失磁后,立即进入异步电动机运行,电动机定子与启动用的鼠笼绕组形成鼠笼式异步电动机。因该鼠笼绕组只供短时启动而不能长期运行,所以极易烧毁绕组。

6. 同步电动机的振荡

如果被同步电动机驱动的机械是活塞式机械,则其转矩中含有交变分量,会形成对机组的强迫压迫振荡。当负载转矩中的交变分量足够大时,同步电动机将无法运行。处理方法:增加机组飞轮转矩,以减缓功率角 θ 的变化。

8.4.3 同步电动机的修理

带有座式轴承电机的转子与轴瓦之间都留有一定的轴向窜动间隙。一般间隙值约为轴向颈的 2%。调整窜动间隙,可通过移动轴承座来实现,如图 8-19 所示。调整时,应先使一端轴承两边的间隙相等,即 $\delta_1 = \delta_2$,而另一端的间隙 δ_3 略大于 δ_4,这主要考虑了转子在热状态下的膨胀量。另外,还要调整每个间隙的上、下、左、右间距,使之相等,即 $\delta_1 = \delta_1'$,这样可保证轴瓦与轴颈相贴紧。

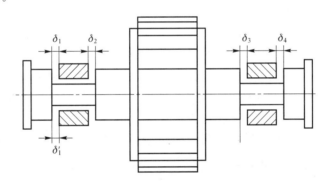

图 8-19 电机轴向窜动间隙

有时由于转子水平没调整好,或定子与转子的磁中心线不重合,在转子运行时,转子向一边窜动。这样会使轴瓦端面发热,严重时会发生撞瓦现象。这时需要校正电机水平,调整转子的轴向位置。

8.4.4 项目实现

1. 实训目的

掌握同步电动机的故障处理及检修后的试运转。

2. 实训工具

同步电动机一台、活动扳手、锤子、木槌、紫铜棒、常用电工工具、万用电表、兆欧表。

3. 实训步骤

1) 针对同步电动机已出现的故障现象,通过所学内容分析后加以排除。

2) 同步电动机检修后简单的试运转方法:同步电动机在检修后的试运转内容,和一般的交、直流电机大致相同,有机械和电气两个方面。所不同的是,同步电机有较为复杂的励磁系统,其系统复杂,技术性强,必须根据说明书的要求仔细调试。若励磁系统是直流电机,则可根据直流发电机的原则进行试运转,其步骤如下:

① 一般检查。对检修后的三相同步电动机装配质量进行检查。检查出线端紧固用的螺栓、螺母是否旋紧,转子转动是否灵活。若电动机与其他机械有连接,须检查联轴器是否良好,同时检查整体机组的中心线是否在一条直线上;还需检查电刷的装配质量是否良好,对于转速为 1 500 r/min 的电动机,其集电环电刷的压力为 $(0.2 \sim 0.4) \times 10^5$ Pa/cm²,对于 1 000 r/min 及以下的电动机,则为 $(0.2 \sim 0.25) \times 10^5$ Pa/cm²,电刷彼此间的压力相差不应超过 $\pm 10\%$。当然,在开车前对电动机的润滑状况做一次检查也是必要的;最后对同步电动机定、转子之间的气隙做一次检查。应用塞尺测量各转子磁极顶部与定子间的气隙不均匀度,其最大或最小气隙与平均气隙之差与平均气隙之比,一般不得超过 $\pm 5\%$,对低速电动机,不应超过 $\pm 10\%$。同时可对气隙数值进行检查,气隙在 3 mm 的电动机,误差不应超过 $\pm 5\%$。

② 测量绝缘电阻。同步电动机的额定电压以 3 000 V 以上的高压居多,其两相之间和转子线圈对铁芯之间的绝缘电阻应符合

$$R \geqslant \frac{U_{\mathrm{N}}}{1\,000 + \dfrac{P_{\mathrm{N}}}{100}} \tag{8-21}$$

式中,R 为绝缘电阻,MΩ;U_{N} 为线圈额定电压,V;P_{N} 为电动机额定功率,kW。

额定电压为 3 000 V 及以上者应用 2 500 V 兆欧表测量,500～3 000 V 者用 1 000 V 兆欧表测量,500 V 以下者用 500 V 兆欧表测量。

③ 测量绕组的直流电阻。与一般交直流电机的测量方法及要求相似,测量时须用电桥,测得的电阻必须折算成 15 ℃时的欧姆值,还必须与出厂数据大致相符(相差小于 2%)。对定子绕组,必须三相基本平衡。

④ 励磁系统的调试。如果励磁系统是直流发电机,则可根据直流电机检修后的试车步骤进行测试。如果励磁系统是晶闸管整流系统,则可根据产品说明书的步骤,耐心调试到符合要求。

⑤ 耐压试验。如三相同步电动机的线圈曾局部修理过或全部更换过,则必须用工频交流电压进行绕组对机壳、绕组之间的耐压试验。对于局部修理过的绕组耐压试验电压,定子侧为 1.3U,且不得小于 $(U_{\mathrm{e}} + 500)$ V,转子侧为 $(U_{\mathrm{fe}} + 500$ V),且不得小于 750 V。在全部更换绕组后,耐压试验电压对定子侧为 $(2U_{\mathrm{e}} + 1\,000$ V),对转子侧为 $(2U_{\mathrm{fe}} + 1\,000$ V),且不得小于 1 500 V,耐压试验的时间为 1 min,不击穿即为合格。

⑥ 空载运行。在启动电动机之前,再做一次表面的检查:工具、杂物等异物有无进入电动机内部;接线是否正确良好;启动及控制电路是否完好。用大约两个大气压的压缩空气清洁尘埃。

启动同步电动机并牵入同步做空载运行,以检查启动过程是否正常,旋转方向是否符合要求,机械部分是否良好。应无碰击及振动。电动机应在空载下运行一段时间,如 2～3 h,检查轴承的温升。若为滑动轴承,温升不超过 40 ℃;若为滚动轴承,则温升不应超过 55 ℃。同时不应有异常噪声、异常振动及局部过热现象。

空载运行应在额定电压及额定励磁电流下进行。测三相线电压和三相线电流,并与出厂数据或第一次试验的记录数据比较,其相差不应超过 $\pm 5\%$。

若空载运行的情况正常,则试车基本结束,可以加负载投入正常运行。若空载运行不正常,应立即停机检查,排除故障后再进行空载运行,直到正常为止。

思考与练习题

8-1　什么叫同步电动机？怎样由其极对数决定其转速？某台 75 r/min、50 Hz 的同步电动机,其极对数为多少？

8-2　同步电动机的电磁功率与哪些物理量有关？隐极同步电动机与凸极同步电动机的电磁功率表示式有何异同？

8-3　同步电动机常用的启动方法有几种？

8-4　同步电动机不能启动运行,原因有哪些？应如何处理？

8-5　同步电动机异步启动后投励牵入困难,应如何处理？

8-6　导致同步电机温升过高的原因主要有哪些？

8-7　一台隐极三相同步发电机,定子绕组为 Y 形连接,$U_N = 400$ V,$I_N = 37.5$ A,$\cos \varphi_N = 0.85$(滞后),$X_t = 2.38$ Ω(不饱和值),不计电阻,当发电机运行在额定情况下,试求:(1)不饱和的励磁电动势 E_0;(2)功角 δ_N;(3)电磁功率 P_{em};(4)过载能力 λ。

8-8　某工厂变电所变压器的容量为 2 000 kV·A,该厂电力设备的平均负载为 1 200 kW,$\cos \varphi = 0.65$(滞后),今欲新装一台 500 kW,$\cos \varphi = 0.8$(超前),$\eta = 95\%$ 的同步电动机,试问:当电动机满载时,全厂的功率因数是多少？变压器是否过载？

模块 9 步进电动机

本模块主要介绍步进电动机的结构、工作原理和驱动方式等。步进电动机是数字控制系统中的一种执行元件，可以将脉冲信号转变成角度位移或者直线位移，其位移量（角度或者长度）与输入脉冲信号有严格的对应关系。转子转速与输入脉冲频率能保持同步，所以又称为脉冲电动机。

专题 9.1 概 述

教学目标：

1）了解步进电动机的特点及作用；

2）掌握步进电动机的分类。

步进电动机的角位移与输入脉冲数严格成正比，因此，当它转动一圈后，没有累计误差，具有良好的跟随性。由步进电动机与驱动电路组成的开环数控系统，既非常简单、廉价，又非常可靠。同时，它可以与角度反馈环节组成高性能的闭环数控系统。步进电动机的动态响应快，易于起停、正反转及变速。其速度可在相当宽的范围内平滑调节，低速下仍能保证获得大转矩，因此，一般可以不用减速器而直接驱动负载。步进电动机只能通过脉冲电源供电才能运行，不能直接使用交流电源和直流电源。步进电动机存在振荡和失步现象，必须对控制系统和机械负载采取相应的措施。步进电动机自身的噪声和振动较大，带惯性负载的能力较差。

步进电动机按励磁方式可分为反应式、永磁式和混合式（感应子式）。反应式步进电动机的转子由软磁材料制成，转子中没有绕组。其结构简单，成本低，步距角可以做得很小，但动态性能较差。永磁式步进电动机的转子是用永磁材料制成的，转子本身就是一个磁源。其输出转矩大，动态性能好。转子的极数与定子的极数相同，所以步距角一般较大，需要供给正负脉冲。混合式步进电动机综合了反应式和永磁式两者的优点，其输出转矩大，动态性能好，步距角小，但结构复杂，成本较高。

在速度和位置控制系统中，步进电动机驱动系统具有运行可靠、结构简单、成本低、维修方便等优点，可以在很宽的范围内通过改变脉冲频率来调速；能够快速启动、反转和制动，目前在数控、工业控制、计算机外部设备及航空系统、办公自动化设备、医疗设备、自动记录仪等领域得到广泛应用。

专题 9.2 反应式步进电动机的结构和工作原理

教学目标：

1）了解反应式步进电动机的结构；

2）理解反应式步进电动机的工作原理和步矩角的计算。

9.2.1　反应式步进电动机的结构

三相反应式步进电动机由定子和转子两大部分组成。在定子上有三对磁极,每对磁极上绕有一相控制绕组(励磁绕组)。励磁绕组分为三相,分别为 U、V、W 三相绕组。步进电动机的转子由软磁材料制成,在转子上均匀分布 4 个凸极,极上不装绕组,转子的凸极也称为转子的齿。其结构如图 9 - 1 所示。

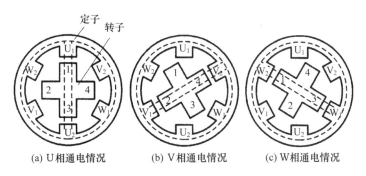

(a) U相通电情况　　　(b) V相通电情况　　　(c) W相通电情况

图 9 - 1　三相反应式步进电动机原理图

9.2.2　反应式步进电动机的工作原理

当步进电动机 U 相通电,V 相和 W 相不通电时,由于 U 相绕组产生的磁通要经过磁阻最小的路径形成闭合磁路,故使转子齿 1、3 和定子的 U 相对齐,如图 9 - 1(a)所示。

当 U 相断电,改为 V 相通电时,磁通也要经过磁阻最小的路径形成闭合磁路,这样转子逆时针转过一定的角度,使转子齿 2、4 与 V 相对齐,转子在空间转过的角度为 30°,如图 9 - 1(b)所示。

当 V 相改为 W 相通电时,同样可使转子逆时针转过 30°空间角度,如图 9 - 1(c)所示。

若按照 U - V - W - U 的通电顺序重复下去,则步进电机的转子将按一定速度沿逆时针方向旋转,步进电机的转速取决于三相控制绕组的通、断电源的频率。

当按照 U - W - V - U 顺序通电时,步进电机的转动方向将改为顺时针。

步进电动机在控制过程中,定子绕组每改变一次通电方式,称为一拍。在上面的通电控制方式中,由于每次只有一相控制绕组通电,称为三相单三拍控制方式。

除此种控制方式外,还有三相单、双六拍工作方式和三相双三拍控制方式。

在三相单、双六拍工作方式中,控制绕组通电顺序为 U - UV - V - VW - W - WU - U(转子逆时针旋转)或 U - UW - W - WV - V - VU - U(转子顺时针旋转),如图 9 - 2 所示。

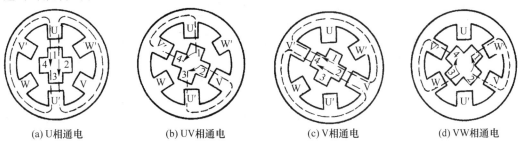

(a)U相通电　　　(b)UV相通电　　　(c)V相通电　　　(d)VW相通电

图 9 - 2　三相单、双六拍控制方式步进电动机的工作原理图

在三相双三拍控制方式中,控制绕组的通电顺序为 UV - VW - WU - UV 或 UW - WV - VU - UW,如图 9 - 3 所示。

三相单、双六拍和三相双三拍控制时转子转动情况读者可以自己进行分析。

步进电动机每改变一次通电状态称为一拍,每一拍转子所转过的电角度称为步进电机的步距角。由图 9 - 1 可知三相单三拍的步距角为 30°。而通过分析可以得出三相单、双六拍的步距角为 15°,三相双三拍的步距角为 30°。

在实际的生产实践中,步距角为 30°太大,不能满足生产实际的需要。实际使用的步进电机定、转子的齿都比较多,步距角较小。图 9 - 4 所示为小步距角的反应式步进电机原理图。

  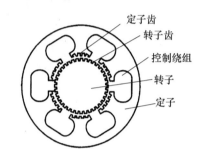

(a) UV相通电   (b) VW相通电

图 9 - 3 三相双三拍控制方式步进电动机的工作原理图   **图 9 - 4 小步距角三相反应式步进电动机**

步进电动机的步距角 θ_{se} 计算公式为

$$\theta_{se} = \frac{360°}{mZ_rC} \tag{9-1}$$

式中,m 为步进电动机的相数,对于三相步进电机 $m = 3$;C 为通电状态系数,当以单拍或双拍方式工作时,$C = 1$,当以单双拍交替方式工作时,$C = 2$;Z_r 为步进电机转子的齿数。

步进电动机的转速 n 计算式为

$$n = \frac{60f}{mZ_rC} \tag{9-2}$$

式中,f 为步进电动机每秒的拍数(或每秒的步数),称为步进电动机的通电脉冲频率。

【例 9 - 1】 有一台三相六极反应式步进电机,单拍或双拍方式工作时,其步矩角为 1.5°。试问转子的齿数应为多少? 若频率为 2 000 Hz,电动机的转速是多少?

解: 由题意可知 $m = 3$,$C = 1$,$\theta_{se} = 1.5°$,$f = 2\,000$ Hz,则

转子的齿数 Z_r 为

$$Z_r = \frac{360°}{m\theta_{se}C} = \frac{360°}{3 \times 1.5° \times 1} = 80$$

电动机的转速 n 为

$$n = \frac{60f}{mZ_rC} = \frac{60 \times 2\,000}{3 \times 80 \times 1} = 500$$

专题 9.3　其他形式的步进电动机

教学目标：
1) 了解永磁式步进电动机的结构和工作原理；
2) 了解混合式步进电动机的结构和工作原理。

9.3.1　永磁式步进电动机

1. 永磁式步进电动机的结构

永磁式步进电动机的结构有多种,其典型结构如图 9-5 所示。永磁式的主要特点是转子用永久磁钢做成。转子极数 $2p_r$ 可以为一对极、二对极或多对极,呈星状。定子相数 m 有二相或多相,做成凸极,无小齿。定子极数 $2p_s$ 为转子极数相数的 m 倍,即

$$2p_s = 2mp_r \qquad (9-3)$$

定子磁极依空间位置分成相数 m 组,并将同一组的励磁绕组按一正一负的顺序串联成一相绕组,如图 9-5 所示,各相绕组的末端连接至点 O,各首端引出线接到有正负极性的脉冲电源配电器。配电顺序为

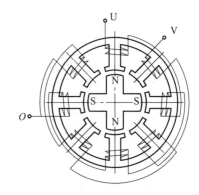

图 9-5　永磁式步进电动机

$+U$、$+V$、$-U$ 、$-V$ 四拍一个循环。U、V 二相控制绕组按 U—V—(-U)—(-V)—U 顺序通电励磁,转子将顺时针方向转动,此时步距角为 45°,改变通电相序就可以改变转动方向。

2. 永磁步进电动机的特点

① 步距角大,例如 15°、22.5°、45°、90°等。

② 相数大多为二相或四相。

③ 启动频率较低。

④ 控制功率小,驱动器电压一般为 12 V 或 24 V,电流为 2 A。

⑤ 断电时具有一定的保持转矩。

9.3.2　混合式步进电动机

1. 感应子式(混合式)步进电动机的结构

感应子式与传统的反应式相比,结构上转子加有永磁体,以提供软磁材料的工作点,而定子极磁只需提供变化的磁场而不必提供磁材料工作点的耗能,因此该电机效率高,电流小,发热低。因永磁体的存在,该电机具有较强的反电势,其自身阻尼作用比较好,使其在运转过程中比较平稳,噪声低,低频振动小。感应子式某种程度上可以看做是低速同步的电机。一个四相电机可以作四相运行,也可以作二相运行(必须采用双极电压驱动),而反应式电机则不能如此。例如:四相、八相运行完全可以采用二相八拍运行方式。

2. 混合式步进电动机的特点

① 具有磁阻式步进电动机步距小、运行频率高的特点。

② 具有永磁步进电动机消耗功率小的优点,是目前发展较快的一种步进电动机。

专题9.4 步进电动机的驱动电源

教学目标：

1）了解步进电动机驱动电源的组成；

2）理解步进电动机驱动电源的方式及各种驱动电路的特点。

步进电机的驱动电源与步进电机是一个相互联系的整体，步进电机的性能是由电机和驱动电源配合反映出来的，因此步进电机的驱动电源在步进电机中占有相当重要的位置。

9.4.1 驱动电源的组成

步进电机的控制电源一般由脉冲信号发生电路、脉冲分配电路和功率放大电路等部分组成。脉冲信号发生电路产生基准频率信号供给脉冲分配电路，脉冲分配电路完成步进电机控制的各相脉冲信号，功率放大电路对脉冲分配回路输出的控制信号进行放大来驱动步进电机的各相绕组，使步进电机转动。脉冲分配器有多种形式，早期的有环行分配器，现在逐渐被单片机所取代。功率放大电路对步进电机的性能有十分重要的作用，功率放大电路有单电压、高低电压、斩波型、细分型和集成电路型等多种形式。

9.4.2 步进电动机的典型驱动方式

1. 单电压驱动

单电压驱动是指电动机绕组在工作时，只用一个电压电源对绕组供电。其电路原理图如图9-6所示，特点是电路简单。

2. 双电压驱动

用提高电压的方法可以使绕组中的电流上升波形变陡，这样就产生了双电压驱动。双电压驱动有两种方式：双电压法和高低压法。

（1）双电压法

双电压法的基本思路是：在低频段使用较低的电压驱动，在高频段使用较高的电压驱动。其电路原理如图9-7所示。这种驱动方法保证了低频段仍然具有单电压驱动的特点，在高频段具有良好的高频性能，但仍没摆脱单电压驱动的弱点，在限流电阻上仍然会产生损耗和发热。

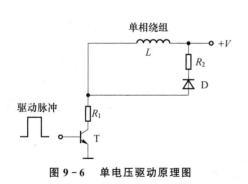

图9-6 单电压驱动原理图

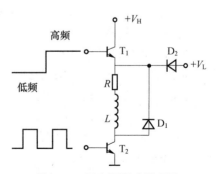

图9-7 双电压驱动原理图

（2）高低压法

高低压法的基本思路是：不论电动机工作的频率如何，在绕组通电的开始用高压供电，使绕组中电流迅速上升，而后用低压来维持绕组中的电流。其驱动原理如图 9-8 所示。

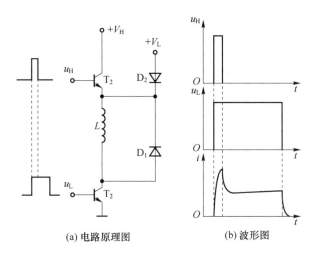

（a）电路原理图　　　　　　　　（b）波形图

图 9-8　高低压驱动原理图

步进电动机与其他电动机不同，它所标称的额定电压和额定电流只是参考值；又因为步进电动机以脉冲方式供电，电源电压是其最高电压，而不是平均电压，所以，步进电动机可以超出其额定值范围工作。一般高压选择范围是 80～150 V，低压选择范围是 5～20 V。选择时不要偏离步进电动机的额定值太远。但是这种驱动在低频时电流有较大的上冲，电动机低频噪声较大，低频共振现象存在，使用时要注意。

3. 斩波驱动

斩波恒流驱动原理如图 9-9 所示。T_1 是一个高频开关管。开关管 T_2 的发射极接一只小电阻 R，电动机绕组的电流经过这个电阻到地，所以这个电阻是电流取样电阻。比较器的一端接给定电压 u_c，另一端接取样电阻上的压降，当取样电压为 0 时，比较器输出高电平。

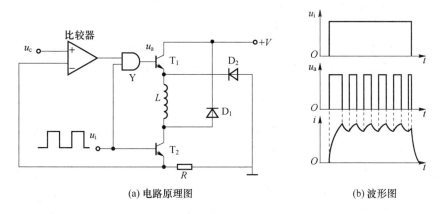

（a）电路原理图　　　　　　　　（b）波形图

图 9-9　斩波恒流驱动原理图

驱动过程为：T_2 每导通一次，T_1 导通多次，绕组的电流波形为锯齿形。在 T_2 导通的时间里，电源是脉冲式供电，提高了电源效率，并且能有效地抑制共振。由于无需外接影响时间常数的限流电阻,所以提高了高频性能;但是,由于电流波形为锯齿波,将会产生较大的电磁噪声。

4. 细分驱动

恒频脉宽调制细分驱动控制实际上是在斩波恒流驱动的基础上的进一步改进。在斩波恒流驱动电路中,绕组中电流的大小取决于比较器的给定电压,在工作中给定电压是一个定值。驱动电路如图 9-10 所示。恒频脉宽调制细分电路工作原理如下:当 D/A 转换器输出的 u_a 不变时,恒频信号 CLK 的上升沿使 D 触发器输出 u_b 为高电平,使开关管 T_1、T_2 导通,绕组中的电流上升,取样电阻上 R_2 压降增加。当这个压降大于 u_a 时,比较器输出低电平,使 D 触发器输出 u_b 为低电平,T_1、T_2 截止,绕组的电流下降。这使得 R_2 上的压降小于 u_a,比较器输出高电平,使 D 触发器输出 u_b 为高电平,T_1、T_2 导通,绕组中的电流重新上升。这样的过程反复进行,使绕组电流的波顶呈锯齿形。因为 CLK 的频率较高,锯齿形波纹会很小。

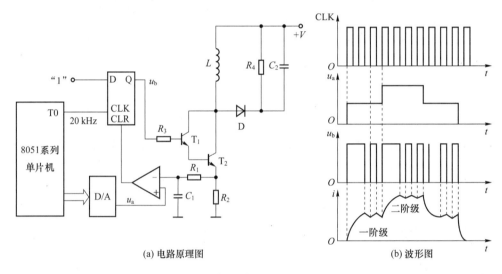

(a) 电路原理图 (b) 波形图

图 9-10 恒频脉宽细分电路及波形

5. 集成电路驱动

目前,已有多种步进电动机驱动集成电路芯片,它们大多集驱动和保护于一体,作为小功率步进电动机的专用驱动芯片,广泛用于小型仪表、计算机外设等领域,使用起来非常方便。

UCN5804B 集成电路芯片适用于四相步进电动机的单极性驱动。它最大输出 1.5 A 电流、35 V 电压。内部集成有驱动、脉冲分配器、续流二极管和过热保护电路。它可以选择工作在单四拍、双四拍和八拍方式,上电自动复位,可以控制转向和输出使能。图 9-11 是这种芯片的一个典型应用。其各引脚功能为:4、5、12、13 为接地引脚;1、3、6、8 为输出引脚,电动机各相的接线见图 9-11;14 引脚控制电动机的转向,其中低电平为正转,高电平为反转;11 引脚是步进脉冲的输入端;9、10 引脚决定工作方式,其真值表如表 9-1 所列。

在如图 9-11 所示的应用中,每两相绕组共用一个限流电阻。由于绕组间存在互感,绕组的感应电动势可能会使芯片的输出电压为负,导致芯片有较大电流输出,发生逻辑错误。因此,需要再输出端串接肖特基二极管。

表 9-1 引脚 9、10 真值表

工作方式	引脚 9	引脚 10
双四拍	0	0
八拍	0	1
单四拍	1	0
禁止	1	0

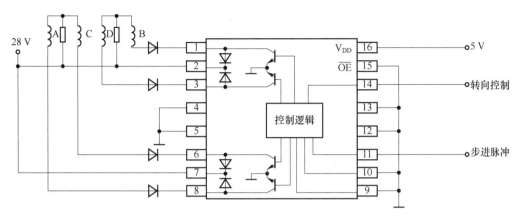

图 9 - 11　UNC5804B 集成电路典型应用

专题 9.5　步进电动机的控制和应用

教学目标：

1）了解步进电动机的开环控制流程图；

2）了解步进电动机的闭环控制流程图。

9.5.1　步进电动机的控制

步进电机的控制方式主要有开环控制和闭环控制两种。

（1）步进电动机的开环控制

步进电动机系统的主要特点是能实现精确位移、精确定位，且无积累误差。这是因为步进电动机的运动受输入脉冲控制，其位移量是断续的，总的位移量严格等于输入的指令脉冲数，或其平均转速严格正比于输入指令脉冲的频率。若能准确控制输入指令脉冲的数量或频率，就能够完成精确的位置或速度控制，无需系统的反馈，形成开环控制系统。图 9 - 12 即为步进电动机开环控制结构图。系统由控制控制器、脉冲分配器、驱动电路及步进电动机四部分组成。开环控制系统的精度，主要取决于步矩角的精度和负载状况。由于开环控制系统不需要反馈元件，结构比较简单，工作可靠，成本低，在数字控制系统中得到广泛的应用。

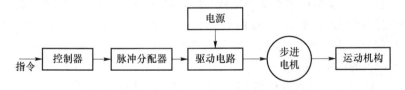

图 9 - 12　步进电动机的开环控制

（2）步进电动机的闭环控制

在开环控制系统中，电机响应控制指令后的实际运行情况，控制系统是无法预测和监视的。在某些运行速度范围宽、负载大小变化频繁的场合，步进电动机很容易失步，使整个系统趋于失控。另外，对于高精度的控制系统，采用开环控制往往满足不了精度的要求。因此在控制回路中增加反馈环节,构成闭环控制系统,如图 9-13 所示。与开环系统相比多了一个由位置传感器组成的反馈环节。将位置传感器测出的负载实际位置与位置指令值相比较,用比较信号进行控制,不仅可防止失步,还能够消除位置误差,提高系统的精度。闭环控制系统的精度与步进电动机有关,但主要取决于位置传感器的精度。

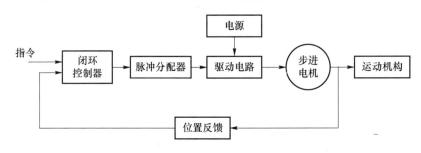

图 9-13　步进电动机的闭环控制

9.5.2　步进电动机的应用

步进电动机的应用十分广泛,如机械加工、绘图机、机器人、计算机的外部设备、自动记录仪表等。它主要用于工作难度大、速度要求快、控制精度要求高的场合。

专题9.6　步进电动机的选用与故障诊断

教学目标:

1)了解步进电动机的各种故障及其特点;

2)理解步进电动机的故障解决方法。

9.6.1　设备、仪表、工具

步进电动机、轴承拉具、活动扳手、锤子、紫铜棒、常用电工工具、万用电表、兆欧表等。

9.6.2　相关训练

1. 绕组的连接

步进电动机的各种绕组沿圆周是均匀分布的,每相绕组有两个线圈,分别绕在相对的两个铁芯上。按绕组连接方式的不同,磁极的极性可能出现两种情况:一种是半数相邻磁极为 N 极性,另外半数相邻磁极为 S 极性;另一种是磁极的极性分布为 N 和 S 极间隔排列。

2. 步进电动机的选用

① 步进电动机的转矩要选得足够大,以便带动负载,减小"丢步"。

② 选择合适的步距角 θ。

③ 选择合适的精度。精度是指最大步距误差或最大积累误差,直接用机械角度或步距的百分数来表示。最大积累误差是指从任意位置开始,经过任意步之后,角位移误差的最大值。

④ 根据编辑程序的需要,选择脉冲信号的频率。频率选定后,步进电动机转子的工作速度也就决定了。

⑤ 三相步进电动机两相通电时的最大静态转矩值与单相通电时的最大静态转矩值是相

等的,不能依靠增加通电相数来增加其最大静态转矩。而对多于三相的步进电动机,如四相、六相的步进电动机,可采用多相通电的方式来提高其输出功率。

⑥ 由于步进电动机经常运行于启动、制动、正转、反转、变速状态,故电动机的步数与脉冲数应严格相等,如果使用不当,可能出现"丢步"。

3. 步进电动机的振荡、失步及解决方法

步进电动机的振荡和失步是一种普遍存在的现象,它影响应用系统的正常运用,因此要尽力去避免。下面对振荡和失步的原因进行分析,并给出解决方法。

(1) 振　荡

步进电动机的振荡现象主要发生于:步进电动机工作在低频区;步进电动机工作在共振区;步进电动机突然停车。

当步进电动机工作在低频区时,由于励磁脉冲间隔的时间较长,步进电动机表现为单步运行。当励磁开始时,转子在电磁力的作用下加速转动。在达到平衡点时,电磁驱动转矩为零,但转子的转速最大,由于惯性,转子冲过平衡点。这时电磁力产生负转矩,转子在负转矩的作用下,转速逐渐为零,并开始反向转动。当转子反转过平衡点后,电磁力又产生正转矩,迫使转子又正向转动。如此下去,形成转子围绕平衡点的振荡。由于有机械摩擦力和电磁阻尼的作用,这个振荡表现为衰减振荡,最终稳定在平衡点。

当步进电动机工作在共振区时,步进电动机的脉冲频率接近步进电动机的振荡频率 f_0 或振荡频率的分频或倍频,这会使振荡加剧,严重时造成失步。步进电动机的振荡频率 f_0 为

$$f_0 = \frac{1}{2\pi}\sqrt{\frac{ZT_{\max}}{J}} \tag{9-4}$$

式中,J 为转动惯性;Z 为转子齿数;$T_{\max}$ 为最大转矩。

振荡失步的过程可描述如下:在第 1 个脉冲到来后,转子经历了一次振荡。当转子回摆到最大幅值时,恰好第 2 个脉冲到来,转子受到的电磁转矩为负值,使转子继续回摆。接着第 3 个脉冲到来,转子受正电磁转矩的作用回到平衡点。这样,转子经过 3 个脉冲仍然回到原来位置,也就是丢了 3 步。

当步进电动机工作在高频区时,由于换相周期短,转子来不及反冲。同时,绕组中的电流尚未上升到稳定值,转子没有获得足够的能量,所以在这个工作区中不会产生振荡。

减小步矩角可以减小振荡幅值,以达到削弱振荡的目的。

(2) 失　步

步进电动机的失步原因有 2 种。

第 1 种是转子的转速慢于旋转磁场的速度,或者说慢于换相速度。例如,步进电动机在启动时,如果脉冲的频率较高,由于电动机来不及获得足够的能量,使其无法令转子跟上旋转磁场的速度,所以引起失步。因此,步进电动机有一个启动频率,若超过启动频率启动,肯定会产生失步。注意,启动频率不是一个固定值,提高电动机的转矩、减小负载转动惯性、减小步矩角都可以提高步进电动机的启动频率。

第 2 种是转子的平均速度大于旋转磁场的速度。这主要发生在制动和突然换向时,转子获得过多的能量,产生严重的过冲,引起失步。

(3) 阻尼方法

消除振荡是通过增加阻尼的方法来实现的,主要有机械阻尼法和电子阻尼法。其中机械

阻尼法比较单一,就是在电动机轴上加阻尼器。电子阻尼法则有多种。

① 多相励磁法

根据所学的知识,可以知道采用多相励磁会产生电磁阻尼,会削弱或消除振荡现象。例如,三相步进电动机的双三相和六拍方法。

② 变频变压法

步进电动机在高频和在低频时转子所获得的能量不一样。在低频时,绕组中的电流上升时间长,转子获得的能量大,因此容易产生振荡;在高频时则相反。所以,可以设计一种电路,使电压随频率的降低而减小,这样使绕组在低频时的电流减小,可以有效地消除振荡。

③ 细分步法

细分步法是将步进电动机绕组中的稳定电流分成若干阶级,每进一步时,电流升一级。同时,也相对地提高步进频率,使步进过程稳定进行。

④ 反相阻尼法

这种方法用于步进电动机制动,在步进电动机转子要过平衡点之前,加一个反向作用力去平衡惯性力,使转子到达平衡点时速度为零,实现准确制动。

步进电动机的常见故障及检修方法如表 9-2 所列。

表 9-2　步进电动机的常见故障与检修方法

故障现象	可能原因	检修方法
不能启动	① 工作方式不对 ② 驱动电路故障 ③ 安装不正确,或电动机本身轴承、止口、扫膛等故障使电动机不转 ④ 电源极性接错	① 按电动机说明书使用 ② 检查驱动电路 ③ 检查电动机 ④ 改变接线
工作过程中停车	① 驱动电源故障 ② 电动机线圈匝间短路、接地或烧坏 ③ 脉冲信号发生器电路故障 ④ 杂物卡住	① 检查驱动电源 ② 按普通电动机的检查方法进行检修 ③ 检查脉冲信号 ④ 清洗电动机
无力或出力降低	① 驱动电源故障 ② 电动机绕组内部接线错误 ③ 绕组碰壳、相间短路或线头脱落 ④ 轴断 ⑤ 气隙过大 ⑥ 电源电压过低	① 检查驱动电源 ② 用磁针检查每相磁场方向,接错的一相指针无法定位 ③ 检查修复,无法修复时更换绕组 ④ 换轴 ⑤ 更换转子 ⑥ 调整电源电压,使其符合要求
定子线圈严重发热甚至烧毁	① 不按规定使用,或作为普通电动机接在 220 V 工频电源上 ② 高频电动机在高频下连续长期工作 ③ 在用高低压驱动电源时,低压部分有故障致使电动机长期在高压下工作 ④ 长期在温升较高的情况下运行	① 使用时注意电动机的类型,按规定使用 ② 严格按照电动机工作制度使用 ③ 检修电源电路 ④ 查明温升过高的原因,改善散热条件

故障现象	可能原因	检修方法
失步(或多步)	① 负载过大,超过电动机的承载能力 ② 负载变化过大 ③ 负载的转动惯量过大,启动时失步,停车时过冲(即多步) ④ 传动间隙大小不均匀 ⑤ 传动间隙中的零件有弹性变形(如绳传动) ⑥ 电动机工作在振荡失步区 ⑦ 电路总清零使用不当 ⑧ 定、转子相擦	① 换大功率电动机 ② 减小负载,主要减小负载的转动惯量 ③ 采用逐步升频加速启动,停车时采用逐步减频后再停车 ④ 对机械部分采取消隙措施,采用电子间隙补偿信号发生器 ⑤ 增加传动绳的张紧力,增加阻尼或提高传动零件的精度 ⑥ 降低电压或增大阻尼 ⑦ 在电动机执行程序中的中途暂停,不应再使用总清零键 ⑧ 调整解决相擦故障
噪声大	① 电机运行在低频区或共振区 ② 纯惯性负载、短程序、正反转频繁 ③ 磁路混合式或永磁式转子磁钢退磁后以单步运行或在失步区 ④ 永磁单向旋转步进电动机的定向机构损坏	① 消除齿轮间隙或其他间隙,采用尼龙齿轮,使用细分电路,使用阻尼器;以降低出力,采用隔音措施 ② 改长程序并增加摩擦阻尼 ③ 重新充磁 ④ 修理定向机构

思考题与习题

9 - 1　简述反应式步进电动机的工作原理。

9 - 2　反应式步进电动机的步矩角如何计算?

9 - 3　简述比较三相步进电动机工作在单三拍、双三拍、六拍方式时,电动机的性能有何不同。

9 - 4　简述步进电动机驱动电源的组成及分类。

9 - 5　简述步进电动机的失步故障是如何产生的,如何解决故障?

模块 10　伺服电动机

本模块主要讲述伺服电动机的分类和工作原理,交、直流伺服电动机的控制方法,交、直流伺服电动机和步进电动机的性能比较,介绍伺服电动机的应用和维修。

伺服电动机的功能是把输入的控制电压转换为转轴上的角位移和角速度输出,转轴的转速和转向随着输入电压信号的大小和方向而改变。在自动控制系统中,伺服电动机是执行元件,因此伺服电动机又称为执行电动机。

对伺服电动机的基本要求如下:

① 可控性好,有控制电压信号时,电动机在转向和转速上应能作出正确的反应,控制电压信号消失时,电动机应能可靠停转。

② 响应快,电动机转速的高低和方向随控制电压信号改变而快速变化,反应灵敏,即要求机电时间常数小,启动转矩大。

③ 机械特性线性度好,调速范围大,转速稳定。

④ 控制功率小,空载时动电压低(从静止到连续转动的最小电压)

专题 10.1　直流伺服电动机

教学目标:

1) 掌握直流伺服电动机的结构和分类;

2) 学会直流伺服电动机的性能和使用。

10.1.1　直流伺服电动机的结构和分类

直流伺服电动机分为传统型和低惯量型两类。

1. 传统型直流伺服电动机

传统型直流伺服电动机就是微型他励直流电动机,在结构上有永磁式和电磁式两种基本类型。电磁式直流伺服电动机的定子通常用硅钢片叠成铁芯,铁芯上套有励磁绕组,使用时需要加励磁电源,按励磁方式不同又分为他励、并励、串励和复励 4 种。我国生产的 SZ 系列的直流伺服电动机就属于这种结构。永磁式直流伺服电动机是在定子上安装由永久磁铁做成的磁极,不需要励磁电源,应用方便,我国生产的 SY 系列的直流伺服电动机就属于这种结构。

传统型直流伺服电动机的电枢与普通直流电动机的电枢相同,铁芯是用硅钢片冲压叠片制成,外圆均匀分布有槽齿,电枢绕组按一定规律嵌放在槽中,并经换向器和电刷引出。

2. 低惯量型直流伺服电动机

低惯量型又分为盘形电枢型、无槽电枢型和无刷型等。

(1) 盘形电枢直流伺服电动机

盘形电枢的特点是电枢的直径远大于长度,电枢有效导体沿径向排列,定、转子间的气隙为轴向平面气隙,主磁通沿轴向通过气隙。圆盘中电枢绕组可以是印制绕组或是绕线式绕组,后者功率比前者大。

印制绕组是采用与制造印制电路板相类似的工艺制成的,它可以是单片双面或多片重叠的。图 10-1 所示为印制绕组盘形电枢直流伺服电动机结构简图。由此图可见,它不单独设置换向器,而是利用靠近转轴的电枢端部兼作换向器,但导体表面需要另外镀一层耐磨材料,以延长使用寿命。

绕线式绕组则是先绕成单个线圈,然后把全部线圈排列成盘形,再用环氧树脂热固化成型。图 10-2 所示为线绕式盘形电枢直流伺服电动机结构简图。

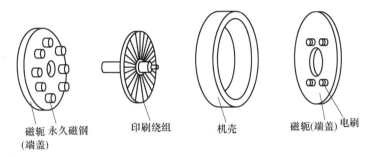

磁轭 永久磁钢　　印刷绕组　　机壳　　磁轭(端盖) 电刷
(端盖)

图 10-1　印制绕组直流伺服电动机

图 10-2　线绕式盘形电枢电动机的主要零部件结构图

盘形电枢直流伺服电动机具有以下特点:

① 电机结构简单,制造成本低。

② 启动转矩大。由于电枢绕组全部在气隙中,散热良好,其绕组电流密度比一般普通的直流伺服电动机高 10 倍以上,因此容许的启动电流大,启动转矩也大。

③ 力矩波动很小,低速运行稳定,调速范围广而平滑,能在 1:20 的速比范围内可靠平稳运行。这主要是由于这种电机没有齿槽效应,并且电枢元件数和换向片数很多的缘故。

④ 换向性能好。电枢由非磁性材料组成,换向元件电感小,换向火花小。

⑤ 电枢转动惯量小,反应快,机电时间常数一般为 10~15 ms,属于中等低惯量伺服电动机。

(2) 无槽电枢直流伺服电动机

无槽电枢直流电动机的结构和普通直流电动机的差别仅仅是电枢铁芯是光滑、无槽的圆柱体。电枢的制造是将敷设在光滑电枢铁芯表面的绕组,用环氧树脂固化成型并与铁芯粘结在一起,其气隙尺寸较大,比普通的直流电动机大 10 倍以上。定子励磁一般采用高磁能的永久磁铁。

由于无槽直流电动机在磁路上不存在齿部磁通密度饱和的问题,因此就有可能大大提高电机的气隙磁通密度和减小电枢的外径。这种电机的气隙磁通密度可达 1 T 以上,比普通直流伺服电动机大 1.5 倍左右。电枢的长度与外径之比在 5 倍以上。所以无槽直流电动机具有转动惯量低、启动转矩大、反应快、启动灵敏度高、转速平稳、低速运行均匀、换向性能良好等优点。目前电机的输出功率在几十瓦到 10 kW 以内，机电时间常数为 5～10 ms，主要用于要求快速动作、较大功率的系统，例如数控机床和雷达天线驱动等方面。

（3）无刷直流伺服电动机

无刷直流伺服电动机由电动机、转子位置传感器和半导体开关电路 3 部分组成。无刷直流伺服电动机的简要结构如图 10 - 3 所示。它的磁极是旋转的，即永磁转子，静止的定子安放多相电枢绕组，各相绕组分别由半导体开关元件控制，半导体开关的导通由转子位置传感器所决定，使电枢绕组中的电流随转子位置的改变而按一定的顺序进行换向，从而实现无接触（电刷）电子换向。无刷直流伺服电动机既具有直流伺服电动机良好的机械特性和调节特性，又具有交流电动机的维护方便、运行可靠的优点。

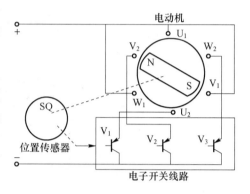

图 10 - 3　无刷直流伺服电动机的结构

10.1.2　直流伺服电动机的控制方法

由直流电动机的电压平衡方程式

$$U_a = I_a R_a + E_a \tag{10-1}$$

可推得

$$I_a = (U_a - E_a)/R_a = (U_a - C_e \Phi n)/R_a \tag{10-2}$$

$$n = U_a/(C_e \Phi) - T_{em} R_a/(C_e C_T \Phi^2) \tag{10-3}$$

由此可见，当转矩 T_{em} 一定时，转速 n 是电枢电压 U_a 和磁通 Φ 的函数。它表明了电动机的控制特性，就是说，改变 U_a 或 Φ 都可以达到调节转速 n 的目的。

1. 电枢控制

在定子磁场不变的情况下，通过控制施加在电枢绕组两端的电压信号 U_a 来控制电动机的转速和输出转矩的方法叫"电枢控制"。

2. 磁场控制

通过调节磁通 Φ（改变励磁电流的大小）来改变定子磁场强度，从而控制电动机的转速和输出转矩的方法叫"磁场控制"。

这两种方法是不同的，"电枢控制"中转速 n 和控制量 U_a 之间是线性关系；"磁场控制"中转速 n 和控制量 Φ 是非线性关系。因此，在直流伺服系统中多采用"电枢控制"。

10.1.3　直流伺服电动机的静态特性

当直流电动机的控制电压和负载转矩不变，电动机的电流和转速达到恒定的稳定值时，就称电动机处于静态（稳态），此时直流电动机所具有的特性叫静态特性。电动机的静态特性一般包括机械特性（转速与转矩的关系）和调节特性（转速与控制电压的关系）。

1. 机械特性

由式（10 - 3）知，当电枢电压 U_a 和磁通 Φ 一定时，转速 n 是转矩 T_{em} 的函数，表明了直流伺服电动机的机械特性,如图 10-4 所示。

在理想的空载情况下,即电磁转矩 $T_{em}=0$ 时,理想空载转速为

$$n_0 = U_a / (C_e \Phi) \qquad (10-4)$$

由式(10-3)可见,当 $n=0$ 时,有

$$T_{em} = T_{st} = U_a C_T \Phi / R_a \qquad (10-5)$$

式中,T_{st} 称为启动转矩。

斜率为

$$\beta = R_a / (C_e C_T \Phi^2) \qquad (10-6)$$

它表明了机械特性的硬软程度,β 越小,说明转速 n 随转矩 T_{em} 变化越小,即机械特性比较硬;β 越大,说明转速随转矩变化越大,即机械特性比较软。从电动机控制的角度考虑,希望机械特性硬些好。

β 与电枢电压无关,如果改变电枢电压 U_a,可得到一组平行直线,如图 10-5 所示。由图可见,提高电枢控制电压 U_c,机械特性直线平行上移。在相同转矩时,电枢控制电压越高,静态转速越高。

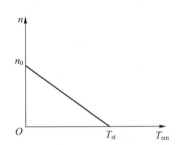

图 10-4　直流伺服电动机的机械特性

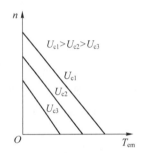

图 10-5　不同控制电压时的机械特性

2. 调节特性

调节特性是指电磁转矩(或负载转矩)一定时电机的静态转速与电枢电压的关系。调节特性表明电压 U_a 对转速 n 的调节作用。图 10-6 所示为转速 n 和控制电压 U_a 在不同转矩值时的调节特性曲线簇。

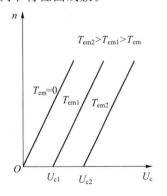

图 10-6　直流伺服电动机的调节特性

由图 10-6 可知,当电磁转矩(或负载转矩)为零时,电动机的启动是没有死区的。如果电磁转矩(或负载转矩)不为零,则调节特性就出现死区。只有电枢电压 U_a 大到一定值,所产生的电磁转矩大到足以克服负载转矩时,电动机才能开始转动,并随着电枢电压的提高,转速也逐渐提高。电动机开始连续旋转所需的最小电枢电压 U_{c1} 称为始动电压。由式(10-3)可知,当 $n=0$ 时,有

$$U_a = U_{c1} = \frac{T_{em} R_a}{C_T \Phi} \qquad (10-7)$$

可见,始动电压和电磁转矩(或负载转矩)成正比。

综上所述,当直流电动机采用电枢控制时,机械特性和调节特性都是直线,特性曲线簇是

平行直线,这是很大的优点,给控制系统设计带来方便。

10.1.4 直流伺服电动机的动态特性

直流伺服电动机的动态特性是指在电枢控制条件下,在电枢绕组加上阶跃电压时,转子转速 n 和电枢电流 I_a 随时间变化的规律。

直流伺服电动机产生过渡过程的原因是电动机中存在着两种惯性,即机械惯性和电磁惯性。机械惯性是由直流伺服电动机和负载的转动惯量引起的,是造成机械过渡过程的原因;电磁惯性是由电枢回路中的电感引起的,是造成电磁过渡过程的原因。

由于电磁过渡过程比机械过渡过程要短得多。因此为简化分析,通常只考虑机械过渡过程,而忽略电磁过渡过程。

在过渡过程中,直流电动机的电磁转矩和感应电势的表达式为

$$T_{em} = C_T \Phi I_a$$
$$E_a = C_e \Phi n$$

式中,Φ 为常数;T_{em}、E_a、I_a、n 均为瞬时值,是时间的函数。

直流伺服电动机电枢等效电路,如图 10-7 所示,电枢回路中的动态电压平衡方程为

$$L_a \frac{dI_a}{dt} + I_a R_a + E_a = U_a \tag{10-8}$$

在过渡过程中,直流伺服电动机的电磁转矩 T_{em} 除了要克服负载转矩 T_L 外,还要克服轴上的惯性转矩,因而直流伺服电动机的动态转矩平衡方程为

$$T_{em} = T_s + J \frac{d\Omega}{dt} \tag{10-9}$$

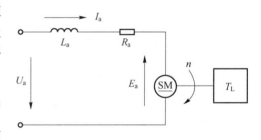

式中,T_s 为负载转矩和电机空载转矩之和;J 为电机本身及负载的转动惯量;$\frac{d\Omega}{dt}$ 为电机的角速度。

图 10-7 直流伺服电动机电枢等效电路

在小功率随动系统中选择电动机时,总是使电动机的额定转矩远大于轴上的空载阻转矩。也就是说,在动态过渡过程中,电磁转矩主要用来克服惯性转矩,以加快过渡过程。因此,为了推导方便,可以假定 $T_s = 0$,这样,有

$$T_{em} = J \frac{d\Omega}{dt} \tag{10-10}$$

因为

$$\Omega = \frac{2\pi n}{60} \tag{10-11}$$

$$T_{em} = C_T \Phi I_a \tag{10-12}$$

所以可得

$$I_a = \frac{2\pi J}{60 C_T \Phi} \tag{10-13}$$

把 I_a 的表达式及 $E_a = C_e \Phi n$ 代入式(10-8),并用 $C_e \Phi$ 除每一项,则得

$$L_{\mathrm{a}} \frac{2\pi J}{60 C_e C_T \Phi^2} \frac{\mathrm{d}^2 n}{\mathrm{d}t^2} + \frac{2\pi J R_{\mathrm{a}}}{60 C_e C_T \Phi^2} \frac{\mathrm{d}n}{\mathrm{d}t} + n = \frac{U_{\mathrm{a}}}{C_e \Phi} \qquad (10-14)$$

令

$$\tau_{\mathrm{j}} = \frac{2\pi J R_{\mathrm{a}}}{60 C_e C_T \Phi^2}, \qquad \tau_{\mathrm{d}} = \frac{L_{\mathrm{a}}}{R_{\mathrm{a}}}$$

$$\frac{U_{\mathrm{a}}}{C_e \Phi} = n_0$$

则上式写成

$$\tau_{\mathrm{j}} \tau_{\mathrm{d}} \frac{\mathrm{d}^2 n}{\mathrm{d}t^2} + \tau_{\mathrm{j}} \frac{\mathrm{d}n}{\mathrm{d}t} + n = n_0 \qquad (10-15)$$

式中，τ_{j} 称为机电时间常数；τ_{d} 称为电磁时间常数；n_0 称为理想空载转速。

对已制成的电机而言，τ_{j}、τ_{d}、n_0 都是常数，因此式(10-15)是转速 n 的二阶微分方程。对式(10-15)进行拉氏变换得到

$$\tau_{\mathrm{j}} \tau_{\mathrm{d}} p^2 n(p) + \tau_{\mathrm{j}} p n(p) + n(p) = n_0/p \qquad (10-16)$$

其特征方程及两个根为

$$\tau_{\mathrm{j}} \tau_{\mathrm{d}} p^2 + \tau_{\mathrm{j}} p + 1 = 0 \qquad (10-17)$$

$$p_{1,2} = -\frac{1}{2\tau_{\mathrm{d}}} \left(1 \pm \sqrt{1 - \frac{4\tau_{\mathrm{d}}}{\tau_{\mathrm{J}}}} \right) \qquad (10-18)$$

所以，对转速可解得

$$n = n_0 + A_1 e^{p_1 t} + A_2 e^{p_2 t} \qquad (10-19)$$

按初始条件决定积分常数 A_1 和 A_2。设 $t=0$ 时，转速 $n=0$，加速度 $\mathrm{d}n/\mathrm{d}t=0$，故有

$$A_1 + A_2 + n_0 = 0 \qquad (10-20)$$

$$A_1 p_1 + A_2 p_2 = 0 \qquad (10-21)$$

由此解得

$$A_1 = \frac{p_2}{p_1 - p_2} n_0 \qquad (10-22\mathrm{a})$$

$$A_2 = -\frac{p_1}{p_1 - p_2} n_0 \qquad (10-22\mathrm{b})$$

将所得的 A_1、A_2 值代入式(10-19)，则得电动机转速随时间变化的规律为

$$n = n_0 + \frac{n_0}{2\sqrt{1 - \frac{4\tau_{\mathrm{d}}}{\tau_{\mathrm{j}}}}} \left[\left(1 - \sqrt{1 - \frac{4\tau_{\mathrm{d}}}{\tau_{\mathrm{j}}}} \right) e^{p_1 t} - \left(1 + \sqrt{1 - \frac{4\tau_{\mathrm{d}}}{\tau_{\mathrm{j}}}} \right) e^{p_2 t} \right] \qquad (10-23)$$

用同样的分析方法，找出过渡过程中电枢电流 I_{a} 随时间变化的规律为

$$I_{\mathrm{a}} = \frac{\dfrac{U_{\mathrm{a}}}{R_{\mathrm{a}}}}{\sqrt{1 - \dfrac{4\tau_{\mathrm{d}}}{\tau_{\mathrm{j}}}}} (e^{p_2 t} - e^{p_1 t}) \qquad (10-24)$$

当 $4\tau_{\mathrm{d}} < \tau_{\mathrm{j}}$ 时，p_1 和 p_2 两个根都是负实数。这时电机的转速、电流的过渡过程如图 10-8 所示，是非周期的过渡过程。这种情况出现在电机电枢电感 L_{a} 比较小、电枢电阻 R_{a} 比较大

以及电机转动惯量 J 较大、电机转矩较小的条件下。

当 $4\tau_d > \tau_j$ 时，p_1 和 p_2 两个根是共轭复数。这时过渡过程产生振荡，如图 10-9 所示。当电枢回路电阻 R_a 及转动惯量 J 很小，而电枢电感 L_a 很大时，就可能出现这种振荡现象。

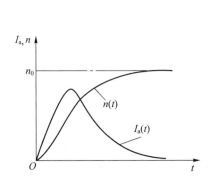

图 10-8　直流电动机在 $4\tau_d < \tau_j$ 时的过渡过程

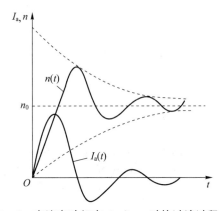

图 10-9　直流电动机在 $4\tau_d > \tau_j$ 时的过渡过程

在大多数情况下，特别是放大器内阻与电枢绕组相串联时，有 $\tau_j \gg \tau_d$。此时，τ_d 可以忽略不计，于是式(10-15)可以简化为一阶微分方程

$$\tau_j \frac{\mathrm{d}n}{\mathrm{d}t} + n = n_0 \tag{10-25}$$

其解为

$$n = n_0 \left(1 - \mathrm{e}^{\frac{t}{\tau_j}}\right) \tag{10-26}$$

用同样的方法解得

$$I_a = \frac{U_a}{R_a} \mathrm{e}^{\frac{t}{\tau_j}} \tag{10-27}$$

把 $t = \tau_j$ 代入式(10-26)可得 $n = 0.632 n_0$。所以，机电时间常数 τ_j 被定义为：电机在空载情况下加额定励磁电压时，加上阶跃的额定控制电压，转速从零升到理想空载转速的69.2%时所需的时间。但是实际上电机的理想空载转速是无法测量的，因此为了能通过试验确定机电时间常数，实用上，τ_j 被定义为在上述同样的条件下，转速从零升到空载转速的 69.2% 时所需的时间。若再把 $t = 3\tau_j$ 代入式(10-26)，则得 $n \approx 0.95 n_0$。此时，过渡过程基本结束，所以 $3\tau_j$ 称为过渡过程时间。直流伺服电动机的 τ_j：一般圆柱形电枢，$\tau_j = 35 \sim 150$ ms；杯形电枢，$\tau_j = 15 \sim 20$ ms；盘形电枢，$\tau_j = 5 \sim 20$ ms。对应式(10-26)和式(10-27)的特性曲线如图 10-10 所示。

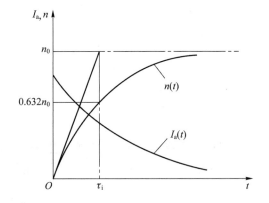

图 10-10　直流电动机在 $\tau_j \gg \tau_d$ 时的过渡过程

专题 10.2　交流伺服电动机

教学目标：

1）掌握交流伺服电动机的分类；

2）掌握交流伺服电动机的结构与工作原理。

20 世纪 80 年代以前，在数控机床中采用的伺服系统中，一直是以直流伺服电动机为主，这主要是因为直流伺服电动机具有控制简单、输出转矩大、调速性能好、工作平稳可靠的性能。近年来交流调速有了飞速发展，交流电动机的可变速驱动系统已发展为数字化，这使得交流电动机的大范围平滑调速成为现实，交流伺服电动机的调速性能已可以与直流电动机相媲美，同时发挥了其结构简单坚固、容易维护、转子的转动惯量可以设计得很小、可以高速运转等优点。因此，在当代的数控机床上，交流伺服系统得到广泛的应用。

交流伺服电动机分为同步伺服电动机和异步伺服电动机两大类型。

10.2.1　同步交流伺服电动机

同步交流伺服电动机由变频电源供电时，可方便地获得与频率成正比的可变转速，得到非常硬的机械特性及较宽的调速范围。所以在数控机床的伺服系统中多采用永磁式交流同步伺服电动机。

1. 工作原理

图 10-11 所示的转子是一个具有两个极的永磁转子。当同步电动机的定子绕组接通三相或交流电流时，产生旋转磁场（N_s，S_s），以同步转速 n_s 逆时针方向旋转。根据两异性磁极相吸引的道理，定子磁极 N_s（或 S_s）紧紧吸住转子永久磁极，以同步转速 n_s 在空间旋转。即转子和定子磁场同步旋转。当转子的负载转矩增大时，定子磁极轴线与转子磁极轴线间的夹角 θ 就会增大，当负载转矩减小时 θ 会减小，但只要负载不超过一定的限度，转子就始终跟着定子旋转磁场以同步转速转动。此时转子的转速只决定于电源频率和电动机的极对数，与负载的大小无关。

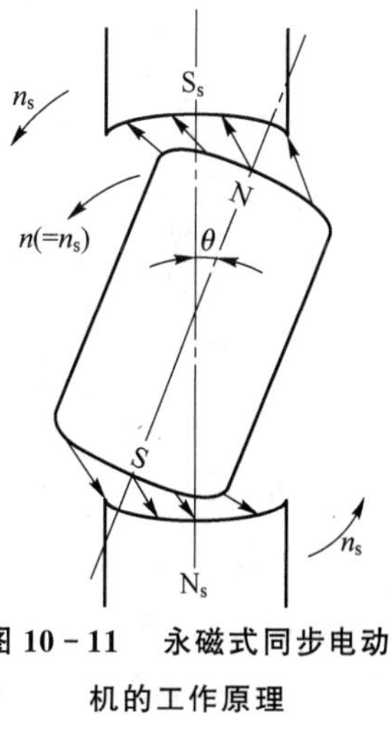

若负载转矩超过一定的限度，则电动机就会"失步"，即不再按同步转速运行甚至最后会停转。这个最大限度的转矩称为最大同步转矩。因此，使用永磁式同步电动机时，负载转矩不能大于最大同步转矩。

图 10-11　永磁式同步电动机的工作原理

2. 调速方法

当同步电动机的定子绕组接通三相交流电源后，就会产生一个一定转速的旋转磁场，并吸引永磁式转子磁极同步旋转，只要负载在允许范围内，转子就会与磁场同步旋转。同步电动机也因此而得名。

永磁同步伺服电动机转子的转速 n（单位 r/min）为

$$n = 60\frac{f}{p} \qquad\qquad (10-28)$$

式中，f 为电源频率；p 为磁极对数。

与异步伺服电动机的调速方法不同，同步交流伺服电动机不能用调节转差率 s 的方法来调速，也不能通过改变磁极对数 p 来调速，而只能用变频调速才能满足数控机床的要求，实现无级调速。因此，变频器是永磁同步交流伺服电动机调速控制的一个关键部件。

10.2.2 异步交流伺服电动机

1. 结构特点

异步交流伺服电动机的结构主要可分为两大部分，即定子部分和转子部分。在定子铁芯中安放着空间互成 90° 电角度的两相绕组，如图 10-12 所示。其中 l_1-l_2 称为励磁绕组，k_1-k_2 称为控制绕组，所以交流伺服电动机是一种两相的交流电动机。转子的结构常用的有笼形转子和非磁性杯形转子。

非磁性杯形转子交流伺服电动机的结构如图 10-13 所示。图中外定子与笼形转子伺服电动机的定子完全一样；内定子由环形钢片叠成，通常内定子不放绕组，只是代替笼形转子的铁芯，作为电机磁路的一部分。在内、外定子之间有细长的空心转子装在转轴上，空心转子做成杯子形状，所以又称为空心杯形转子。空心杯由非磁性材料铝或铜制成，它的杯壁极薄，一般在 0.3 mm 左右。杯形转子套在内定子铁芯外，并通过转轴可以在内、外定子之间的气隙中自由转动，内、外定子是不动的。

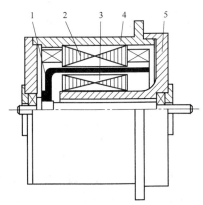

1—杯形转子；2—外定子；3—内定子；4—机壳；5—端盖

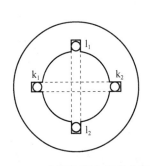

图 10-12 定子两相绕组分布图　　**图 10-13 非磁性杯形转子伺服电动机**

杯形转子与笼形转子从外表形状来看是不一样的。但实际上，杯形转子可以看做是笼条数目非常多的、条与条之间彼此紧靠在一起的笼形转子。杯形转子的两端也可看做由短路环相连接。这样，杯形转子只是笼形转子的一种特殊形式。从实质上看，二者没有什么差别，在电机中所起的作用也完全相同。因此在分析时，只以笼形转子为例，分析结果对杯形转子电动机也完全适用。

与笼形转子相比较，非磁性杯形转子惯量小，轴承摩擦阻转矩小。由于其转子没有齿和槽，所以定、转子间没有齿槽黏合现象，转矩不会随转子位置的不同而发生变化，恒速旋转时，转子一般不会有抖动现象，运转平稳。但是由于内、外定子间气隙较大（杯壁厚度加上杯壁两边的气隙），所以励磁电流较大，降低了电机的利用率，因而在相同的体积和重量下，在一定的功率范围内，杯形转子伺服电动机比笼形转子伺服电动机所产生的启动转矩和输出功率都小；另外，杯形转子伺服电动机结构和制造工艺又比较复杂。因此，目前广泛应用的是笼形转子伺服电动机，只有在要求运转非常平稳的某些特殊场合下（如积分电路等），才采用非磁性杯形转子伺服电动机。

2. 工作原理

异步交流伺服电动机使用时，定子的励磁绕组两端施加恒定的励磁电压 u_f，控制绕组两端施加控制电压 u_k，如图 10 − 14 所示，则励磁绕组中产生励磁电流 i_f，控制绕组中产生控制电流 i_k。由模块 7 单相异步电动机的分析可知：在空间互差 90° 电角度的两相交流绕组的电流 i_f、i_k 将在电动机内部产生椭圆形的旋转磁场。转子绕组切割磁感线感应电势和电流，转子电流在磁场中受力使转子沿着旋转磁场的方向转动起来。即当定子绕组加上电压后，伺服电动机就会很快转动起来，将电信号转换成转轴的机械转动。

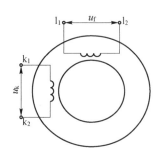

图 10 − 14　定子电气原理图

异步交流伺服电动机的转子是跟着旋转磁场转的，也就是说，旋转磁场的转向决定电机的转向。旋转磁场的转向是从流过超前电流的绕组轴线转到流过滞后电流的绕组轴线。如果控制电流 i_k 超前励磁电流 i_f，则旋转磁场从控制绕组轴线转到励磁绕组轴线，即按顺时针方向转动，如图 10 − 15 所示。

显然，当任意一个绕组上所加的电压反相时（电压倒相或绕组两个端头换接），则流过该绕组的电流也反相，即原来是超前的电流就变成滞后的电流，原来是滞后的电流则变成超前的电流（如图 10 − 16 所示，原来超前电流 i_k 变成落后电流 i_k'），因而旋转磁场的转向改变，变成逆时针方向。这样电机的转向也发生变化。实际上，就是采用这种方法使交流伺服电动机反转的。

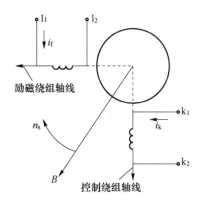

图 10 − 15　旋转磁场转向

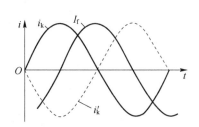

图 10 − 16　一相电压倒相后的绕组电流波形

专题 10.3　交流伺服电动机与其他电动机的性能比较

教学目标：

1) 掌握交、直流伺服电动机的性能比较；

2）掌握交流电动机与步进电动机的性能比较。

10.3.1 交、直流伺服电动机的性能比较

在自动控制系统中，交、直流伺服电动机应用都很广泛。我们对这两类伺服电动机的性能加以比较，说明其优缺点，以供选用时参考。

1. 机械特性

直流伺服电动机转矩随转速的增加均匀下降，斜率固定。在不同控制电压下，机械特性曲线是平行的，即机械特性是线性的，而且机械特性为硬特性，负载转矩的变化对转速的影响很小。

交流伺服电动机的机械特性是非线性的，电容移相控制时非线性更为严重，而且斜率随控制电压的变化而变化，这会给系统的稳定和校正带来困难。机械特性很软，低速段更软，负载转矩变化对转速影响很大，而且机械特性软会使阻尼系数减小，时间常数增大，降低了系统品质。

2. "自转"现象

直流伺服电动机无"自转"现象。

交流伺服电动机若设计参数选择不当，或制造工艺不良，在单相状态下会产生"自转"而失控。

3. 体积、质量和效率

交流伺服电动机的转子电阻相当大，所以损耗大，效率低，电动机的利用程度差。而且交流伺服电动机通常运行在椭圆形旋转磁场下，反向磁场产生的制动转矩使得电动机输出的有效转矩减小，所以当输出功率相同时，交流伺服电动机比直流伺服电动机的体积大，质量大，效率低。故交流伺服电动机只适用于小功率系统，功率较大的控制系统普遍采用直流伺服电动机。

4. 结 构

直流伺服电动机结构复杂，制造麻烦，运行时电刷和换向器滑动接触，接触电阻不稳定，会影响电动机运行的稳定，又容易出现火花，给运行和维护带来一定困难。

交流伺服电动机结构简单，维护方便，运行可靠，适宜于不易检修的场合使用。

5. 控制装置

直流伺服电动机的控制绕组通常由直流放大器供电，直流放大器比交流放大器结构复杂，且有零点漂移现象，影响系统的稳定性和精度。

10.3.2 交流电动机与步进电动机的性能比较

步进电动机是一种离散运动的装置，它和现代数字控制技术有着本质的联系。目前国内的数字控制系统中，步进电机的应用十分广泛。随着全数字式交流伺服系统的出现，交流伺服电机也越来越多地应用于数字控制系统中。为了适应数字控制的发展趋势，运动控制系统中大多采用步进电机或全数字式交流伺服电机作为执行电动机。虽然两者在控制方式上相似（脉冲串和方向信号），但在使用性能和应用场合上存在着较大的差异。现就二者的使用性能作一比较。

1．控制精度不同

交流伺服电机的控制精度由电机轴后端的旋转编码器保证。以松下全数字式交流伺服电机为例，对于带标准 2 500 线编码器的电机而言，驱动器内部采用了四倍频技术，其脉冲当量为 $360°/10\ 000＝0.036°$。对于带 17 位编码器的电机而言，驱动器每接收 $2^{17}＝131\ 072$ 个脉冲，电机就转一圈，即其脉冲当量为 $360°/131\ 072＝9.89°$，是步距角为 $1.8°$ 的步进电机的脉冲当量的 $1/655$。

两相混式步进电动机步距角一般为 $3.6°$、$1.8°$，五相混合式步进电机步距角一般为 $0.72°$、$0.36°$。也有一些高性能的步进电机步距角更小。如四通公司生产的一种用于慢走丝机床的步进电动机，其步距角为 $0.09°$；德国百格拉公司（BERGER LAHR）生产的三相混合式步进电机其步距角可通过拨码开关设置为 $1.8°$、$0.9°$、$0.72°$、$0.36°$、$0.18°$、$0.09°$、$0.072°$、$0.036°$，兼容了两相和五相混合式步进电机的步距角。

2．低频特性不同

交流伺服电动机运转非常平稳，即使在低速时也不会出现振动现象。交流伺服系统具有共振抑制功能，可涵盖机械的刚性不足，并且系统内部具有频率解析机能（FFT），可检测出机械的共振点，便于系统调整。

步进电动机在低速时易出现低频振动现象。振动频率与负载情况和驱动器性能有关，一般认为振动频率为电机空载起跳频率的一半。这种由步进电动机的工作原理所决定的低频振动现象对于机器的正常运转非常不利。

当步进电动机工作在低速时，一般应采用阻尼技术来克服低频振动现象，比如在电机上加阻尼器，或驱动器上采用细分技术等。

3．矩频特性不同

交流伺服电动机为恒转矩输出，即在其额定转速（一般为 2 000 r/min 或 3 000 r/min，）以内，都能输出额定转矩，在额定转速以上为恒功率输出。

步进电机的输出力矩随转速升高而下降，且在较高转速时会急剧下降，所以其最高工作转速一般在 $300\sim600$ r/min。

4．过载能力不同

交流伺服电机具有较强的过载能力。以松下交流伺服系统为例，它具有速度过载和转矩过载能力。其最大转矩为额定转矩的 3 倍，可用于克服惯性负载在启动瞬间的惯性力矩。

步进电机因为没有这种过载能力，在选型时为了克服这种惯性力矩，往往需要选取较大转矩的电机，而机器在正常工作期间又不需要那么大的转矩，便出现了力矩浪费的现象。

5．运行性能不同

交流伺服驱动系统为闭环控制，驱动器可直接对电机编码器反馈信号进行采样，内部构成位置环和速度环，一般不会出现步进电机的丢步或过冲现象，控制性能更为可靠。

步进电机的控制为开环控制，启动频率过高或负载过大易出现丢步或堵转的现象，停止时转速过高易出现过冲的现象，所以为保证其控制精度，应处理好升速、降速问题。

6．速度响应性能不同

交流伺服系统的加速性能较好，以松下 MSMA 400 W 交流伺服电机为例，从静止加速到其额定转速 3 000 r/min，仅需几毫秒，可用于要求快速启、停的控制场合。步进电机从静止加速到工作转速（一般为几百转每分钟）需要 $200\sim400$ ms。

综上所述,交流伺服系统在许多性能方面都优于步进电机。但在一些要求不高的场合也经常用步进电机来做执行电动机。所以,在控制系统的设计过程中要综合考虑控制要求、成本等多方面的因素,选用适当的控制电机。

专题 10.4 伺服电动机的应用

教学目标:

1)了解直流伺服电动机的应用;

2)了解交流伺服电动机的应用。

伺服电动机在自动控制系统中作为执行元件,当输入控制电压后,伺服电动机能按照控制信号的要求驱动工作机械。伺服电动机的应用十分广泛,在工业机器人、机床、各种测量仪器、办公设备及计算机关联设备等场合获得广泛应用。

10.4.1 直流伺服电动机在电子电位差计中的应用

电子电位差计是用伺服电动机作为执行元件的闭环自动测温系统,常用于工业企业的加热炉温度测量,其基本电路原理如图 10-17 所示。

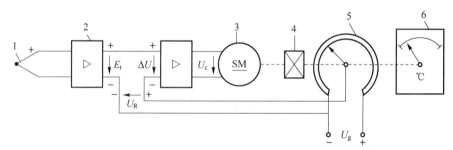

1—金属热电偶;2—放大器;3—伺服电动机;4—变速机构;5—变阻器;6—温度指示器

图 10-17 直流伺服电动机电子电位差计的基本电路原理图

测温系统工作时,金属热电偶 1 处于炉膛中,并产生与温度对应的电动势,经补偿和放大后得到与温度成正比的热电动势 E_t。然后与工作电源 U_g 经变阻器的分压 U_R 进行比较,得到误差电压 ΔU,$\Delta U = E_t - U_R$。若 ΔU 为正,则经放大后加在伺服电动机 3 上的控制电压 E_c 为正,伺服电动机正转,经变速机构带动变阻器和温度指示器指针顺时针方向偏转,一方面指示温度值升高,另一方面变阻器的分压升高,使误差电压 ΔU 减小,当伺服电动机旋转至使 $U_R = E_t$ 时,误差电压 ΔU 变为零,伺服电动机的控制电压也为零,电动机停止转动,则温度指示器指针也就停止在某一对应位置上,指示出相应的炉温。若误差电压 ΔU 为负,则伺服电动机的控制电压也为负,电动机将反转,带动变阻器及温度指示器指针逆时针方向偏转,U_R 减小,直至 ΔU 为零,电动机才停止转动,指示炉温较低。

10.4.2 直流伺服电动机在家用录像机中的应用

家用录像机中伺服电动机应用非常普遍,如磁鼓伺服系统、主导轴伺服系统等。以磁鼓伺服系统为例,它采用的是无刷直流伺服电动机直接驱动磁鼓旋转,无刷直流伺服电动机的伺服控制原理如图 10 - 18 所示。

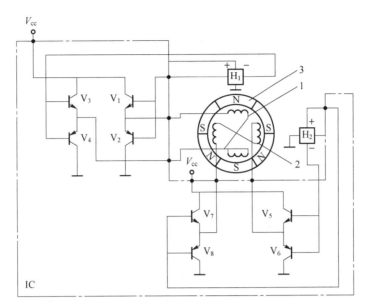

1、2—定子线圈；3—环形永久磁铁

图 10 - 18　磁鼓伺服电动机控制系统

伺服电动机的转子用环形永久磁铁制成,并与上磁鼓连接成一个整体,使上磁鼓与转子同步旋转。定子铁芯及两个互成 90°的定子线圈固定在下磁鼓上,如图 10 - 18 所示。由这两个线圈产生旋转磁场牵着转子同步旋转。定子上装有两个检测位置的霍尔元件,并对着环形磁铁转子的上表面,当转子磁铁经过霍尔元件时,由于霍尔效应,在霍尔元件输出端产生霍尔电动势,利用此电动势来控制驱动电路对定子绕组电流进行换向,使定子绕组中电流按一定顺序流过和换向,电动机便按一定的方向连续旋转。当图中转子 N 极正对霍尔元件 H_1,使其左侧为正电位,右侧为负电位时,此电位使晶体管 V_1 和 V_4 导通,V_2 和 V_3 截止,控制电流由 V_1 流向定子绕组 1 及 V_4,绕组 1 产生的磁场使转子 3 顺时针方向旋转,而此时霍尔元件 H_2 由于处于磁极交界处,不产生霍尔电势,使 $V_5 \sim V_8$ 均截止,绕组 2 中无电流。转子旋转 30°时,S 极正对 H_2,H_2 的输出端上端为霍尔电势正极,下端为负极,使晶体管 V_7 和 V_6 导通,V_5 和 V_8 截止,控制电流由 V_7 流向绕组 2 及 V_6,绕组 2 产生的磁场使转子继续顺时针方向旋转。然后是 S 极转至 H_1 处,V_2 和 V_3 导通,接着 N 极转至 H_2 处,使 V_5 和 V_8 导通,如此循环不断进行下去,使磁鼓电动机连续旋转。转速的控制由驱动电源电压 V_{cc} 的高低来实现。磁鼓电动机采用无刷伺服电动机,可提高录像机的可靠性,减小噪声,不产生火花干扰,转速稳定,体积小,使用寿命长。

10.4.3　交流伺服电动机在测温仪表电子电位差计中的应用

图 10 - 19 所示为测温仪表电子电位差计原理图。该系统主要由热电偶、电桥电路、变流器、放大器与交流伺服电动机等组成。

在测温前,将开关 SA 扳向 a 位,将电动势为 E_0 的标准电池接入;然后调节 R_3,使 $I_0(R_1+R_2)=E_0$,$\Delta U=0$,此时的电流 I_0 为标准值。在测温时,要保持 I_0 为恒定的标准值。

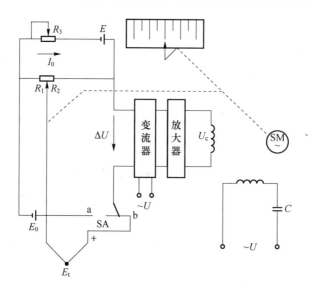

图 10 - 19　测温仪表电子电位差计原理图

在测量温度时,将开关 SA 扳向 b 位,将热电偶接入。热电偶将被测的温度转换成热电动势 E_t,而电桥电路中电阻 R_2 上的电压 I_0R_2 是用以平衡 E_t 的,当两者不相等时将产生不平衡电压 ΔU。而 ΔU 经过变流器变换为交流电压,再经过电子放大器放大,用以驱动伺服电动机 SM。电动机经减速后带动测温仪指针偏转,同时驱动滑线电阻器的滑动端移动。当滑线电阻器 R_2 达到一定值时,电桥达到平衡,伺服电动机停转,指针停留在一个转角 α 处。由于测温仪的指针被伺服电动机所驱动,而偏转角度 α 与被测温度 t 之间存在着对应的关系,因此,可从测温仪刻度盘上直接读得被测温度 t 的值。

当被测温度上升或下降时,ΔU 的极性不同,亦即控制电压的相位不同,从而使得伺服电动机正向或反向运转,电桥电路重新达到平衡,从而测得相应的温度。

项目 10.5　直流伺服电动机的使用与维修

教学目标:

掌握直流伺服电动机的使用与维修方法。

10.5.1　项目简介

学习利用直流伺服电动机、变阻器、测功机、直流电压表、直流电流表等;熟悉直流伺服电动机的调速和反转方法,掌握测定直流伺服电动机的机械特性和调节特性的方法;熟悉直流伺服电动机的维修方法。

10.5.2　项目相关知识

直流伺服电动机实质上是一台他励直流电动机,在自动控制系统中作为执行元件,把输入的电压信号变换为转轴上的角位移或角速度输出。输入的电压信号称为控制电压,改变控制电压可以改变伺服电动机的转速和转向。直流伺服电动机的控制方式有电枢控制和磁极控制两种。将电枢绕组作为接受控制信号的控制绕组,而励磁绕组接到恒定的直流电压 U_f 上称为电枢控制,如图 10-20(a)所示。而将励磁绕组作为控制绕组,电枢绕组接到恒定的直流电压 U_a 上称为磁极控制,如图 10-20(b)所示。

直流伺服电动机的机械特性是指,当 U_f、U_c 保持不变时,转速随转矩变化的关系 $n=f(T)$。直流伺服电动机的调节特性是,指当负载转矩不变时,转速随控制电压 U_c 变化的关系 $n=f(U_c)$。

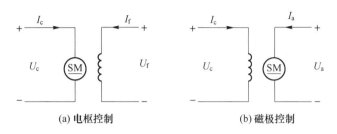

(a) 电枢控制   (b) 磁极控制

图 10-20　直流伺服电动机的控制方式

10.5.3　项目的实现

1. 测定直流伺服电动机的绕组电阻

用电桥法测定励磁绕组电阻 R_f 和电枢绕组电阻 R_a,并记录室温。

2. 测定直流伺服电动机的空载转速 n_0

按图 10-21 所示接线,拆除测功机。合上开关 Q_1,调节 R_1 使 $U_f=U_{fN}$。合上开关 Q_2,调节 R_2,测取 U_a、I_a、n 共 3 组数据,记录于表 10-1 中。

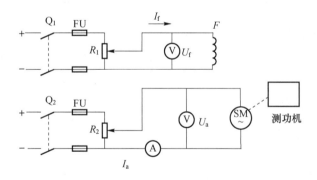

图 10-21　直流伺服电动机实训接线图

表 10-1　空载转速数据

序　号	测量数据			计算值
	U_a/V	I_a/A	$n/(\mathrm{r \cdot min^{-1}})$	$n_0/(\mathrm{r \cdot min^{-1}})$

3. 测定电枢控制时的机械特性

仍按图 10-21 所示接线，调节 R_1、R_2，使 $U_f = U_{fN}$，$U_a = U_N$，调节转矩 T，直到电枢电流 $I_a = I_{aN}$ 为止，测取 T、I_a、n 共 5 组数据，记录于表 10-2 中。

调节可变电阻 R_2，使 $U_a = 60\% U_N$，重复上述过程，将数据填入表 10-2 中。

表 10-2　机械特性数据

序　号	$U_a = U_N = $ V			$U_a = $ V		
	I_a/A	$n/(\text{r} \cdot \text{min}^{-1})$	$T/(\text{N} \cdot \text{m})$	I_a/A	$n/(\text{r} \cdot \text{min}^{-1})$	$T/(\text{N} \cdot \text{m})$

4. 测定电枢控制时的调节特性

仍按图 10-21 所示接线，在 $U_f = U_{fN}$ 时使电动机处于空载状态，调节 R_2，直到 $U_a = U_N$，读取转速 n 与电压 U_a 共 5 组数据，记录于表 10-3 中。

保持 $U_f = U_{fN}$，使电动机轴上的转矩为某一定值，重复上述过程，将数据填入表 10-3 中。

表 10-3　调节特性数据　　　　　$U_f = $ _____ V

序　号	$T = $ Nm		$T = $ Nm	
	$n/(\text{r} \cdot \text{min}^{-1})$	U_a/V	$n/(\text{r} \cdot \text{min}^{-1})$	U_a/V

5. 观察直流伺服电动机在磁极控制下的调速及反转

接线如图 10-21 所示。在 $U_a = U_N$ 时，调节 R_1 改变 U_f，观察电动机转速的变化情况。将 U_f 电源反向，观察电动机转向的变化。

6. 直流伺服电动机的常见故障及检修方法

直流伺服电动机实质是一种微型他励直流电动机，直流伺服电动机的常见故障及检修方法与直流电动机类似。

项目 10.6　交流伺服电动机的使用与维修

教学目标：

掌握交流伺服电动机的使用与维修方法。

10.6.1　项目简介

利用交流伺服电动机、单相调压器、测功机、交流电压表、交流电流表等，熟悉由三相电源变成相位差成 90°角度的两相电源的方法；观察交流伺服电动机有无"自转"现象；熟悉交流伺服电动机改变转向的方法；了解交流伺服电动机的控制方式；掌握测定交流伺服电动机的机械特性和调节特性的方法；熟悉交流伺服电动机的维修方法。

10.6.2　项目相关知识

交流伺服电动机定子有两个在空间互差 90°电角度的绕组,即励磁绕组和控制绕组。交流伺服电动机的控制方式有幅值控制、相位控制和幅值-相位控制 3 种。

施加于交流伺服电动机上的两相正弦电源是通过两个单相调压器变换得到的,将其中一个调压器接某相的电压如 U_V,另一个调压器接另两相的线电压 U_{UW},则两个单相调压器输出的电压之间相差 90°电角度,如图 10-22 所示。

交流伺服电动机的机械特性是指,当控制电压 U_c 保持不变时,转矩转速变化的关系 $T=f(n)$,交流伺服电动机的调节特性是指,当电磁转矩不变时,转速随控制电压 U_c 变化的关系 $n=f(U_c)$。

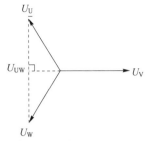

图 10-22　互成 90°相位差的电压相量图

10.6.3　项目的实现

1. 观察交流伺服电动机有无"自转"现象

按图 10-23 所示接线,合上开关 Q_1、Q_2,启动伺服电动机,当伺服电动机空载运转时,迅速将控制绕组两端开路或将调压变压器 T_2 的输出电压调节至零,观察电动机有无"自转"现象,并比较这两种方法电动机的停转速度。将控制电压相位改变 180°电角度,注意电动机的转向有无改变。

2. 测定交流伺服电动机采用幅值控制时的机械特性和调节特性

(1) 测定机械特性

接线如图 10-23 所示,调节调压器 T_1、T_2 使 $U_f=U_{fN}$,$U_c=U_{CN}$。伺服电动机空载运行,记录空载转速 n_0。然后调节测功机,逐步增加电动机轴上负载,直至将电动机堵转,读取转速 n 与相应的转矩 T,共 6~7 组数据,记录于表 10-4 中。改变控制电压 U_c,使 $U_c=50\%U_{cN}$,重复上述过程,将数据填入表 10-4 中。

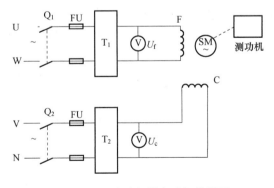

图 10-23　交流伺服电动机接线图

表 10-4　机械特性数据

$U_f=$_____ V

序　号	$U_c=U_{cN}=$　　　V		$U_c=50\%U_{cN}=$　　　V	
	$n/(\text{r}\cdot\text{min}^{-1})$	$T/(\text{N}\cdot\text{m})$	$n/(\text{r}\cdot\text{min}^{-1})$	$T/(\text{N}\cdot\text{m})$

（2）测定调节特性

仍按图 10-23 所示接线，保持 $U_f=U_{fN}$，电动机轴上不加负载，调节控制电压，从 $U_c=U_{cN}$ 开始，逐渐减小到零，分别读取转速 n 与相应的控制电压 U_c，共 5～6 组数据，记录于表 10-5 中。

增加电动机轴上负载，并保持电动机输出转矩不变，重复上述过程，将数据填入表 10-5 中。

表 10-5　调节特性数据

$U_f=$_____ V

序　号	$T=$　　　N·m		$T=$　　　N·m	
	$n/(\text{r}\cdot\text{min}^{-1})$	U_c/V	$n/(\text{r}\cdot\text{min}^{-1})$	U_c/V

3. 测定交流伺服电动机采用幅值-相位控制时的机械特性和调节特性

（1）测定机械特性

接线如图 10-24 所示，合上开关 Q_1，调节调压器 T_1，使 $I_f=I_{fN}$，并保持不变，调节调压器 T_2，启动伺服电动机，当 $U_c=U_{cN}$ 时，测取 U_f，然后调节电动机轴上的转矩 T，读取转矩 T 和转速 n，共 5～6 组数据，记录于表 10-6 中。

改变控制电压 U_c，使 $U_c=50\%U_{cN}$，重复上述过程，将数据填入表 10-6 中。

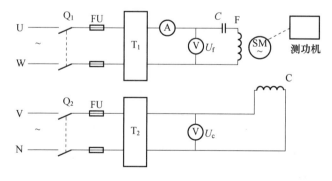

图 10-24　交流伺服电动机幅值-相位控制接线图

表 10-6　幅值-相位控制时机械特性数据　　　　　　　　$U_f=$ ＿＿＿ V

序　号	$U_c=U_{cN}=$　　　　V		$U_c=50\%U_{cN}=$　　　　V	
	$T/(\text{N}\cdot\text{m})$	$n/(\text{r}\cdot\text{min}^{-1})$	$T/(\text{N}\cdot\text{m})$	$n/(\text{r}\cdot\text{min}^{-1})$

（2）测定调节特性

仍按图 10-24 所示接线，合上开关 Q_1，保持 U_f 为常数，电动机空载，合上开关 Q_2，调节控制电压，从 $U_c=0$ 开始，逐渐增加到 U_{cN}，分别读取转速 n 与相应的控制电压 U_c，共 5～6 组数据，记录于表 10-7 中。

保持 U_f 为常数，增加电动机轴上负载 $T=25\%T_N$，重复上述过程，将数据填入表 10-7 中。

表 10-7　幅值-相位控制时调节特性数据　　　　　　　　$U_f=$ ＿＿＿ V

序　号	$T=$　　　　Nm		$T=25\%T_N=$　　　　Nm	
	$n/(\text{r}\cdot\text{min}^{-1})$	U_c/V	$n/(\text{r}\cdot\text{min}^{-1})$	U_c/V

4. 交流伺服电动机的常见故障及检修方法

交流伺服电动机实质是一种精密的小型异步电动机，交流伺服电动机的常见故障及检修方法与异步电动机类似。

习题与思考题

10-1　伺服电动机有哪几种类型？结构和作用如何？

10-2　一台直流伺服电动机带动一恒转矩负载，测得启动电压为 4 V，当电枢电压为 50 V 时，其转速为 1 500 r/min，要加多大电枢电压？

10-3　简述直流伺服电动机的反转方法。

10-4　简述交流伺服电动机的反转方法。

模块 11　特种电机

本模块主要讲述直线电动机、超声波电动机、旋转变压器、自整角机等特种电机的结构、原理和应用。

专题 11.1　直线电动机

教学目标：

1）掌握直线电动机的类型、结构和原理；

2）学会直线电动机的使用。

直线电动机是利用电能直接产生直线运动的电动机。直线电动机与普通旋转电动机都是实现能量转换的机械，普通旋转电动机将电能转换成旋转运动的机械能，直线电动机将电能转换成直线运动的机械能。直线电动机应用于要求直线运动的某些场合，可以简化中间传动机构，使运动系统的响应速度、稳定性、精度得以提高。直线电动机在工业、交通运输等行业中的应用日益广泛。

11.1.1　直线电动机的结构

图 11-1(a)和(b)所示分别为一台旋转电动机和一台扁平形直线电动机。

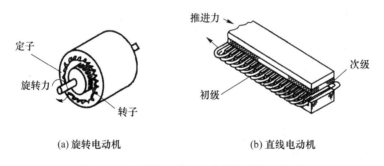

（a）旋转电动机　　　　　　　　　　（b）直线电动机

图 11-1　旋转电动机和直线电动机示意图

直线电机可以认为是旋转电机在结构方面的一种演变，可看作是将一台旋转电机沿径向剖开，然后将电机的圆周展成直线，如图 11-2 所示。图 11-2 所示为感应式直线电机的演变过程，可得到由旋转电机演变而来的最原始的直线电机。由定子演变而来的一侧称为初级，由转子演变而来的一侧称为次级。

图 11-2 所示演变而来的直线电机，其初级和次级长度是相等的。由于在运行时初级与次级之间要做相对运动，如果在运动开始时，初级与次级正巧对齐，那么在运动中，初级与次级之间互相耦合的部分越来越少，而不能正常运动。

为了保证在所需的行程范围内，初级与次级之间的耦合能保持不变，因此实际应用时，是将初级与次级制造成不同的长度。在直线电机制造时，既可以是初级短、次级长，也可以是初级长、

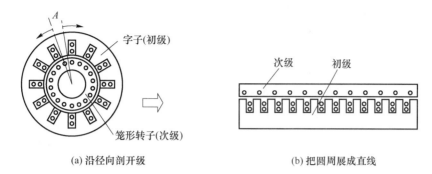

图 11 - 2　由感应式旋转电机演变为直线电机的过程

次级短,前者称为短初级长次级,后者称为长初级短次级,如图 11 - 3 所示。但是由于短初级在制造成本和运行的费用上均比短次级低得多,因此,目前除特殊场合外,一般均采用短初级。

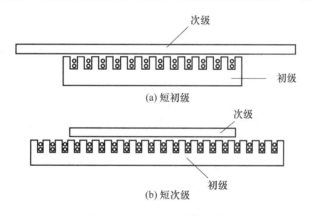

图 11 - 3　单边形直线电机

　　图 11 - 3 所示的直线电机仅在一边安放初级,这样的结构形式称为单边形直线电机。这种结构的电机,其最大特点是在初级与次级之间存在着很大的法向吸力。在次级,这个法向吸力约为推力的 10 倍左右。在大多数的场合下,这种法向吸力是不希望存在的,如果在次级的两边都装上初级,那么这个法向吸力可以相互抵消,这种结构形式称为双边形,如图 11 - 4 所示。

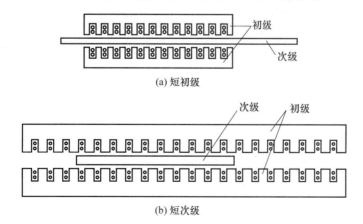

图 11 - 4　双边形直线电机

上述介绍的直线电机称为扁平形直线电机,是目前应用最广泛的一种直线电机。除了上述扁平形直线电机的结构形式外,直线电机还可以做成圆筒形(也称管形)结构,这种结构可看做是由旋转电机演变过来的,其演变的过程如图 11-5 所示。

图 11-5(a)所示为一台旋转式电机及定子绕组所构成的磁场极性分布情况,图 11-5(b)所示为转变为扁平形直线电机后,初级绕组所构成的磁场极性分布情况,然后将扁平形直线电机沿着和直线运动相垂直的方向卷接成筒形,这样就构成图 11-5(c)所示的圆筒形直线电机。

此外,直线电机还有弧形和盘形结构。所谓弧形结构,是将平板形直线电机的初级沿运动方向改成弧形,并安放于圆柱形次级的柱面外侧,如图 11-6 所示。图 11-7 所示为圆盘形直线电机,该电机把次级做成一片圆盘(铜或铝,或铜、铝与铁复合),将初级放在次级圆盘靠近外缘的平面上,盘形直线电机的初级可以是双面的,也可以是单面的。弧形和盘形直线电机的运动实际上是一个圆周运动,如图中的箭头所示,然而由于它们的运行原理和设计方法与扁平形直线电机结构相似,故仍归入直线电机的范畴。

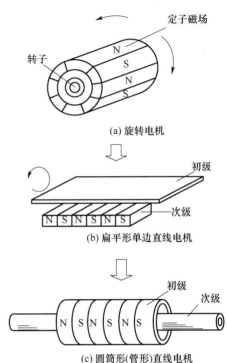

(a) 旋转电机

(b) 扁平形单边直线电机

(c) 圆筒形(管形)直线电机

图 11-5 旋转电机演变为圆筒形直线电机的过程

图 11-6 弧形直线电动机

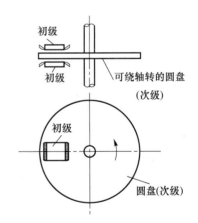

图 11-7 圆盘形直线电动机

11.1.2 直线电动机的工作原理

直线电机不仅在结构上相当于从旋转电机演变而来的,而且其工作原理也与旋转电机相似。

将图 11-8 所示的旋转电机在顶上沿径向剖开,将圆周拉直,便成了图 11-9 所示的直线电机。

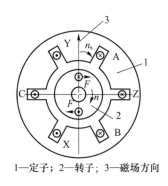

1—定子；2—转子；3—磁场方向

图 11-8　旋转电机的基本工作原理

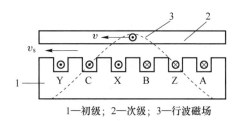

1—初级；2—次级；3—行波磁场

图 11-9　直线电机的基本工作原理

在这台直线电机的三相绕组中通入三相对称正弦电流后,也会产生气隙磁场。当不考虑由于铁芯两端开断而引起的纵向边端效应时,这个气隙磁场的分布情况与旋转电机相似,即可看成沿展开的直线方向呈正弦形分布。当三相电流随时间变化时,气隙磁场将按 A、B、C 相序沿直线移动。这个原理与旋转电机相似,两者的差异是:直线电机的磁场是平移的,而不是旋转的,因此称为行波磁场。显然,行波磁场的移动速度与旋转磁场在定子内圆表面上的线速度是一样的,称为同步速度(单位为 m/s)。

再来看行波磁场对次级的作用。假定次级为栅形次级,图 11-9 中仅画出其中的一根导条。次级导条在行波磁场切割下,将感应电动势并产生电流。而所有导条的电流和气隙磁场相互作用便产生电磁推力。在这个电磁推力的作用下,如果初级是固定不动的,那么次级就顺着行波磁场运动的方向作直线运动。

上述就是直线电机的基本工作原理。应该指出,直线电机的次级大多采用整块金属板或复合金属板,因此并不存在明显的导条。但在分析时,不妨把整块看成是无限多的导条并列安置,这样仍可以应用上述原理进行讨论。

11.1.3　直线电动机的应用举例

目前,直线电机技术在世界各国的应用大致可分为以下几个方面:

在交通运输业中,可用于直线电机驱动的磁悬浮列车、地铁等,具有高速、舒适、安全、无污染等特点,将在实现新的交通输送工具中发挥重要作用。磁悬浮列车是一种采用无接触的电磁悬浮、导向和驱动系统的高速列车系统,时速可达 500 kM/h 以上,是当今最快的地面客运系统。目前,美、英、日、法、德、加拿大等国都在研制直线磁悬浮列车,其中日本进展最快。我国已于 2001 年建成了第一条磁悬浮列车。

在工业中,直线电机在直线传动和物料输送等方面具有独特的优势,如分拣输送线、升降机等。在各种工业机床中也可广泛使用直线电机代替旋转电机,主要是利用其速度快、精度高的特点(如直线电机驱动的冲压机、压铸机、电火花成形机等)。在一些新颖的立体化仓库的搬运系统和新型的自动化车库,也开始采用直线电机。其中,采用直线电机的自动化车库是在车库地上安装一系列纵向和横向的直线电机初级,而载车板为次级。通过计算机,利用直线电机初次级作用移动汽车进或出,效率和利用率都很高。

在民用方面,直线电机可驱动电梯。世界上第一台使用直线电机驱动的电梯 1990 年 4 月安装于日本东京都关岛区万世大楼,该电梯载重 600 kg,速度为 105 m/min,提升高度为 22.9 m。由于直线电机驱动的电梯没有曳引机组,因而建筑物顶的机房可省略。如果建筑物的高度增至 1 000 m 左右,就必须使用无钢丝绳电梯,这种电梯采用高温超导技术的直线电机驱动,线圈装在井道中,轿厢外装有高性能永磁材料,就如磁悬浮列车一样,采用无线电波或光控技术控制。一些生活用品(如家电空调、冰箱等)、驱动门、办公设备等都可用直线电机。如美国 IBM 公司的打印机和 X - Y 平面仪均采用步进直线电机;美国奥基电气公司在软盘驱动方面则采用圆柱形步进直线电机;日本松下公司则将直线伺服电动机用于驱动数字扫描仪,使扫描仪总重减轻,启动推力提高,图像波动减少,扫描速度提高近 5 倍。

在军事方面,由于直线电机的速度极高,利用这一点可将其应用于导弹、火箭和大炮潜艇中。电磁炮就是利用电磁场加速度加速弹丸的原理,实现军事用途的动能武器系统。此外,在一些军事设施上(如军用靶场、军用仿真系统、军用战斗武器等)也利用了直线电机。

此外,直线电机还可用于天文观测系统中驱动摆镜和反观镜;直线电机驱动人工心脏;直线电机驱动的盲人触觉模拟器;直线电机在医院设备、电动工具、玩具及建筑用打桩机等方面也得到了应用。

专题 11.2　超声波电动机

教学目标:

1)了解超声波电动机的结构;

2)了解超声波电动机的工作原理;

3)了解超声波电动机的应用。

超声波电动机(Ultrasonic Motor,简称 USM)是近年来发展起来的一种全新概念的驱动装置。具有如下特点:

① 低速大转矩。在超声波电机中,超声振动的振幅一般不超过几微米,振动速度只有几厘米每秒到几米每秒。无滑动时转子的速度由振动速度决定,因此电机的转速一般很低,每分钟只有十几转到几百转。由于定子和转子间靠摩擦力传动,若两者之间的压力足够大,转矩就很大。

② 体积小,质量轻。超声波电动机不用线圈,也没有磁铁,结构相对简单,与普通电机相比,在输出转矩相同的情况下,可以做得更小、更轻、更薄。

③ 反应速度快,控制特性好。超声波电动机靠摩擦力驱动,移动体的质量较轻,惯性小,响应速度快,启动和停止时间为毫秒量级。因此可以实现高精度的速度控制和位置控制。

④ 无电磁干扰。超声波电动机没有磁极,因此不受电磁感应影响。同时,它对外界也不产生电磁干扰,特别适合强磁场下的工作环境。在对 EMI(电磁干扰)要求严格的环境下,采用超声波电动机也很合适。

⑤ 停止时具有保持力矩。超声波电动机的转子和定子总是紧密接触,切断电源后,由于静摩擦力的作用,不采用刹车装置仍有很大保持力矩,尤其适合宇航工业中失重环境下的运行。

⑥ 形式灵活,设计自由度大。超声波电动机驱动力发生部分的结构可以根据需要灵活设计。

11.2.1　超声波电动机的结构

超声波电动机由定子(振动体)和转子(移动体)两部分组成。

但电动机中既没有线圈也没有永磁体,其定子由弹性体
(elastic body)和压电陶瓷(piezoelectric ceramic)构成。

转子为一个金属板。定子和转子在压力作用下紧密接
触,为了减少定、转子之间相对运动产生的磨损,通常在两者
之间(在转子上)加一层摩擦材料,如图 11-10 所示。

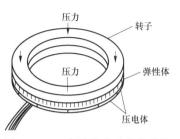

图 11-10　超声波电动机的结构

11.2.2　超声波电动机的工作原理

超声波电动机利用压电材料的逆压电效应产生超声波
振动,把电能转换为弹性体的超声波振动,并把这种振动通过摩擦传动的方式驱使运动体回转
或直线运动。超声波电动机没有磁极和绕组,一般由振动体和移动体组成。为了减少振动体
和移动体之间相对运动产生的磨损,通常在二者间加一层摩擦材料。当在振动体的压电陶瓷
(PZT)上施加 20 kHz 以上超声波频率的交流电压时,逆压电效应能够在振动体内激发出几十
千赫兹的超声波振动,使振动体表面起驱动作用的质点形成一定运动轨迹的超声波频率的微
观振动(振幅一般为数微米),如椭圆、李萨如轨迹等。该微观振动通过振动体和移动体之间的
摩擦作用,使移动体沿某一方向做连续宏观运动。

因此,超声波电动机是将弹性材料的微观形变通过共振放大和摩擦耦合,转换成转子或滑
块的宏观运动。

1. 逆压电效应简介

压电效应是在 1880 年由法国的居里兄弟首先发现的。一般在电场作用下,可以引起电介质
中带电粒子的相对运动而发生极化,但是某些电介质晶体也可以在纯机械应力作用下发生极化,
并导致介质两端表面内出现极性相反的束缚电荷,其电荷密度与外力成正比。这种由于机械应
力的作用而使晶体发生极化的现象,称为正压电效应;反之,将一块晶体置于外电场中,在电场的
作用下,晶体内部正负电荷的重心会发生位移。这一极化位移又会导致晶体发生形变。这种由
于外电场的作用而使晶体发生形变的现象,称为逆压电效应,也称为电致伸缩效应。

超声电机就是利用逆压电效应进行工作的。当对压电体施加交变电场时,在压电体中就
会激发出某种模态的弹性振动。当外电场的交变频率与压电体的机械谐振频率一致时,压电
体就进入机械谐振状态,成为压电振子。当振动频率在 20 kHz 以上时,就属于超声振动。

2. 椭圆运动及其作用

超声振动是超声波电动机工作的最基本条件,起驱动源的作用。当振动位移的轨迹是一
椭圆时,才具有连续的定向驱动作用。

如图 11-11 所示,当定子产生超声振动时,其上的接触摩擦点(质点)A 做周期运动,轨迹
为一椭圆。当 A 点运动到椭圆的上半圆时,将与转子表面接触,并通过摩擦作用拨动转子旋
转;当 A 点运动到椭圆的下半圆时,将与转子表面脱离,并反向回程。如果这种椭圆运动连续
不断地进行下去,则对转子具有连续的定向拨动作用,从而使转子连续不断地旋转。

相位差 ψ 的取值决定了椭圆运动的旋转方向。当 $\psi > 0$ 时,椭圆运动为顺时针方向;当
$\psi < 0$ 时,椭圆运动为逆时针方向。由于椭圆运动的旋转方向决定定子对转子的拨动方向,因
此也就决定超声波电动机的转子转向。

3. 行波的形成及特点

如果一系列质点的连续椭圆运动就可以推动转子旋转并驱动一定的负载,那么根据波动

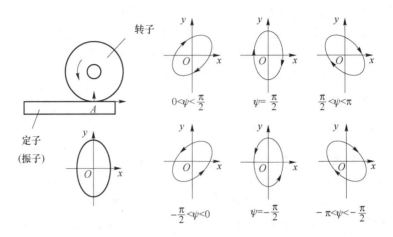

图 11-11　超声振动移位轨迹

学理论,两路幅值相等、频率相同、时间和空间均相差 $\pi/2$ 的两相驻波叠加后,将形成一个合成行波。如图 11-12 所示,将极化方向相反的压电体依次粘接在弹性体上。当在压电体极化方向施加交变电压时,压电体在长度方向将产生交替伸缩形变,在一定的激振电压频率下,弹性体上将产生如图 11-13 所示的驻波。

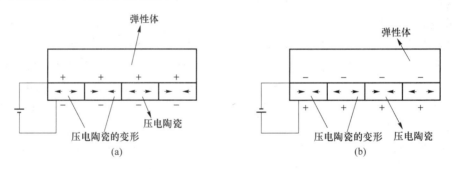

图 11-12　压电体在长度方向产生交替伸缩形变

在环形行波型超声波电动机中,定子上的压电陶瓷环是行波形成的核心,其原理如图 11-14 所示。

压电陶瓷片按照一定规律分割极化后分为 A、B 两相区。当 A、B 两相分别在弹性体上激起驻波时,两相驻波叠加,就形成一个沿定子圆周方向的合成行波,推动转子旋转。定子由弹性环、压电陶瓷环和粘接在其上的带有凸齿的弹性金属环组成,弹性环由不锈钢、硬铝或铜等金属制成。凸齿可以放大定子表面振动的振幅,使转子获得较大的输出能量。转子由转动环和摩擦材料构成。转动环一般用不锈钢、硬铝或塑料等制成。摩擦材料必须牢固地粘接在转子的接触表面,从而增加定子、转子间的摩擦系数。

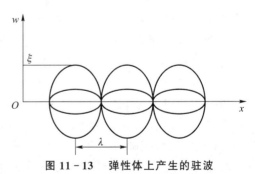

图 11-13　弹性体上产生的驻波

4．工作特性

在行波传播速度 v 为恒值的情况下，改变激振电压的频率可以快速改变转速，但存在一定的非线性。

改变激振电压的大小，即改变行波的振幅，也可以改变转速。如果忽略压电体逆压电效应的非线性，则转速可以随激振电压作线性变化，这就是超声电机变压调速的特点。

超声波电动机的工作特性与电磁式直流伺服电动机类似，电动机的转速随着转矩的增大而下降，并且呈现一定的非线性。超声波电动机的效率则与电磁式电动机不同，最大效率出现在低速、大转矩区域，如图 11－15 所示。因此，超声波电动机非常适合低速运行。总体而言，超声波电动机的效率较低，这是它的一个缺点。目前，环形行波型超声波电动机的效率一般不超过 50%。

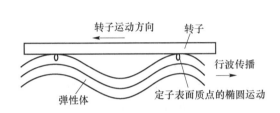

图 11－14　环形行波型超声电机的原理图

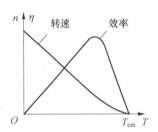

图 11－15　超声波电动机的工作特性

5．超声波电动机的缺点

① 功率输出小，效率较低。

超声波电动机工作时存在两个能量的转换过程：一是通过逆压电效应将电能转换为定子振动的机械能；二是通过摩擦作用将定子的微幅振动转化为转子（动子）的宏观运动。这两个过程都存在一定的能量损耗，特别是第二个过程。因此超声波电动机的效率较低，输出功率小于 50 W。

② 寿命较短，不适合于连续运转的场合。

③ 对驱动信号的要求严格，且成本较高。

11.2.3　超声波电动机的应用举例

由于超声波电动机具有电磁电机所不具备的许多特点，尽管其发明与发展仅有 20 多年的历史，但在宇航、机器人、汽车、精密定位、医疗器械、微型机械等领域已得到成功的应用。

日本 Canon 公司将超声波电动机用于 EOS620/650 自动聚焦单镜头反射式照相机中；

欧洲将超声波电动机用于实验平台及微动设备，如 1986 年获 Nobel 物理学奖的扫描隧道显微镜（STM）；

美国在宇宙飞船、火星探测器、导弹、核弹头等航空航天工程中也都陆续应用了超声波电动机。

美国 Vanderbilt 大学将超声波电动机应用于微型飞行器。

Coddar Space Flight Center 将超声波电动机应用于空间机器人技术。其中微型机器手 MicroArm I 使用了具有力矩为 0.05 N·m 的超声波电动机。火星机器手 MarsArm II 使用了 3 个具有力矩为 0.68 N·m 和一个具有力矩为 0.11 N·m 的超声波电动机。

专题 11.3 旋转变压器

教学目标：

1）了解旋转变压器的基本结构组成；

2）熟悉旋转变压器的基本工作原理；

3）了解旋转变压器的应用。

旋转变压器是自动装置中的一类精密控制微电机。当旋转变压器一次侧外加单相交流电压励磁时，其二次侧的输出电压与转子转角将严格保持某种函数关系。在自动控制系统中可作为解算元件，主要用于坐标变换、三角函数运算等；在随动系统中，可用于传输与转角相对应的电信号；此外还可用作移相器和角度-数字转换装置。

11.3.1 旋转变压器的分类

旋转变压器的分类方式很多，但从原理和结构上来说基本相同。

按结构上有无电刷和滑环之间的滑动接触，可分为接触式和无接触式两大类。其中无接触式旋转变压器又可分为有限转角和无限转角两种。一般情况下无特殊说明时均指接触式旋转变压器。

按电机的极对数多少，可分为单极对旋转变压器和多极对旋转变压器两类，通常无特殊说明时，均指单极对旋转变压器。对于多极对旋转变压器，一般都必须和单极对旋转变压器组成统一的系统，极对数越多，精度越高。

按使用要求，可分为用于解算装置的旋转变压器和用于随动系统的旋转变压器。

按输出电压与转子转角间的函数关系，主要分为正余弦旋转变压器、线性旋转变压器、比例式旋转变压器和特殊函数旋转变压器等。其中线性旋转变压器按转子结构，又分为隐极式和凸极式两种。

11.3.2 旋转变压器的结构

旋转变压器其实质是二次绕组（转子绕组）可以旋转的特殊变压器，其结构与绕线式异步电动机相似，一般都是两个磁极。定子和转子铁芯采用高导磁率的铁镍软磁合金片或高硅钢片冲制、绝缘、叠装而成。为了使旋转变压器的导磁性能沿气隙圆周各处均匀一致，在定子、转子铁芯叠片中采用每片错过一齿槽的旋转叠片方法。定子铁芯的内圆周上和转子铁芯的外圆周上都冲有均匀的齿槽。定子上装有两套相同的绕组 D 和 Q，在空间上相差 90°，每套绕组的有效匝数为 N_1，D 绕组轴线 d 为电机的纵轴，Q 绕组轴线 q 为电机的横轴。转子上也装有两套完全相同且互相垂直的余弦绕组 A 和正交绕组 B，分别经滑环和电刷引出，每套绕组的有效匝数为 N_2。转子的转角是这样规定的：以 d 轴为基准，转子余弦绕组 A 的轴线与 d 轴的夹角 α 为转子的转角，如图 11-16(a)所示。

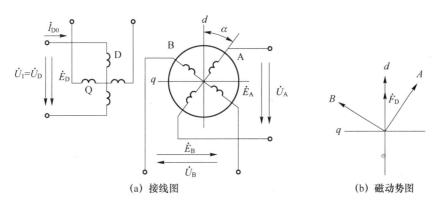

(a) 接线图　　　　　　　　　　　　(b) 磁动势图

图 11-16　空载时的正余弦旋转变压器

11.3.3　旋转变压器的工作原理

1. 正弦绕组

在旋转变压器中常用的绕组有两种形式,即双层短距分布绕组和同心式正弦绕组。

双层短距分布绕组能达到较高的绕组精度并有良好的工艺性,但在绕组中还存在一定的谐波磁动势分量,再加上工艺因素引起的误差,使旋转变压器的精度受到一定限制,因此,双层短距分布绕组只适用于对精度要求不很高的旋转变压器中。

同心式正弦绕组为高精度绕组。它将各次谐波削弱到相当小的程度,从而极大地提高了旋转变压器的精度。用正弦绕组代替双层短距分布绕组,正余弦函数误差可以降低到 0.03%以下。正弦绕组的缺点是,工艺性要比双层短距分布绕组差,且绕组系数也较低。

正弦绕组是绕组各元件的导体数(匝数)沿定子内圆(或转子外圆)按正弦规律分布的同心式绕组。通常有两种分布形式:一种是绕组的轴线对准槽的中心线;另一种是绕组的轴线对准齿的中心线,旋转变压器大都采用第二种正弦绕组分布形式。

2. 正余弦旋转变压器的工作原理

正余弦旋转变压器通常为两级结构,定子上放置两个互差 90°空间角度的完全相同的正弦绕组,其中一个作为励磁绕组,另一个作为交轴绕组。励磁绕组加交流励磁电压,并定义励磁绕组的轴线为 d 轴(直轴),此时在气隙中产生 d 轴脉动磁动势 Φ_d,励磁绕组中的感应电动势为

$$E_f = 4.44 f N_s k_{ws} \Phi_d \qquad (11-1)$$

当忽略励磁绕组中的漏阻抗的影响时,则可以认为当励磁电压恒定时,d 轴磁通的幅值 Φ_d 为常数,且空间分布为正弦。

正余弦旋转变压器的转子上也有两套互差 90°的完全相同的绕组,d 轴磁通与转子匝链,并产生感应电动势,这与普通变压器工作情况一致,所不同的是转子绕组感应电动势大小与转子与励磁绕组的相对位置有关。

(1) 正余弦旋转变压器的空载运行

旋转变压器的励磁绕组 D 接交流电压 U_1,转子上的绕组开路,称为空载运行。

空载时,D 绕组中有励磁电流 I_{D0} 和励磁磁动势 $F_D = I_{D0} N_1$,F_D 是 d 轴方向上空间分布的脉振磁动势,图 11-1(b)所示的空间磁动势图上画出了 F_D 的位置。

把 $\dot{F}_D$ 分成两个脉振磁动势 $\dot{F}_A$ 和 $\dot{F}_B$，$\dot{F}_A$ 在绕组 A 的轴线上，$\dot{F}_B$ 在绕组 B 的轴线上，则

$$\dot{F}_D = \dot{F}_A + \dot{F}_B$$
$$F_A = F_D \cos \alpha$$
$$F_B = F_D \sin \alpha$$

$\dot{F}_A$ 在 +A 轴线方向产生正弦分布的脉振磁密，在转子的绕组 A 中产生感应电动势 $\dot{E}_A$，磁路不饱和时，E_A 的大小正比于磁密且正比于磁动势 F_A，也就是说 E_A 的大小与余弦 $\cos \alpha$ 成正比。同理可知，转子绕组 B 中的感应电动势 E_B 的大小正比于磁动势 F_B，也就是说 E_B 的大小正比于正弦 $\sin \alpha$，即

$$E_A \propto F_A = F_D \cos \alpha \qquad (11-2)$$
$$E_B \propto F_B = F_D \sin \alpha \qquad (11-3)$$

忽略各绕组的漏阻抗，则绕组 A 和绕组 B 的端电压为

$$U_A = E_A \propto \cos \alpha \qquad (11-4)$$
$$U_B = E_B \propto \sin \alpha \qquad (11-5)$$

这就是正余弦旋转变压器的工作原理。使用时，转角 α 的大小可以根据需要来进行调节，但不论 α 角为多大，只要是某一常数，则输出绕组（转子绕组）就输出与 α 角的正弦量或余弦量成正比的电压。

（2）正余弦旋转变压器的负载运行

实际上旋转变压器的输出绕组总要接上一定的负载，接上负载后输出绕组中会有电流产生，此时称为旋转变压器的负载运行。负载运行时，输出绕组也产生脉振磁动势，会产生电枢反应磁动势，其输出电压与转子转角 α 的函数关系将发生畸变，从而产生误差。

绕组 A 的电枢反应磁动势肯定在 +A 轴线上，绕组 B 的电枢反应磁动势肯定在 +B 轴线上。它们若同时存在，就会使 q 轴方向上合成磁动势为零，这是理想情况。因为此时只剩下 d 轴方向的合成磁动势可以被定子励磁磁动势平衡，仍保持 d 轴磁动势 F_D 不变，输出电压可以保持与转角 α 的正弦和余弦关系。所以正余弦旋转变压器实际使用时，即便是一个输出绕组工作，另一输出绕组，也要通过阻抗短接，这称为副边补偿。还可以是定子上的 Q 边绕组短接，在副边电枢反应产生 q 轴方向磁动势时，Q 绕组便可以感应电动势，有电流时，产生 q 轴方向磁动势，补偿电枢反应 q 轴磁动势，这被称为原边补偿。使用时采取以上两种补偿方法中的一种或两种，即可有效消除旋转变压器输出电压与转子转角 α 的函数畸变关系。在实际使用中，接线如图 11-17 所示，正余弦旋转变压器的原、副边均进行补偿，而且阻抗 Z_A 和 Z_B 尽量大些为好。

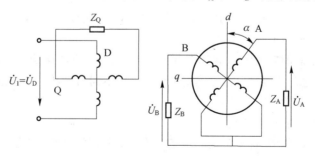

图 11-17　原、副边补偿的正余弦旋转变压器

3. 线性旋转变压器的工作原理

在一定的转角范围内,输出电压与转子转角 α 呈线性关系的旋转变压器称为线性旋转变压器。

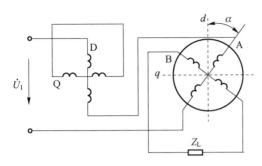

图 11-18　线性旋转变压器的结构图

线性旋转变压器的结构与正余弦旋转变压器相同,只需按图 11-18 所示接线,即将励磁绕组 D 与余弦绕组 A 串联起来接单相交流励磁电压 $\dot{U}_1$,正交绕组 Q 短接作为原边补偿,正弦绕组 B 作为输出绕组。接负载阻抗 Z_L 运行时,励磁电流流过励磁绕组 D 与余弦绕组 A,分别产生磁动势 $\dot{F}_D$ 和 $\dot{F}_A$。磁动势 $\dot{F}_A$ 可以分解成一个直轴分量和一个交轴分量,交轴(q 轴)分量可以认为被正交绕组的磁动势完全补偿抵

消,直轴(d 轴)分量只影响磁动势 $\dot{F}_D$ 的大小,直轴方向总的磁动势 $\dot{F}_d$ 和磁通 $\dot{\Phi}_d$ 不受影响。设直轴磁通 $\dot{\Phi}_d$ 在励磁绕组 D 中感应的电动势为 $\dot{E}_D$,则在余弦绕组 A 和正弦绕组 B 中感应的电动势分别为

$$E_A = k E_D \cos \alpha \tag{11-6}$$

$$E_B = k E_D \sin \alpha \tag{11-7}$$

它们的相位均相同,所以如果忽略绕组的漏阻抗压降,可得励磁电压为

$$U_1 = E_D + E_A = E_D + k E_D \cos \alpha = E_D(1 + k \cos \alpha) \tag{11-8}$$

输出电压为

$$U_B = E_B = k E_D \sin \alpha = \frac{k U_1 \sin \alpha}{1 + k \cos \alpha} \tag{11-9}$$

根据式(11-9),由数学推导和实践证明,若取转子绕组与定子绕组的有效匝数比 $k = 0.52$,则在转子转角 $\alpha = \pm 60°$ 范围内,输出电压 U_B 与转子转角 α 的关系,与理想的线性关系比,误差不超过 $\pm 0.1\%$。考虑到其他因素的影响,一般取匝数比 $k = 0.56 \sim 0.57$。

4. 比例式旋转变压器

比例式旋转变压器是可以按比例求解三角函数的旋转变压器。主要用于调整控制系统某一部分的比例关系,而不改变其变化规律。其接线方式与原边补偿的普通正余弦旋转变压器相同,只是将转子的转角固定。

11.3.4　旋转变压器的应用举例

旋转变压器广泛应用于解算装置和高精度随动系统及自控系统中装置的电压调节和阻抗匹配等。①在解算装置中主要用来求解矢量或进行坐标转换、求反三角函数、进行加减乘除及函数的运算等;②在随动系统中进行角度数据的传输,或测量已知输入角的角度或角度差;③比例式旋转变压器则用于匹配自控系统中的阻抗和调节电压。

图 11-19 所示为利用正余弦旋转变压器进行矢量运算的原理接线图,在励磁绕组上施加正比于矢量模值的励磁电压 U_f,交轴绕组短接,转子从电气零位转过一个等于矢量相角 α 的转角,设旋转变压器的变比为 1,这时,转子正、余弦绕组的输出电压正比于该矢量的两个正交分量,即

$$U_x = U_f \cos \alpha$$
$$U_y = U_f \sin \alpha$$

采用该线路也可将极坐标系变换到直角坐标系。

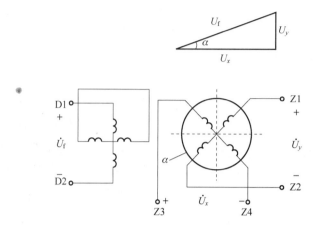

图 11 - 19　正余弦旋转变压器矢量运算

专题 11.4　自整角机

教学目标：

1）了解自整角机的基本结构组成；

2）熟悉力矩式自整角机的工作原理及应用；

3）熟悉控制式自整角机的工作原理及应用。

11.4.1　自整角机概述

自整角机是一种能对角位移或角速度的偏差进行指示、传输及自动整步的感应式控制电机，被广泛用于随动控制系统中。

自整角机具有自整步特性，在随动控制系统中应用时需成对使用或多台组合使用，使机械上互不相连的两根或多根机械轴能够自动保持相同的转角变化或同步的旋转变化。在随动系统中，多台自整角机协同工作，其中产生控制信号的自整角机称为发送机，接收控制信号，执行控制命令与发送自整角机保持同步的自整角机称为接收机。

自整角机的分类方式很多。根据使用场合要求或所构成的转角、转速变换、传输与再现系统结构差异，可将自整角机分为力矩式自整角机和控制式自整角机两大类，如表 11 - 1 所列。力矩式自整角机通常采用信号由发送机向接收机单向传递的开环方式工作，并由接收机直接驱动负载转动，转角复现精度较低，电机驱动能力差，主要用于拖动很轻的负载，如指示仪表的刻度盘、指针等。控制式自整角机也包括控制式发送机、接收机和差动发送机，由于接收机输出电信号经放大后控制伺服电机拖动负载，并通过对伺服电动机转角进行反馈来校正转角复现的偏差，其驱动负载能力较强。自整角机按相数差异可分为单相和三相自整角机，单相自整角机广泛应用于小功率同步传动或伺服自动控制系统中，其工作稳定性和精度指标良好。三相自整角机结构上类似于绕线式三相交流异步电动机，也被称为功率自整角机，主要用于中大功率系统。

表 11 - 1　自整角机的分类和功用

分 类		国内代号	国际代号	功 用
力矩式	发送机	ZLF	TX	将转子转角变换成电信号输出
	接收机	ZLJ	TR	接收力矩发送机的电信号，变换成转子的机械能输出
	差动发送机	ZCF	TDX	串接于力矩发送机与接收机之间，将发送机转角及自身转角的和（或差）转变为电信号，输送到接收机
	差动接收机	ZCJ	TDR	串接于两个力矩发送机之间，接收其电信号，并使自身转子转角为两发送机转角的和（或差）
控制式	发送机	ZKF	CX	同力矩发送机
	变压器	ZKB	CT	接收控制式发送机的信号，变换成与失调角呈正弦关系的电信号
	差动发送机	ZKC	CDX	串接于发送机与变压器之间，将发送机转角及其自身转角的和（或差）转变为电信号，输送到变压器

11.4.2　自整角机的结构与工作原理

1. 力矩式自整角机的基本结构

力矩式自整角机为在整个圆周范围内能够准确定位，发送机和接收机通常采用两极的凸极式结构。只有在频率较高而尺寸又较大的力矩式自整角机中才采用隐极式结构。采用两极电机是为了保证在整个气隙圆周范围内只有唯一的转子对应位置，从而达到准确指示。采用凸极式结构是为了获得较好的参数配合关系，以提高运行性能。

力矩式自整角机的定、转子铁芯均采用高磁导率、低损耗的薄硅钢片冲制后，经涂漆、涂胶、叠装而成。为保证在薄壁情况下有足够的强度，机壳采用不锈钢筒制成，或者采用铝合金制成。机壳通常加工成杯形，即电机的一端有端盖，可以拆卸，另一端是封闭的。轴承孔分别位于端盖和机壳上。电机在制造时应保证定、转子有较高的同心度。自整角机的滑环是由银铜合金制成，电刷采用焊银触点，以保证接触可靠。

力矩式自整角机采用单相绕组作为励磁绕组，做成集中绕组直接套在凸极铁芯上；整步绕组为三相分布绕组连成星形放置在铁芯槽中。图 11 - 20 所示为力矩式自整角机的 3 种基本结构。图 11 - 20(a)为转子凸极式结构力矩式自整角机，它在定子铁芯上放置三相整步绕组，转子凸极式铁芯上放置单相励磁绕组，并由两组滑环和电刷引出，滑环和电刷数目较少，质量轻，因此故障率较低，在小容量自整角机中得到了广泛的采用。图 11 - 20(b)为定子凸极式结

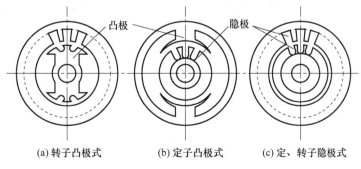

(a)转子凸极式　　　　(b)定子凸极式　　　　(c)定、转子隐极式

图 11 - 20　力矩式自整角机的基本结构

构,它要求将单相励磁绕组放置在定子凸极铁芯上,三相整步绕组放置在转子隐极铁芯上,并由三组滑环和电刷引出,滑环和电刷数目太多,转子质量大,易出故障,较少采用,但转子平衡性好,一般适用于较大容量的自整角机。

2. 力矩式自整角机的工作原理

图 11-21 所示为力矩式自整角机的工作原理图。图中,一台自整角机作为发送机用,另一台作接收机用,两台电机结构参数一致。在工作中两台电机励磁绕组并接在同一单相交流励磁电源上,它们的整步绕组彼此对应相序连接。为方便分析,规定励磁绕组与整步绕组的 a 相轴线的夹角 θ 作为转子的位置角。

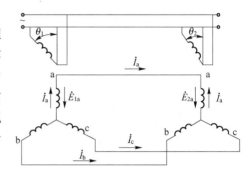

图 11-21 力矩式自整角机工作原理

(1) 整步绕组的电动势与电流

图 11-21 中发送机转子的位置角为 θ_1,接收机转子的位置角为 θ_2,则失调角 θ 为

$$\theta = \theta_1 - \theta_2 \tag{11-10}$$

由于励磁绕组为单相,当励磁绕组中有励磁电流时,在电机气隙中将产生脉振磁动势,脉振磁动势在各整步绕组中感应出变压器电动势,由于各绕组在空间上的位置不同,整步绕组中的感应电动势相位相差 120°,其幅值大小相等,有效值为

$$E = 4.44 f N k_{\mathrm{w1}} \Phi_{\mathrm{m}} \tag{11-11}$$

式中,f 为励磁电源频率,即主磁通的脉振频率;N 为整步绕组的每相匝数;k_{w1} 为整步绕组的基波绕组系数;Φ_{m} 主磁极每极磁通的幅值。

每相整步绕组的感应电动势为

对于发送机

$$\left. \begin{aligned} E_{1a} &= E\cos\theta_1 \\ E_{1b} &= E\cos(\theta_1 - 120°) \\ E_{1c} &= E\cos(\theta_1 + 120°) \end{aligned} \right\} \tag{11-12}$$

对于接收机

$$\left. \begin{aligned} E_{2a} &= E\cos\theta_2 \\ E_{2b} &= E\cos(\theta_2 - 120°) \\ E_{2c} &= E\cos(\theta_2 + 120°) \end{aligned} \right\} \tag{11-13}$$

各相绕组回路中合成电动势为

$$\left. \begin{aligned} \Delta E_a &= E_{2a} - E_{1a} = 2E\sin\frac{\theta_1 + \theta_2}{2}\sin\theta \\ \Delta E_b &= E_{2b} - E_{1b} = 2E\sin\left(\frac{\theta_1 + \theta_2}{2} - 120°\right)\sin\theta \\ \Delta E_c &= E_{2c} - E_{1c} = 2E\sin\left(\frac{\theta_1 + \theta_2}{2} + 120°\right)\sin\theta \end{aligned} \right\} \tag{11-14}$$

各相绕组中的电流为

$$I_a = \frac{\Delta E_a}{2Z_a} = I \sin \frac{\theta_1 + \theta_2}{2} \sin \theta$$

$$\left. \begin{array}{l} I_b = I \sin \left(\frac{\theta_1 + \theta_2}{2} - 120° \right) \sin \theta \\[2mm] I_c = I \sin \left(\frac{\theta_1 + \theta_2}{2} + 120° \right) \sin \theta \end{array} \right\} \tag{11-15}$$

式中，Z_a 为自整角机每相整步绕组的等效阻抗，$I = \dfrac{E}{Z_a}$。

由上式分析可知，只有当失调角 $\theta = 0°$ 时，整步绕组的各相电流才为零。

（2）转子磁动势

当整步绕组中有电流流过时，由于电生磁的关系，必然会产生磁动势。虽然整步绕组为三相绕组，但各相流过的电流在时间上同相位，因此整步绕组电流产生的磁动势仍为空间的脉振磁动势。a 相整步绕组回路中，通过发送机整步绕组和接收机整步绕组的电流相等，因此发送机整步绕组的磁动势的幅值 F_{1a} 等于接收机整步绕组的磁动势的幅值 F_{2a}。b 相和 c 相同理，即每相、每极对基波脉振磁动势为

$$\left. \begin{array}{l} F_{1a} = F_{2a} = F_m \sin \frac{\theta_1 + \theta_2}{2} \sin \theta \\[3mm] F_{1b} = F_{2b} = F_m \sin \left(\frac{\theta_1 + \theta_2}{2} - 120° \right) \sin \theta \\[3mm] F_{1c} = F_{2c} = F_m \sin \left(\frac{\theta_1 + \theta_2}{2} + 120° \right) \sin \theta \end{array} \right\} \tag{11-16}$$

式中，$F_m = \dfrac{4}{\pi} \sqrt{2} INk_{w1}$ 为每相、每极对基波磁动势幅值的最大值。

同其他电机一样，每相脉振磁动势也可分解为两个互相垂直的直轴磁动势和交轴磁动势，发送机和接收机的合成磁动势应为合成直轴磁动势与合成交轴磁动势的相量和。

发送机的合成磁动势为

$$F_1 = \frac{3}{2} F_m \sin \frac{\theta}{2} \tag{11-17}$$

接收机的合成磁动势为

$$F_2 = \frac{3}{2} F_m \sin \frac{\theta}{2} \tag{11-18}$$

（3）力矩式自整角机的电磁转矩

力矩式自整角机的电磁转矩由励磁磁通与整步绕组磁动势相互作用产生。当失调角 θ 较小时，可近似认为直轴磁动势 $F_d = 0$，电磁转矩主要由直轴磁通与交轴磁动势相互作用产生。整步转矩表达式为

$$T = k_1 F_q \Phi_d \cos \varphi \tag{11-19}$$

式中，k_1 为转矩系数；F_q 为交轴磁动势；Φ_d 为直轴磁通；φ 为交轴磁动势与直轴磁通间的夹角。

力矩式自整角机接收机的转动就是在整步转矩的作用下实现的。因此，交轴磁动势的存

在是产生整步转矩的必要条件。

3. 控制式自整角机的基本结构

力矩式自整角机本身没有力矩的放大作用,在实际运用中存在许多限制。另外,力矩式自整角机的静态误差也比较大。基于力矩式自整角机的上述缺陷,在随动系统中广泛采用了由伺服机构和控制式自整角机组合的系统。由于伺服机构中装设了放大器,系统具有较高的灵敏度。

控制式自整角机从整体上也可分为控制式自整角发送机和控制式自整角接收机。控制式自整角发送机的结构和力矩式自整角发送机很相近,可以采用两种转子机构:凸极式转子结构和隐极式转子结构。转子上通常放置单相励磁绕组。定子上仍然放置三相整步绕组,彼此的排列关系也为120°电角度。控制式自整角接收机和力矩式自整角接收机不同,它不直接驱动机械负载,而只是输出电压信号,供放大器使用。控制式自整角接收机的工作方式是三相整步绕组输入电压,励磁绕组输出电压,实质工作在变压器状态,所以又称为控制式自整角变压器,简称自整角变压器。自整角变压器均采用隐极式转子结构,并在转子上装设单相高精度的直轴绕组作为输出绕组。

4. 控制式自整角机的工作原理

图 11-22 为控制式自整角机的工作原理图。

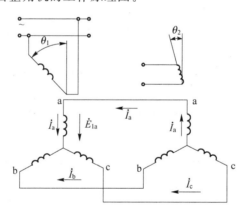

图 11-22　控制式自整角机的工作原理

控制式自整角机的工作情况同变压器一样。接收机整步绕组的脉振磁场在输出绕组中感应的变压器电动势为

$$E_2 = E_{2m} \sin \theta \qquad (11-20)$$

式中,E_{2m} 为 $\theta = 90°$ 时的输出绕组的感应变压器电动势的最大值。

当接收机空载时,其感应变压器电动势等于输出电压,即 $U_2 = E_2$。

11.4.3　自整角机的应用举例

1. 力矩式自整角机的应用

图 11-23 所示为液面位置指示器的系统组成。当液面的高度发生改变时,带动浮子随着液面的上升或下降,通过滑索带动自整角发送机转轴转动,这是第一步,将液面位置的直线变化转换成发送机转子的角度变化。自整角发送机和接收机之间再通过导线远距离连

接起来。

因为自整角发送机和自整角接收机的转角位置发生改变,产生了失调角。根据理论分析,自整角发送机和自整角接收机这时应该产生转矩,使自整角发送机和自整角接收机的转角对齐。自整角发送机产生的力矩和滑索的外力矩平衡,保持静止;自整角接收机产生的力矩带动表盘指针转过一个失调角,这是第二步,正好指示出角度的改变。实现了远距离的位置指示。这种系统还可以用于电梯和矿井提升机位置的指示及核反应堆中的控制棒指示器等装置中。

2. 控制式自整角机的应用

图 11-24 所示为雷达高低角自动显示系统原理图,图中自整角发送机 6 转轴直接与雷达天线的高低角 α(即俯仰角)耦合,因此雷达天线的高低角 α 就是自整角发送机的转角。控制式自整角接收机 4 转轴与由交流伺服电动机 1 驱动的系统负载(刻度盘 5 或火炮等负载)的轴相连,其转角用 β 表示。接收机转子绕组输出电动势 E_2(有效值)与两轴的差角 γ(即 $\alpha-\beta$)近似成正比,即

$$E_2=k(\alpha-\beta)=k\gamma$$

式中,k 为常数。

图 11-24 中,E_2 经放大器放大后送至交流伺服电动机的控制绕组,使交流伺服电动机转动。可见,只要 $\alpha\neq\beta$,即 $\gamma\neq0$,就有 $E_2\neq0$,伺服电动机便要转动,使 γ 减小,直至 $\gamma=0$。如果 α 不断变化,系统就会使 β 跟着 α 变化,以保持 $\gamma=0$,这样就达到转角自动跟踪的目的。只要系统的功率足够大,接收机上便可带动火炮一类阻力矩很大的负载。发送机和接收机之间只需 3 根连线,便实现了远距离显示和操纵。

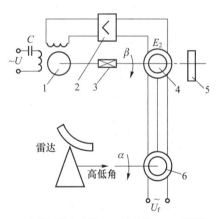

1—交流伺服电动机;2—放大器;3—减速器;
4—自整角接收机;5—刻度盘;6—自整角发送机

图 11-24　雷达高低角自动显示系统原理图

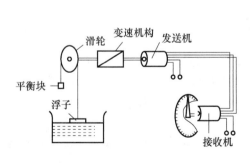

图 11-23　页面位置指示器

专题 11.5　测速发电机

教学目标:

1)了解测速发电机的功能和作用;

2）熟悉交流测速发电机的基本结构和工作原理；

3）熟悉直流测速发电机的基本结构和性能特点；

4）理解测速发电机的使用特性和应用。

11.5.1　测速发电机概述

测速发电机在自动控制系统中作检测元件，可以将电动机轴上的机械转速转换为与转速成正比的电压信号输出。测速发电机的输出电压正比于转子转角对时间的微分，在解算装置中可以把它作为微分或积分元件，也可作为加速或延迟信号，或用来测量各种运动机械在摆动或转动及直线运动时的速度。

1. 测速发电机的分类

按输出电压的不同，测速发电机分为直流和交流两类。

（1）直流测速发电机

直流测速发电机可分为励磁式和永磁式两种。励磁式由励磁绕组接成他励，永磁式采用高性能永久磁钢制成磁极。由于永磁式不需另加励磁电源，也不因励磁绕组温度变化而影响输出电压，故应用较广。

（2）交流测速发电机

交流测速发电机分为同步测速发电机和异步测速发电机两类，其中异步测速发电机又分为笼型转子异步测速发电机和空心杯型转子异步测速发电机两种。

近年来还有采用新原理、新结构研制的霍尔效应测速发电机等。

2. 对测速发电机的主要要求

自动控制系统对测速发电机的性能要求，主要是精度高，灵敏度高，可靠性好，包括以下几个方面：

① 输出电压与转速之间有严格的正比关系；

② 输出电压的脉动要尽可能小；

③ 温度变化对输出电压的影响要小；

④ 在一定转速时所产生的电动势及电压应尽可能大；

⑤ 正反转时输出电压要对称；

⑥ 测速发电机转动惯量要小，以保证测速的迅速性。

此外，还要求测速发电机对无线电通信干扰小，噪声低等。

11.5.2　直流测速发电机

直流测速发电机的基本结构和工作原理与普通直流发电机基本相同，实际上是一种微型直流发电机。

1. 直流测速发电机的输出特性

输出特性是指输出电压 U_a 与输入转速 n 之间的函数关系。他励式直流测速发电机的工作原理接线如图 11-25 所示。励磁绕组接一恒定直流电源 U_f，通过电流 I_f 产生磁通 Φ。根据直流发电机原理，在忽略电枢反应的情况下，电枢的感应电动势为

$$E_a = C_e \Phi n = k_e n \tag{11-21}$$

当接负载时，电压平衡方程式为

$$U_a = E_a - I_a R_a \tag{11-22}$$

式中，R_a 为电枢回路总电阻。负载电流和负载电压关系为

$$I_a = \frac{U_2}{R_L} \tag{11-23}$$

由于电刷两端的输出电压 U_a 和负载上的电压 U_2 相等，所以将式（11-23）代入式（11-22）可得

$$U_2 = E_a - \frac{U_2}{R_L} R_a$$

经过整理可得

$$U_2 = \frac{E_a}{1 + \dfrac{R_a}{R_L}} = \frac{k_e n}{1 + \dfrac{R_a}{R_L}} = Cn \tag{11-24}$$

式中，$C = \dfrac{k_e}{1 + \dfrac{R_a}{R_L}}$ 为测速发电机输出特性的斜率。

由式（11-24）可知，直流测速发电机的输出特性 $U_2 = f(n)$ 为线性，如图 11-26 所示。

2. 直流测速发电机的误差及减小误差的方法

在实际运行中，直流测速发电机的输出电压与转速之间并不能严格地保持正比关系，即存在误差。现在分析产生误差的主要原因和解决方法。

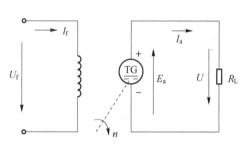

图 11-25　直流测速发电机原理图

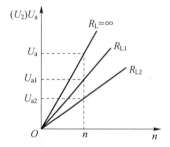

图 11-26　直流测速发电机的输出特性

（1）电枢反应的影响

磁路饱和时，电枢反应有去磁效应，使得主磁通发生变化，负载电阻越小或转速越高，去磁效应越强，所以式（11-21）中的电动势系数 k_e 将不再为常数，而是随负载电流的变化而变化。负载电流升高导致电动势系数 k_e 略有减小，输出特性曲线向下弯曲。为了消除电枢反应的影响，改善输出特性，应尽量使电机的磁通 Φ 保持不变，为此常采用的措施有：在定子磁极上安装补偿绕组进行补偿；设计时适当加大气隙以削弱电枢反应；使用时，应使发电机的负载电阻等于或大于负载电阻的规定值，并且规定最高转速。

（2）电刷接触电阻的影响

由于电刷接触电阻为非线性电阻，当转速较低时，电刷接触电阻较大，此时电刷接触电阻压降在总电枢电压中所占比重大，测速发电机的实际输出电压小；当转速升高时，电刷接触电阻变小，接触压降也减小。考虑电刷接触电阻影响的输出特性如图 11-27 所示。在转速较低时，电机的实际输出特性上出现一个不灵敏区。

为降低电刷接触电阻的影响,使用时常采用接触电阻压降较小的铜-石墨电刷。在高精度的直流测速发电机中,也有采用铜电刷的,并在与换向器相接触的表面上镀银。

(3) 温度的影响

在应用中,发电机本身会发热,而且环境温度也是变化的。温度的变化导致励磁绕组电阻变化,将引起励磁电流和磁通的变化,使输出电压与转速之间不再是严格的线性关系。解决方法有:① 励磁回路串联热敏电阻并联网络;② 励磁回路串联阻值较大、温度系数很小的附加电阻 R;③ 将磁路设计得比较饱和。

(4) 纹波的影响

根据 $E_a = C_e \Phi n$,当 Φ、n 为定值时,电刷两端输出不随时间变化的直流电动势。实际的电机输出电动势总是带有微弱的脉动,通常把这种脉动称为纹波。

纹波的大小和频率与电枢绕组的元件数有关,元件数越多,脉动的频率越高,幅值越小。纹波电压的存在对于测速发电机是不利的,当用于转速控制或阻尼元件时,对纹波电压的要求较高,而在高精度的解算装置中则要求更高。为了消除纹波影响,可在输出电路中加入滤波电路。

3. 直流测速发电机的主要性能指标

直流测速发电机的主要性能指标有以下几个:

(1) 线性误差

线性误差是在工作转速范围内,实际输出特性曲线与过 OB 的线性输出特性之间的最大差值 ΔU_m 与最高线性转速 n_{max} 在线性特性曲线上对应的电压 U_m 之比,如图 11 - 28 所示,即

$$\delta_1 = \frac{\Delta U_m}{U_m} \times 100\% \tag{11-25}$$

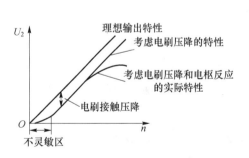

图 11 - 27 直流测速发电机实际输出特性

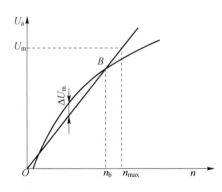

图 11 - 28 线性误差

(2) 灵敏度

灵敏度也称输出斜率,是指在额定励磁电压下,转速为 1 000 r/min 时所产生的输出电压。一般直流测速发电机空载时可达 $10\sim20$ V。测速发电机作为阻尼元件使用时,灵敏度是重要的性能指标。

(3) 最高线性工作转速和最小负载电阻

这两个性能指标是保证测速发电机工作在允许的线性误差范围内的两个使用条件。

(4) 不灵敏区

由电刷接触压降而导致输出特性斜率显著下降(几乎为零)的转速范围为不灵敏区。该性

能指标在超低速控制系统中很重要。

（5）输出电压的不对称度

输出电压的不对称度是指在相同转速下，测速发电机正、反转时，输出电压绝对值之差 ΔU_2 与两者平均值 U_{av} 之比。

（6）纹波系数

纹波系数是指在一定转速下，输出电压中交变分量的有效值与直流分量之比。目前国产测速发电机已做到纹波系数小于 1%，国外高水平测速发电机纹波系数已降到 0.1% 以下。

11.5.3　交流测速发电机

交流测速发电机分为同步测速发电机和异步测速发电机两种，一般采用交流异步测速发电机。异步测速发电机还分为笼型和空心杯型两种。笼型测速发电机没有空心杯型测速发电机的测量精度高，而且空心杯型测速发电机转动惯量小，适合快速系统，因此目前广泛使用的是空心杯型测速发电机。下面重点介绍其基本结构和工作原理及使用特性。

1. 交流测速发电机的结构特点

空心杯型异步测速发电机由外定子、空心杯转子和内定子 3 部分组成。空心杯转子用电阻率较大的磷青铜制成，属于非磁性材料。外定子上有两相正交的分布绕组，其中一相为接励磁电源的励磁绕组，另一相则用作输出电压信号。其原理如图 11-29 所示。

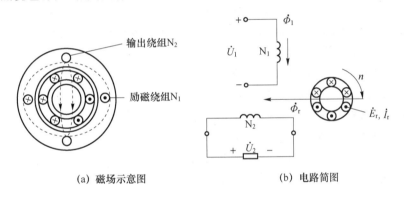

(a) 磁场示意图　　　　　　　　　(b) 电路简图

图 11-29　空心杯型异步测速发电机原理图

2. 交流测速发电机的工作原理

在分析交流异步测速发电机工作原理时，可将空心杯型转子看成由无数条并联的导体组成，与笼型转子相似。

励磁绕组的轴线为 d 轴，输出绕组的轴线为 q 轴。工作时，电机励磁绕组加上恒压恒频的励磁电压，励磁绕组中有电流流过，产生与励磁电压同频率的 d 轴脉振磁动势 F_1 和脉振磁通 Φ_1，电机转子顺时针旋转，转速为 n，如图 11-29(b) 所示。电机转子和输出绕组中的电动势及由此产生的反应磁动势，根据电机的转速可分为两种情况。

（1）电机不转。测速发电机静止不动时，$n=0$，脉振磁通 Φ_1 与输出绕组的轴线垂直，两者之间无匝链，无互感，故输出绕组中并无感应电动势产生，输出电压为零，即 $U_2=0$。

（2）电机旋转。当测速发电机由转动轴驱动旋转时，$n \neq 0$，转子切割脉振磁通 Φ_1，在转子内产生感应电动势 E_r 和感应电流 I_r，如图 11-29(b) 所示，E_r 的大小为

$$E_r = C_r \Phi_1 n \qquad (11-26)$$

式中,C_r 为转子电动势常数;Φ_1 为脉振磁通幅值。

由式(11-26)可知,转子电动势 E_r 和转子电流 I_r 与磁通 Φ_1 及转速 n 成正比,转子电动势的方向可用右手定则判断,即 $E_r \propto \Phi_1 n$,$I_r \propto \Phi_1 n$。转子电流产生的磁通 Φ_r 也与 I_r 成正比,即 $\Phi_r \propto I_r$,Φ_r 的方向与输出绕组的轴线一致,因而会在输出绕组中产生感应电动势,有电压 U_2 输出,且 U_2 与 Φ_r 成正比,即 $U_2 \propto \Phi_r$,由上述关系得 $U_2 \propto \Phi_1 n$。如果转子的转向相反,输出电压的相位也相反,这样就可以从输出电压 U_2 的大小及相位来测量带动测速发电机转动的原动机的转向及转速。

可以看出,异步测速发电机输出电动势 E_2 的频率即为励磁电源的频率,而与转子转速 n 的大小无关;输出电动势的大小正比于转子转速 n,即输出电压 U_2 只正比于转速 n,也就是测速发电机的输出特性 $U_2 = f(n)$ 在理想情况下为直线。这就克服了同步测速发电机存在的缺点,因此空心杯型转子测速发电机在自动控制系统中得到了广泛的应用。

3. 交流测速发电机的主要技术指标及误差分析

(1)线性误差及分析

如图 11-30 所示,线性误差为最大输出误差相对最大输出的百分比,即

$$\delta_1 = \frac{\Delta U_{max}}{U_{2m}} \times 100\% \qquad (11-27)$$

交流测速发电机用作阻尼元件时,对线性误差的要求约为千分之几到百分之几;作为解算元件时,约为万分之几到千分之几。目前高精度感应测速发电机线性误差为 0.05% 左右。

线性误差产生的原因为:励磁绕组和转子都存在电阻及漏抗,使得励磁绕组中的电流随空心杯转子导体电流的变化而变化,转速越高,工作磁场的变化越大,线性误差也越大。

减小线性误差的方法有:规定最大线性工作转速 n_m;尽可能减小励磁绕组的漏阻抗;采用由高电阻率材料制成的非磁性空心杯转子。

(2)相位误差及分析

由于励磁绕组和转子都存在阻抗,使得输出电压的相位与励磁绕组的相位不等,从而导致相位移 φ。减小相位移的具体方法除了采用与减小线性误差相同的方法外,还可以采取补偿固定相位移——在励磁绕组回路中串联移相电容的方法。

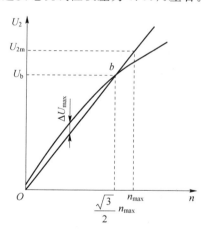

图 11-30 交流测速发电机线性误差

相位误差是指在额定励磁电压条件下,电机在最大线性工作转速范围内,输出电压基波分量相位随转速的变化值 $\Delta\varphi$。一般相位误差为 $0.5° \sim 1°$。

(3)剩余电压

剩余电压是指在励磁绕组接额定励磁电压,而转子处于不动情况下(即零速),输出绕组所产生的电压,又称为零速电压。剩余电压产生的主要原因是两相绕组不正交,磁路不对称,绕组匝间短路,绕组端部电磁耦合,铁芯片间短路等。减小剩余电压误差的方法有:采用四极绕组,选择高质量的各方向特性一致的磁性材料,在机械加工和装配过程中提高机械精度以及装

配补偿绕组等。

（4）输出斜率

输出斜率是转速为 1 000 r/min 时输出电压的有效值，一般为 1.5～5 V。

输出斜率越大，测速发电机的灵敏度就越高。与直流测速发电机相比，交流测速发电机的输出斜率比较小，一般为 0.5～5 V。

11.5.4　测速发电机的应用举例

图 11－31 所示为一个单闭环恒速控制系统。系统由比较电路、放大电路、驱动触发电路、可控整流电路及检测反馈电路等组成，用直流测速发电机作速度检测元件，使电机 M 恒速运转。要改变转速 n，只需要调节 U_b 即可。

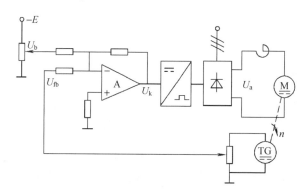

图 11－31　单闭环恒速控制系统

专题 11.6　开关磁阻电动机

教学目标

1）了解开关磁阻电动机的组成；

2）熟悉开关磁阻电动机的工作原理；

3）熟悉开关磁阻电动机的性能特点；

4）理解开关磁阻电动机的应用。

11.6.1　开关磁阻电动机概述

开关磁阻电动机调速（Switched Reluctance Drive，SRD）系统兼具直流、交流两类调速系统的优点，是继变频调速系统、无刷直流电动机调速系统之后发展起来的最新一代无极调速系统，是集现代微电子技术、数字技术、电力电子技术、红外光电技术及现代电磁理论、设计和制作技术为一体的光、机、电一体化的高新技术。

英、美等经济发达国家对开关磁阻电动机调速系统的研究起步较早，并已取得显著效果，产品功率等级从数瓦到数百千瓦，广泛应用于电子、机械各领域。

我国对开关磁阻电动机调速系统的研究与试制起步于 20 世纪 80 年代末 90 年代初，至今已取得了从基础理论到设计制造多方面的成果与进展，但产业化及应用性研究工作仍相对滞后。由于 SRD 的产业化,人们通常将其产品称为开关磁阻调速电动机。

11.6.2 SRD 系统的组成

SRD 系统主要由开关磁阻电动机(Switched Reluctance Motor,SRM)、功率变换器、控制器、转子位置检测器 4 大部分组成,系统框图如图 11-32 所示。控制器内包含控制电路与功率变换器,而转子位置检测器则安装在电动机的一端,电动机与国产 Y 系列感应电动机的功率、机座号、外形均相同。

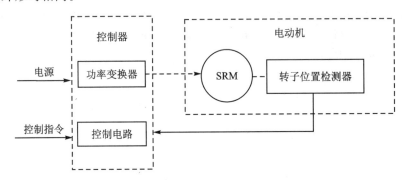

图 11-32 SRD 系统框图

SRD 系统所用的 SRM 是 SRD 系统中实现机电能量转换的部件,也是 SRD 系统有别于其他电动机驱动系统的主要标志。开关磁阻电动机为双凸极可变磁阻电动机,其定子和转子的凸极均由普通硅钢片叠压而成。转子既无绕组,也无永磁体;定子极上饶有集中绕组,径向相对的两个绕组连接起来,称为"一相"。开关磁阻电动机可以设计成具有多种不同相数的结构,且定子、转子的极数有多种不同的搭配。相数多、步距角小,有利于减少转矩脉动,但结构复杂,且主开关器件多,成本高。目前应用较多的是四相结构和三相结构,不论是四相结构还是三相结构,均通过控制加到开关磁阻电动机绕组中电流脉冲的幅值、宽度及其与转子的位置(导通角、关断角)来控制开关磁阻电动机转矩的大小与方向。下面以四相(8/6)极开关磁阻电动机来说明它的控制基本原理。

11.6.3 开关磁阻电动机的工作原理

图 11-33 所示为四相(8/6)极开关磁阻电动机定子、转子的结构示意图,定子上均匀分布了 8 个磁极,转子上沿圆周均匀分布了 6 个磁极,定子、转子均为凸极式结构,定子、转子间有很小的气隙。

为简单明确,图中只画出 A 相绕组及其供电电路。开关磁阻电动机的运行原理遵循"磁阻最小原理",即磁通总要沿着磁阻最小的路径闭合,而具有一定形状的铁芯在移动到最小磁阻位置时,必使自己的主轴线与磁场的轴线重合。图 11-33 中,当 A 相绕组电流控制开关 S_1、S_2 闭合时,A 相励磁所产生的磁场力使转子旋转到转子极轴线 aa' 与定子极轴线 AA' 重合的位置,从而产生磁阻性质的电磁转矩。顺序给 A—B—C—D 相绕组通电(B,C,D 各相绕组在图中未画出),则转子便按逆时针方向连续转动起来;反之,依次给 D—C—B—A 相绕组通电,则转子会沿顺时针方向转动。当多相电机实际运行时,也常出现两相或两相以上绕组同时导通的情况。当 q 相定子绕组轮流通电一次,转子转过一个转子极距。

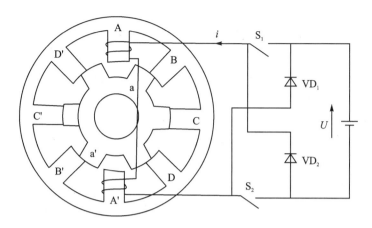

图 11-33　四相(8/6)结构 SR 电动机原理图

设每相绕组开关频率(主开关频率)为 f_{ph},转子极数为 N_r,则开关磁阻电动机的同步转速(r/min)可表示为

$$n = \frac{60 f_{ph}}{N_r} \tag{11-28}$$

磁阻性质的电磁转矩,开关磁阻电动机的转向与相绕组的电流方向无关,仅取决于相绕组通电的顺序,因此能够充分简化功率变换器电路。当主开关 S_1、S_2 接通时,A 相绕组从直流电源 U 吸收电能,而当 S_1、S_2 断开时,绕组电流通过续流二极管 VD_1、VD_2 将剩余能量回馈给电源。因此,开关磁阻电动机具有能量回馈的特点,系统效率高。

11.6.4　SRD 系统的特点

SRD 系统之所以能在现代调速系统中异军突起,主要是因为它具有卓越的系统性能,具体表现在以下几个方面。

1. 电动机结构简单,成本低,可用于高速运转

开关磁阻电动机的结构比笼型感应电动机还要简单。其突出的优点是转子上没有任何形式的绕组,因此不会有笼型感应电动机因铸造不良而断条的问题。其转子机械强度极高,可以用于高速运转(如每分钟上万转)。在定子方面,它只有几个集中绕组,因此绝缘结构简单、制造简便。

2. 功率电路简单可靠

因为电动机转矩方向与绕组电流方向无关,即只需单方向绕组电流,故功率电路可以做到每相一个功率开关。而异步电动机绕组需流过双向电流,向其供电的 PWM 变频器功率电路每相需要两个功率器件。因此,SRD 系统较 PWM 变频器功率电路中所需的功率原元件少,电路结构简单。

3. 系统可靠性高

从电动机的电磁结构上看,各相绕组和磁路相互独立,各自在一定轴角范围内产生电磁转矩,而不像在一般电动机中必须在各相绕组和磁路共同作用下产生一个旋转磁场,电动机才能正常运转。从控制结构上看,各相电路各自给一相绕组供电,一般也是相互独立工作。由此可知,当电动机一相绕组或控制区一相电路发生故障时,只需停止该相工作,此时,电动机除总输出功率有所减小外,并无其他妨碍。

4. 启动转矩大,启动电流低

控制器从电源侧吸收较少的电流,在电机侧得到较大的启动转矩是本系统的一大特点,典型产品的数据是:启动电流为额定电流 15% 时,获得启动转矩 100% 的额定转矩;启动电流为额定电流 30% 时,启动转矩可达其额定转矩的 250%。而其他调速系统的启动特性与之相比,效果相差较大,如直流电机为 100% 的电流、笼型感应电动机为 300% 的电流,获得 100% 的转矩。启动电流小而转矩大的优点还可以延伸到低速运行段,因此本系统十分适合那些需要重载启动和较长时间低速重载运行的机械。

5. 适用于频繁起停及正反向转换运行

本系统具有高启动转矩、低启动电流的特点,使之在启动过程中电流冲击小,电动机和控制器发热较连续额定运行时还要小。可控参数多,使其制动运行能与电动运行具有同样优良的转矩输出能力和工作特性。二者综合作用的结果必然使之适用于频繁起停及正反向转换运行,次数可达 1 000 次/时。

6. 可控参数多,调速性能好

控制开关磁阻电动机的主要运行参数的常用方法至少有 4 种:相导通角、相关断角、相电流幅值、相绕组电压。可控参数多,意味着控制灵活方便。可以根据对电动机的运行要求和电动机的情况,采取不同的控制方法和参数值,既可使之运行于最佳状态(如出力最大、效率最高等),还可使之实现各种不同的功能,如使电动机具有完全相同的四象限运行能力,并具有最高启动转矩和串励电动机的负载能力曲线。由于 SRD 系统速度闭环是必备的,因此系统具有很高的稳速精度,可以很方便地构成无静差调速系统。

7. 效率高、损耗小

本系统是一种非常高效的调速系统。这是因为一方面电动机绕组无铜损;另一方面电动机可控参数多,灵活方便,易于在宽转速范围和不同负载下实现高效优化控制。以 3 kW SRD 系统为例,其系统效率在很宽的范围内都在 87% 以上,这是其他调速系统不容易达到的。将本系统同笼型异步电动机的 PWM 变频器系统进行比较,本系统在不同转速和不同负载下的效率均比变频器系统高,一般要高出 5%～10%。

11.6.5　开关磁阻电动机的应用

开关磁阻电动机的功率范围为 10 W～5 MW,最大转速高达 100 000 r/min,具有结构简单、制造成本低、效率高和可靠性高等一系列优点,随着电力电子技术和微电子技术的快速发展,其发展取得了显著的进步。目前,SRM 已成功应用于电动车驱动、航空工业、家用电器、纺织机械等各个领域。例如 SRM 应用于洗衣机中,表现出明显的优点:较低的洗涤速度,良好的衣物分布性,良好的滚筒平衡性等。

专题 11.7　力矩电动机

教学目标

1) 了解力矩电动机的结构特点;

2) 熟悉力矩电动机结构与性能之间的关系;

3) 熟悉力矩电动机的性能特点。

在一些自动控制系统中,有些被控对象的运转速度比较低,比如雷达天线,低速转台等,而一般的伺服电机转速通常在 1 500 r/min 以上,转速较高,这就需要通过减速器带动负载,但是减速器的齿轮间隙会导致系统精度和刚度的降低,因此,希望有一种低转速、大转矩的电机来直接带动被控对象。在这种情况下,力矩电动机就应运而生了。力矩电动机在长时间堵转状态下工作时具有低转速、大转矩的特点,可直接驱动负载运行,且响应快速、精度高、机械特性及调节特性线性好、结构紧凑、运行可靠,特别适合在位置伺服系统和低速伺服系统中作执行元件。

力矩电动机分为直流力矩电动机和交流力矩电动机两大类,其中应用广泛的是直流力矩电动机。

11.7.1　力矩电动机的结构特点

直流力矩电动机的工作原理和普通的直流伺服电动机相同,只是在结构和外形尺寸的比例上有所不同。一般直流伺服电动机为了减少其转动惯量,大部分做成细长圆柱形,而直流力矩电动机为了能在相同的体积和电枢电压下产生比较大的转矩和低的转速,一般做成圆盘状,从结构合理性来考虑,励磁方式一般做成永磁多极。为了减少转矩和转速的波动,可选取较多的槽数、换向片数和串联导体数。总体结构形式有分装式和组装式两种,分装式结构包括定子、转子和刷架三大部件,机壳和转轴按负载要求选配;组装式则与一般电机相同,机壳和轴由制造厂装配好。图 11 - 34 为分装式直流力矩电动机的结构示意图。

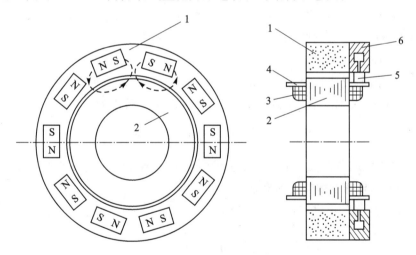

1—定子铁芯;2—转子铁芯;3—绕组;4—槽楔;5—电刷;6—刷架

图 11 - 34　分装式直流力矩电动机的结构示意图

11.7.2　力矩电动机的结构特点

1. 电枢外形对电磁转矩的影响

图 11 - 35 给出了不同形状的两个直流力矩电动机电枢的结构示意图,分别是细长型和扁平型。图 11 - 35(a)所示的电动机的电磁转矩为

$$T_a = N_a B L_a i_a \frac{D_a}{2} \tag{11-29}$$

式中，N_a 为图 11-35(a)所示电动机的总导体数；B 为平均气隙磁密；L_a 为导体有效长度；i_a 为电枢导体的电流；D_a 为图 11-35(a)所示电动机的电枢直径。

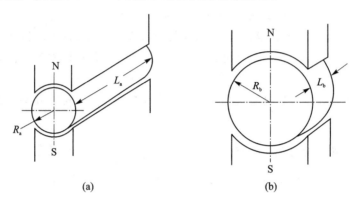

图 11-35　体积相同，直径不同的电枢形状

因为电枢体积的大小，在一定程度上反映了整个电动机的体积，因此可以在电枢体积不变的条件下，比较不同直径时所产生的转矩。如果把图 11-35(a)中电枢的直径增大 1 倍，而保持体积不变，此时电动机的形状则如图 11-35(b)所示，即该图中电枢直径 $D_b = 2D_a$，电枢长度 $L_b = 1/4 L_a$。

假定两种情况下电枢导体的电流一样，那么两种情况下导体的直径也一样，但图 11-35(b)中电枢铁芯截面积增大到图 11-35(a)的 4 倍，所以槽面积及电枢总导体数 N_b 也近似增加到图 11-35(a)的 4 倍，即 $N_b = 4N_a$。这样一来，$N_b L_b = 4N_a 1/4 L_a = N_a L_a$。也就是说，在电枢铁芯体积相同，导体直径不变的条件下，即使改变其铁芯直径，导体数 N 和导体有效长度 L 的乘积仍不变。据此，可以得到图 11-35(b)时的电磁转矩为

$$T_b = N_b B L_b i_b \frac{D_b}{2} = 4N_a B \frac{1}{4} L_a i_a \frac{2D_a}{2} = 2T_a \tag{11-30}$$

上述表明，在体积、气隙磁密和电流不变的情况下，电磁转矩和电枢直径成正比。

2. 电枢外形对理想空载转速的影响

图 11-35(a)所示的电动机的空载转速为

$$n_{0a} = \frac{U}{C_e \Phi} = \frac{U}{\dfrac{pN_a}{60a} B \dfrac{\pi D_a}{p} L_a} = \frac{60a}{\pi} \times \frac{U}{N_a D_a L_a B} \tag{11-31}$$

考虑到电动机结构参数的关系，可得图 11-35(b)所示电动机的空载转速，即

$$n_{0b} = \frac{60a}{\pi} \times \frac{U}{N_b D_b L_b B} = \frac{60a}{\pi} \times \frac{U}{4N_a 2D_a \dfrac{1}{4} L_a B} = \frac{1}{2} n_{0a} \tag{11-32}$$

式(11-32)说明，在体积、气隙磁密和电流不变的情况下，理想空载转速和电枢直径成反比。

从以上分析可知,增大电枢直径可以提高电磁转矩,降低空载转速。这就是力矩电动机做成盘式结构的原因所在。

11.7.3　力矩电动机的性能特点

1. 力矩波动小,低速下能稳定运行

盘式结构电枢可增加槽数、元件数和换向片数,适当加大气隙,使用斜槽等措施都可以减小力矩波动。

2. 响应迅速,动态性能好

虽然直流力矩电动机的电枢直径大,转动惯量大,但它的堵转力矩很大,空载转速很低,机电时间常数也比较小。

专题 11.8　永磁无刷直流电动机

教学目标

1)了解永磁无刷直流电动机的定义;

2)熟悉永磁无刷直流电动机的基本结构;

3)熟悉永磁无刷直流电动机的工作原理;

4)掌握永磁无刷直流电动机的运行特性;

5)了解永磁无刷直流电动机的应用。

永磁无刷直流电动机是集永磁电动机、微处理器、功率逆变器、检测元件、控制软件和硬件于一体的新型机电一体化产品,它采用功率电子开关和位置传感器代替电刷和换向器,既保留了直流电动机良好的运行性能,又具有结构简单、维护方便和运行可靠等优点。

11.8.1　永磁无刷直流电动机的基本结构

永磁无刷直流电动机主要是由永磁电动机本体、转子位置传感器和功率电子开关(逆变器)三部分组成。

电动机本体是一台反装式的普通永磁直流电动机,它的电枢放置在定子上,永磁磁极位于转子上,结构与永磁式同步电动机相似。定子铁芯中安放对称的多相绕组,通常是三相绕组,绕组可以是分布式或集中式,接成星形或封闭形,各相绕组分别与电子开关中的相应功率管连接。永磁转子多用铁氧体或钕铁硼等永磁材料制成,无启动绕组,主要有凸极式和内嵌式结构。

转子位置传感器是无刷直流电动机的重要组成部分,它的作用是检测转子磁场相对于定子绕组的位置,决定功率电子开关器件的导电顺序。位置传感器有光电式、电磁式和霍耳元件式等。

逆变器主电路有桥式和非桥式两种。在电枢绕组与逆变器的多种连接方式中,以三相星形六状态和三相星形三状态使用最广泛。

11.8.2 永磁无刷直流电动机的工作原理

图 11-36 为一台星形三相三状态永磁无刷直流电动机,三只光电位置传感器 H1、H2、H3 在空间对称分布,互差 120°,遮光圆盘与电动机转子同轴安装,调整圆盘缺口与转子磁极的相对位置可使缺口边沿位置与转子磁极的空间位置相对应。

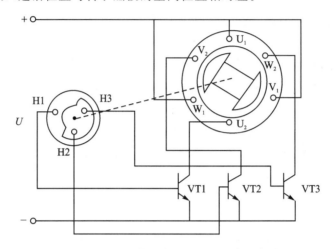

图 11-36 星形三相三状态永磁无刷直流电动机

设缺口位置使光电传感器 H1 受光而输出高电平,功率开关管 VT1 导通。电流流入 U 相绕组,形成位于 U 相绕组轴线上的电枢磁动势 F_U。F_U 顺时针方向超前于转子磁动势 F_f 150° 电角度,如图 11-37(a)所示。电枢磁动势 F_U 与转子磁动势 F_f 相互作用,拖动转子顺时针方向旋转。电流流通路径为:电源正极→U 相绕组→VT 管→电源负极。当转子转过 120° 电角度至图 11-37(b)所示位置时,与转子同轴安装的圆盘转到使光电传感器 H2 受光,H1 遮光,功率开关管 VT1 关断,VT2 导通,U 相绕组断开,电流流入 V 相绕组,电流换相。电枢磁动势变为 F_V,F_V 在顺时针方向继续领先转子磁动势 F_f 150° 电角度,两者相互作用,又驱动转子顺时针方向旋转。电流流通路径为:电源正极→V 相绕组→VT2 管→电源负极。当转子磁极转到图 11-37(c)所示位置时,电枢电流从 V 相换流到 W 相,产生的电磁转矩继续使电动机转子旋转,直至重新回到如图 11-37(a)所示的起始位置,完成一个循环。

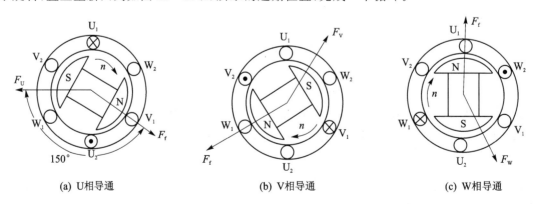

| (a) U相导通 | (b) V相导通 | (c) W相导通 |

图 11-37 三相三状态无刷电机绕组通电顺序和磁动势位置图

11.8.3　永磁无刷直流电动机的运行特性

1. 机械特性

永磁无刷直流电动机的机械特性为

$$n = \frac{U - 2\Delta U}{C_e \Phi} - \frac{2R_a}{C_e C_T \Phi^2} T_{em} \qquad (11-33)$$

式中，U 为电源电压；ΔU 为一个功率开关管饱和压降；R_a 为每相电枢绕组电阻。图 11-38 为无刷直流电动机的机械特性曲线。

2. 调节特性

根据式(11-33)可分别求得调节特性的始动电压 U_0 和斜率 k，即

$$U_0 = \frac{2R_a T_{em}}{C_T \Phi} + 2\Delta U, \qquad k = \frac{1}{C_e \Phi} \qquad (11-34)$$

调节特性曲线如图 11-39 所示。

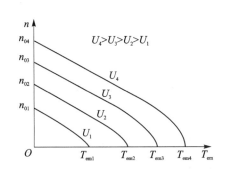

图 11-38　直流无刷电动机的机械特性曲线

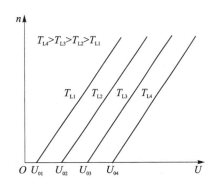

图 11-39　无刷直流电动机的调节特性曲线

由机械特性曲线和调节特性曲线可见，永磁无刷直流电动机具有与有刷直流电动机一样良好的控制性能，可以通过改变电源电压实现无级调速。

11.8.4　永磁无刷直流电动机的应用

永磁无刷直流电动机具有调速性能好、控制方便、无换向火花和励磁损耗及使用寿命长等优点。近年来永磁材料性能不断提高、价格不断下降、电力电子技术日新月异的发展和各使用领域对电动机性能的要求越来越高，促进了无刷直流电动机的应用范围迅速扩大。目前，无刷直流电动机的应用范围包括计算机系统、家用电器、办公自动化、汽车、医疗仪器、军事装备控制、数控机床机器人伺服控制等。

专题 11.9　交直流两用电动机

教学目标：

1）了解交直流两用电动机的基本结构；

2）熟悉交直流两用电动机的工作原理；

3）了解交直流两用电动机的特点；

4）熟悉交直流两用电动机的应用。

交直流两用电动机既适用于交流电源，又适用于直流电源。当采用交流电源供电时，该电动机称为交流串励电动机；当采用直流电源供电时，该电动机称为直流串励电动机。

11.9.1　交直流两用电动机的基本结构

从原理上讲，如将一台直流串励电动机接到单相交流电源上，由于磁通和电流将同时改变方向，电磁转矩的方向仍将保持不变，电动机仍可工作。事实上，该电动机运行情况将十分恶劣，甚至不能运转，原因如下：① 直流电动机磁极铁芯的定子磁轭均系铸钢制成，将有很大的涡流损耗；② 在励磁绕组和电枢绕组中将有很大的电抗压降；③ 换向元件中将产生直流电动机所没有的短路电动势，使换向发生困难，甚至产生严重的电火花。所以，交直流两用电动机与普通直流串励电动机的结构在总体上相似，但其定子铁芯是由 0.5 mm 厚硅钢片叠压而成，这是与普通直流串励电动机的不同之处。

11.9.2　交直流两用电动机的工作原理

如图 11-40 所示，若将交直流两用电动机的励磁绕组与电枢绕组串联，当在其端部施加直流电压时，即是一台直流串励电动机，便有直流电流流过励磁绕组和电枢绕组，励磁电流 I_f 与电枢电流 I_a 相等。励磁电流 I_f 将产生磁通 Φ，它与电枢电流 I_a 相作用产生电磁转矩 T_{em} 驱动转子旋转。直流串励电动机的电磁转矩 T_{em}、电枢电流 I_a 和磁通 Φ 随时间变化的关系如图 11-41(a) 所示。

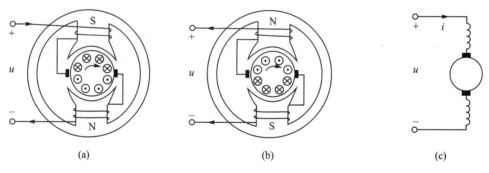

(a)　　　　　　　　　　(b)　　　　　　　　　　(c)

图 11-40　交直流两用电动机的工作原理图

若将单相交流电压接入该电动机，即是一台单相交流串励电动机。设流入电动机的电流 $i_f = i_a = I_m \sin \omega t$，在忽略换向元件损耗和铁损耗的情况下，励磁磁通与励磁电流 I_f 同相位，即

$$\Phi(t) = \Phi_m \sin \omega t \qquad (11-35)$$

电枢电流与该磁通相作用产生的电磁转矩为

$$T_{em} = C_T \cdot \Phi(t) \cdot i(t) \qquad (11-36)$$

单相交流串励电动机的电磁转矩随时间变化的关系如图 11-41(b) 所示。可见，此时的电磁转矩为脉动转矩，其平均值为正，故能驱动电动机连续旋转。

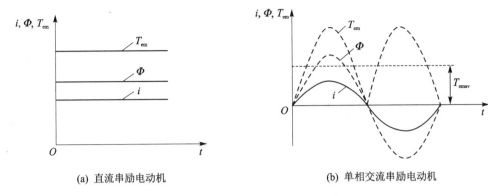

(a) 直流串励电动机　　　　　　　　(b) 单相交流串励电动机

图 11 - 41　交直流两用电动机的电枢电流、磁通和电磁转矩

11.9.3　交直流两用电动机的特点

① 转速高、体积小、质量小。交直流两用电动机的转速不受电源频率和极数的限制，大多设计为 4 000～27 000 r/min。电动机转速越高，电动机中铁磁材料的用量越小，因此电动机的体积和质量相应减小。

② 启动转矩大、过载能力强。交直流两用电动机的启动转矩很大，可达额定转矩的 4～6 倍，而其他单相异步电动机大多在 1 倍以上。所以该电动机既适用于电动工具，不易被卡住或制动，又有较大的过载能力，也可作为带重负载启动用的伺服电动机。

③ 使用方便。可交直流两用，改变输入电压大小，可以方便地调节其转速。

11.9.4　交直流两用电动机的应用

交直流两用电动机由于优点突出，其产量相当大，应用极为广泛。它主要用于各类电动工具、家用电器、医疗机械和小型机床，如：手电钻、电磨、电刨、吸尘器、榨汁机、电吹风、豆浆机、碎纸机等。此外，它也可制成通用电动机形式，作为驱动及伺服电动机使用。

专题 11.10　盘式电机

教学目标：

1) 了解盘式电机的外形结构；

2) 熟悉盘式电机的主要特点。

盘式电机的外形扁平，轴向尺寸短，适于安装对空间有严格限制的场合，如图 11 - 42 所示。盘式电机的气隙是平面型的，气隙磁场是轴向的，又称为轴向磁场电机。盘式电机的工作原理与柱式电机相同，它既可制成电动机，也可制成发电机。目前，常用的盘式电机有盘式直流电机和盘式同步电机。

图 11 - 42　盘式电机

11.10.1 盘式直流电机的特点

盘式直流电机一般是指盘式永磁直流电机,其特点主要有:

① 轴向尺寸短,适用于严格要求薄型安装的场合。

② 采用无铁芯电枢结构,转矩输出平稳,噪声低,效率高。

③ 电枢绕组电感小,具有良好的换向,无须装设换向极。

11.10.2 盘式同步电机的特点

盘式直流电机一般也是指盘式永磁同步电机。其主要特点有:

① 该电机轴向尺寸短、质量轻、体积小、结构紧凑、励磁系统无损耗、运行效率高。

② 定转子对等排列,定子绕组散热好,可以获得很高的功率密度。

③ 盘式永磁同步电机转子的转动惯量小,机电时间常数小,堵转转矩高,低速运行平稳。

④ 盘式永磁同步电机在伺服传动系统中作为执行元件,具有不用齿轮、精度高、响应快、加速度大、转矩波动小、过载能力强等优点。

11.10.3 盘式电机的应用

盘式永磁直流电机具有优良的性能,已被广泛应用于机器人、计算机外围设备、汽车空调器、办公自动化用品和家用电器等方面。盘式永磁同步电机则应用于数控机床、机器人、雷达跟踪等高精度系统中。

思考题与习题

11-1 旋转变压器定子上的两套绕组在结构和空间位置上有何关系?旋转变压器一般做成几对极?

11-2 在正余弦旋转变压器中,为何要采用原边补偿或副边补偿?

11-3 力矩式自整角机运行时,如果接收机的励磁绕组不接电源,当失调角 $\theta \neq 0°$ 时,能否产生整步转矩使失调角消失?为什么?

11-4 如果一对自整角机定子绕组的3根连接线中有一根断开或接触不良,试问能不能转动?为什么?

11-5 为什么直流测速发电机的转速不得超过规定的最高转速?负载电阻不能小于给定值?

11-6 为什么异步测速发电机的输出电压大小与电机转速成正比,而与励磁频率无关?

11-7 什么是异步测速发电机的剩余电压?剩余电压产生的原因有哪些?如何减小剩余电压?

11-8 简述开关磁阻电动机的工作原理。

11-9 当负载转矩较大时,永磁无刷直流电动机的机械特性为什么会向下弯曲?

11-10 一台普通直流串励电动机接到交流电源上,能否正常工作?为什么?

11-11 为什么交直流两用电动机的转速比一般交流电动机的转速要高得多?

模块 12　电力拖动系统的选择

本模块主要阐明如何为生产机械正确地选择电动机。首先介绍电动机额定参数的意义和绝缘等级,再分析连续、短时及断续周期 3 种工作制电动机的选择问题,最后讨论电动机电流种类、型式、额定电压与额定转速的选择方法。

专题 12.1　电动机的发热与冷却、绝缘等级及工作制

教学目标:

1) 了解低压电器的概念及分类;
2) 掌握常用低压电器电磁机构的基本结构和工作原理。

电动机的发热冷却与电动机的容量密切相关,对最终确定电动机的型号和规格起着重要作用。另外,绝缘等级制约着电动机的工作温度。对同一台电动机,不同的工作方式有着不同的额定容量。

12.1.1　电动机的发热与冷却

电动机发热源于电动机的损耗,因为目前的电动机损耗是不可避免的,发热也是必然发生的。电动机的损耗有铜损耗(又称负载损耗)、铁损耗(负载损耗)、机械损耗和附加损耗。电动机运行时从铁芯到导线,由里到外同时发热,使得电动机的温度升高。由于传导、对流和辐射的作用,电动机在发热的同时也向周围的介质散发热量,当发热和散热处于平衡状态时,温度的升高也就停止了。如果电动机选择合理,工作条件正常,电动机能够在允许的温度下工作。

电动机的升温快慢与电机的材料、结构、大小,以及使用条件有关,一旦达到稳定温升状态,电机将不再升温。

当电动机的负载减小或停车时,电动机的损耗和单位时间的发热量随之减少,直至为零,电动机进入冷却过程,电动机的温度也随之下降,直到环境温度。

应当指出,冷却时的散热时间常数与发热时的发热时间常数,如果条件不变则相同,如果条件变化则不相同。例如,有的电动机自带风扇冷却,由于停车后风扇停转,散热条件明显变差,这时散热时间肯定偏长。

12.1.2　电动机的绝缘等级

在了解电机的发热和冷却过程后,应当知道制约电机工作温度的绝缘等级。

电动机在运行中,由于损耗产生热量,使电动机的温度升高,电动机所能容许的绝缘材料,其最高容许温度是不同的。电机中常用的绝缘材料,按其耐热能力,分为 A、E、B、F 和 H 5 级。它们的最高容许工作温度如表 12 - 1 所列。

表 12-1　电机绝缘材料的最高容许工作温度

绝缘等级	A	E	B	F	H
最高容许温度/℃	105	120	130	155	180
最高容许温升/K	60	75	80	105	125

电机铭牌上标有绝缘等级和温升,该温升即是容许温升,或称额定温升。国家标准规定环境温度为 40 ℃。如果实际环境温度不同,容许温升便也不同,电动机的负载能力也要发生变化。

12.1.3　电动机的工作制分类

电动机的容量与容许温度直接相关,而电动机的温升又与负载的持续时间有关。有的电动机启动后长期工作,有的则开开停停。不同的使用情况,对同一台电动机所能承担的负载显然是不同的。电动机的工作制就是对电动机承受负载情况的说明。国家标准把电动机的工作制分为 S1~S9 共 9 类。下面介绍常用的 S1、S2、S3 工作制。

1. 连续工作制

连续工作制(S1)是指电动机在恒定负载下持续运行,其工作时间足以使电机达到稳定温升。纺织机、造纸机等很多连续工作的生产机械都选用连续工作制电动机。其典型负载和温升曲线如图 12-1 所示 。

对于连续工作制的电动机,取使其稳定温升 t_{SS} 恰好等于容许最高温升时的输出功率作为额定功率。

2. 短时工作制

短时工作制(S2)是指电动机拖动恒定负载在给定的时间内运行。该运行时间不足以使电动机达到稳定温升,随之即断电停转足够时间,使电动机冷却到与冷却介质的温差在 2 K 以内。其典型负载及温升曲线如图 12-2 所示。短时工作制标准时限为 10 min、30 min、60 min、90 min。

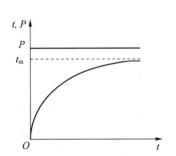

图 12-1　连续工作制电动机负载和温升曲线

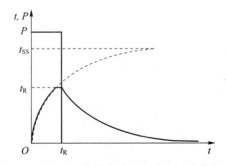

图 12-2　短时工作制电动机负载和温升曲线

为了充分利用电动机,用于短时工作制的电动机在规定的运行时间内应达到容许温升,并按照这个原则规定电动机的额定功率,即按照电动机拖动恒定负载运行,取在规定的运行时间内实际达到的最高温升恰好等于容许最高温升时的输出功率,作为电动机的额定功率。

3. 断续周期工作制

断续周期工作制(S3)是指电动机按一系列相同的工作周期运行,周期时间一般不大于

10 min。每一周期包括一段恒定负载运行时间 t_R，一段断电停机时间 t_S，但 t_S 及 t_R 都较短，t_R 时间内电动机不能达到稳定温升，而在 t_S 时间内温升尚未下跌到零，下一工作周期即已开始。这样，每经过一个周期 t_R+t_S，温升便有所上升，经过若干周期后，电动机的温升即在一个稳定的小范围内波动。

断续工作制电动机典型负载和温升曲线如图 12 - 3 所示。

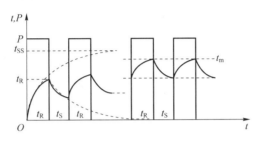

图 12 - 3　断续工作制电动机负载和温升曲线

专题 12.2　不同工作制下电动机的容量选择

教学目标：

1）了解不同工作制下电动机的容量选择；

2）了解选择电动机容量的计算方法。

选择电动机的容量，即确定电动机的额定功率，在满足拖动负载的要求下，越小越经济，为此应进行必要的分析和计算。具体选择时可按照以下 3 个步骤进行：

① 计算负载功率 P_L。

② 根据 P_L，预选电动机的额定功率 P_N，并使 $P_N \geqslant P_L$，且尽量接近 P_L。

③ 校验预选电动机的发热、过载能力和启动能力。若校验未通过，则重新预选 P_N，再校验，直到通过。

过载能力校验，对于异步电动机要求其最大电磁转矩大于负载可能出现的最大负载转矩。考虑电网电压波动，按波动 10% 计算，对直流电动机要求电枢最大容许电流大于可能出现的最大负载电流。

启动能力校验，主要是笼型异步电动机的要求，确保启动电磁转矩大于启动时轴上的负载转矩。

发热校验是最重要校验项目，直接关系到电动机能否安全可靠地工作。

在选择电动机容量时，对不同工作方式的电动机有不同的选择方法，分述如下。

12.2.1　连续工作制电动机额定功率的选择

1. 恒定负载连续工作制电动机额定功率的选择

在选择连续恒定负载的电动机时，只要计算出负载所需功率 P_L，选择一台额定功率 P_N 略大于 P_L 的连续工作制电动机即可。采用笼型异步电动机或同步电动机的场合，应校验其启动能力。

当环境温度与标准值有差别时，电动机的额定功率可按表 12 - 2 所列进行修正。

表 12 - 2　不同环境温度下电动机功率的修正值

环境温度/℃	≤30	35	40	45	50	55
电动机功率增减/%	+8	+5	0	-5	-12.5	-25

2. 周期性变化负载连续工作制电动机额定功率的选择

当电动机拖动周期性变化负载时,其温升也必然有周期性的波动。若按照最大负载选择电动机则不经济;若按照最小负载选择电动机,其工作温升就要超过最高容许温升。解决的办法之一是,求一个周期内的负载平均功率,然后根据平均负载功率预选电动机的容量,预选后要进行校验。若校验不通过,再预选,再校验,直至通过。

周期性变化负载的平均负载功率计算式为

$$P_{Lav} = \frac{P_{L1}t_1 + P_{L1}t_1 + \cdots}{t_p} \tag{12-1}$$

式中,P_{L1}、P_{L2}…为各段的负载功率;t_1、t_2…为各段的时间;t_P为每一周期时间。

由于电动机的负载损耗与电流的平方成正比,当电流随功率增加时,损耗成平方增加。因此,预选电动机的额定功率应乘以 1.1～1.6 的系数,即

$$P_N \approx (1.1 \sim 1.6)P_{Lav} \tag{12-2}$$

按上式预选后,先校验发热,再校验过载能力,必要时再校验电动机的启动能力。

12.2.2　短时工作制电动机额定功率的选择

短时工作制的负载,应选用专用的短时工作制电动机。在没有专用电动机的情况下,也可以选用连续工作制电动机或断续周期工作制电动机。

1. 选用短时工作制电动机

电动机短时工作方式的国家标准是 15 min、30 min、60 min、90 min 4 个等级。对于同一电动机,其功率关系显然是 $P_{15} > P_{30} > P_{60} > P_{90}$。当然,它们的过载倍数也不相同,其关系为 $\lambda_{15} < \lambda_{30} < \lambda_{60} < \lambda_{90}$。

选择这类电动机时,当实际工作时间接近上述标准时间时很方便,只要按照对应的工作时间与功率,在产品目录上直接选用即可。在变化负载下,可按等效功率选择,然后进行过载能力和启动能力校验。

2. 选用连续工作制电动机

短时工作的生产机械,也可选用连续工作制的电动机。这时,从发热的观点上看,电动机的输出功率可以提高。为了充分利用电动机,选择电动机额定功率 P_N 应小于短时工作的功率 P_g,使得电动机在短时工作时间内达到的温升等于或接近连续工作的稳定温升。选用额定功率可按照下式计算

$$P_N = \frac{P_g}{\lambda_m} \tag{12-3}$$

3. 选用断续周期工作制电动机

在没有合适的短时工作制电动机时,可选用断续周期工作制电动机。负载持续率 F_S 与短时负载的工作时间 t_R 之间的对应关系为

$$t_R = 30 \text{ min}, \quad 相当于 F_S = 15\%$$
$$t_R = 60 \text{ min}, \quad 相当于 F_S = 25\%$$
$$t_R = 90 \text{ min}, \quad 相当于 F_S = 40\%$$

12.2.3　断续周期工作制电动机额定功率的选择

断续周期工作制的电动机,其额定功率与铭牌上标出的负载持续率相对应。如果负载图中的实际负载持续率 F_{SR} 与标准负载持续率 F_{SN}（15%,25%,40%,60%）相同,且负载恒定,则可直接按产品样本选择合适的电动机。当 F_{SR} 与 F_{SN} 不同时,就需要把 F_{SR} 下的实际功率 P_R 换算成 F_{SN} 下功率 P,即

$$P = P_R \sqrt{\frac{F_{SR}}{F_{SN}}} \tag{12-4}$$

选择电动机的额定功率,应不小于 P。若 $F_S < 10\%$,选短时工作制电机;若 $F_S > 70\%$,选连续工作制电机。

专题 12.3　电动机其他参数的选择

教学目标:

1) 了解低压电器的概念及分类;

2) 掌握常用低压电器电磁机构的基本结构和工作原理。

电动机的选择,除确定电动机的额定功率外,还需根据生产机械的技术要求、技术经济指标和工作环境等条件,合理地选择电动机的类型、外部结构形式、额定电压和额定转速。

12.3.1　电动机类型的选择

选择电动机类型的原则是在满足生产机械对过载能力、启动能力、调速性能指标及运行状态等各方面要求的前提下,优先选用结构简单、运行可靠、维护方便、价格便宜的电动机。

① 对启动、制动及调速无特殊要求的一般生产机械,如机床、水泵、风机等,应选用笼型异步电动机。

② 对需要分级调速的生产机械,如某些机床、电梯等,可选用多速异步电动机。

③ 对启动、制动比较频繁,要求启动、制动转矩大,但对调速性能要求不高,调速范围不宽的生产机械,可选用绕线式转子异步电动机。

④ 当生产机械的功率较大又不需要调速时,多采用同步电动机。

⑤ 对要求调速范围宽,调速平滑,对拖动系统过渡过程有特殊要求的生产机械,可选用他励直流电动机。

12.3.2　电动机额定电压的选择

电动机额定电压的选择,取决于电力系统的供电电压和电动机的容量大小。

我国中、小型三相异步电动机的额定电压通常为 220 V、380 V、660 V、3 000 V 和 6 000 V。额定功率大于 100 kW 的电动机,选用 3 000 V 和 6 000 V;小型电动机,选用 380 V;煤矿用的生产机械常采用 380/660 V 的电动机。直流电动机的额定电压一般为 110 V、220 V 和 440 V。

12.3.3 电动机额定转速的选择

额定功率相同的电动机，额定转速高时，其体积小，价格低。由于生产机械的转速有一定的要求，电动机转速越高，传动机构的传动比就越大，导致传动机构越复杂，从而增加了设备成本和维修费用。因此，应综合考虑电动机和生产机械两方面的各种因素后，再确定较为合理的电动机额定转速。

对连续运转的生产机械，可从设备初投资、占地面积和运行维护费用等方面考虑，确定几个不同的额定转速，进行比较，最后选定合适的传动比和电动机的额定转速。

经常启动、制动和反转，但过渡过程时间对生产率影响不大的生产机械，主要根据过渡过程能量最小的条件来选择电动机的额定转速。

电动机经常启动、制动和反转，且过渡过程持续时间对生产率影响较大，则主要根据过渡过程时间最短的条件来选择电动机的额定转速。

12.3.4 电动机安装防护形式选择

1. 电动机安装形式选择

电动机安装形式根据安装时位置的不同，分为卧式和立式两种。一般多选卧式电动机。由于立式电动机的价格较贵，只有在为了简化传动装置，必须垂直安装时才采用。

2. 电动机防护形式选择

电动机的结构形式有开启式、防护式、封闭式和防爆式 4 种。为使电动机能正常工作于不同环境下，必须根据工作环境条件来选择电动机的防护形式，以保护电动机长期工作而不被损坏。

（1）开启式

开启式电动机的价格便宜，散热条件最好，但由于转子和绕组暴露在空气中，容易被水汽、灰尘、铁屑、油污等侵蚀，影响电动机的正常工作及使用寿命。因此，它只能用于干燥且灰尘很少又无腐蚀性和爆炸性气体的环境。

（2）防护式

防护式电动机一般可防止水滴、铁屑等外界杂物落入电动机内部，但不能防止潮气及灰尘的侵入。它只适用于较干燥且灰尘不多又无腐蚀性和爆炸性气体的工作环境。这种电动机的通风散热条件也较好。

（3）封闭式

封闭式电动机有自冷式、强迫通风式和密闭式 3 种。自冷式电动机一般自带风扇，自冷式和强迫通风式电动机能防止任何方向的水滴或杂物侵入电动机，潮湿空气和灰尘也不易侵入，因此适用于潮湿、多尘、易受风雨侵蚀、有腐蚀性气体等较恶劣的工作环境，应用最普遍。而密闭式电动机，则适用于浸入液体中的生产机械，如潜水泵等。

（4）防爆式

防爆式电动机是在密封结构的基础上制成隔爆型、增安型和正压型等，适用于有爆炸危险的工作环境，如矿井、油库、煤气站等场所。

此外，对于湿热地带、高海拔地带及船舶上等使用的电动机，还应选具有特殊防护要求的电动机。

习题与思考题

12-1　电动机的温升、温度以及环境温度三者之间有什么关系？电机铭牌上的温升值的含义是什么？

12-2　电动机在使用中,电流、功率和温升能否超过额定值？为什么？

12-3　电动机的允许温升取决于什么？若两台电动机的通风冷却条件不同,而其他条件完全相同,它们的允许温升是否相等？

12-4　电动机的工作方式有哪几种？是如何划分的？

12-5　电动机的安装形式有哪些？

参 考 文 献

[1] 刘永华.电机与拖动基础[M].南京:河海大学出版社,2005.

[2] 任礼维,林瑞光.电机与拖动基础[M].杭州:浙江大学出版社,1994.

[3] 顾绳谷.电动机拖动基础[M].北京:机械工业出版社,2004.

[4] 郑立平,张晶.电机与拖动技术[M].大连:大连理工大学出版社,2006.

[5] 吴浩烈.电机及电力拖动基础[M].重庆:重庆大学出版社,1996.

[6] 王桂英,贾兰英.电机与拖动[M].沈阳:东北大学出版社,2004.

[7] 诸葛致.电机及电力拖动[M].重庆:重庆大学出版社,2004.

[8] 王广惠.电机与拖动[M].北京:中国电力出版社,2004.

[9] 王勇.电机及电力拖动[M].北京:中国农业出版社,2004.

[10] 许晓峰.电机及拖动[M].北京:高等教育出版社,2004.

[11] 胡幸鸣.电机及拖动基础[M].北京:机械工业出版社,2002.

[12] 王广慧.电机及拖动[M].北京:中国电力出版社,2004.

[13] 林瑞光.电机与拖动基础[M].杭州:浙江大学出版社,2010.

[14] 李发海,王岩.电机与拖动基础[M].北京:清华大学出版社,2005.

[15] 唐海源,张晓江.电机及拖动基础习题解答与学习指导[M].北京:机械工业出版社,2010.

[16] 顾绳谷.电机及拖动基础(上册)[M].4版.北京:机械工业出版社,2011.

[17] 汤天浩.电机与拖动基础[M].北京:机械工业出版社,2011.

[18] 茹反反,朱毅.电机与拖动[M].北京:国防工业出版社,2011.

[19] 戴文进,肖倩华.电机与电力拖动基础[M].北京:清华大学出版社,2012.

[20] 许晓峰.电机与拖动基础[M].北京:高等教育出版社,2012.